# 隧道超前探测方法与应用

周黎明　付代光　张　杨　周华敏　著

科学出版社

北京

# 内 容 简 介

　　本书系统地介绍不同的超前探测方法及应用：不同探测方法的发展历史与现状；不同探测方法的基本原理；隧道空间地震波正演、隧道空间电磁波正演、隧道空间地震波数据处理方法和隧道空间最小二乘法地震波反演技术；野外工作方法、工程实践与应用和最近的研究进展等，并指出相关领域进一步研究的发展方向。本书内容主要涉及探测方法及其仪器、地球物理、信号处理与解释技术，是一本理论联系实际的科研成果专著。

　　本书可供地质工程、工程勘察、地球探测技术、隧道及地下工程技术等领域的科研人员、教师、本科生和研究生使用，也可供地球物理工作者参考阅读。

## 图书在版编目（CIP）数据

隧道超前探测方法与应用/周黎明等著. —北京：科学出版社，2023.2
ISBN 978-7-03-074604-7

Ⅰ.① 隧⋯　Ⅱ.① 周⋯　Ⅲ.① 隧道工程-探测技术　Ⅳ.① U452.1

中国版本图书馆 CIP 数据核字（2022）第 255074 号

责任编辑：何　念　张　湾/责任校对：高　嵘
责任印制：彭　超/封面设计：无极书装

科 学 出 版 社 出版
北京东黄城根北街 16 号
邮政编码：100717
http://www.sciencep.com
武汉精一佳印刷有限公司印刷
科学出版社发行　各地新华书店经销
*
开本：787×1092　1/16
2023 年 2 月第 一 版　　印张：16 3/4
2023 年 2 月第一次印刷　　字数：397 000
定价：**168.00 元**
（如有印装质量问题，我社负责调换）

　　2021 年，长江水利委员会长江科学院建院 70 周年院庆时，周黎明教高向我介绍了长江科学院水利部岩土力学与工程重点实验室的工程物探学科，让我了解到在国内有一批科研工作者积年累月地研究和开发地球物理技术与仪器。他们淡泊名利，有一批批科研工作者在实验室埋头苦干，潜心钻研地球物理新技术，也有一批批年轻工程师在野外跋山涉水、风餐露宿地将这些新技术应用到祖国最前线的国之重器、重大工程中，并且成绩斐然。我对他们的敬佩之情发自内心。

　　随着我国隧道等地下工程建设的迅速发展，我们开始认识到超前地质预报技术与仪器的重要性。超前地质预报技术好比是隧道工程的一盏明灯、一双火眼金睛，为隧道掘进过程中应采用的施工工艺指明了方向，为隧道的安全施工提供了重要预警信息，避免了重大安全事故和灾害的发生，产生了较大的社会效益和经济效益。超前地质预报技术在中国发展的几十年内，从地震波反射法到电磁类方法，一些写在行业规范里的方法所使用的仪器和数据处理手段，最先进的几乎都是进口设备和软件，这是我国超前地质预报技术长久以来的"卡脖子"问题。

　　在国家"十三五"规划、"十四五"规划的引领下，长江科学院坚持产、学、研相结合，培养了一批批地球物理行业的专家，而且在超前地质预报领域，编著了行业规范《水电水利地下工程地质超前预报技术规程》（DL/T 5783—2019），成功研制了弹性波超前地质预报系统。

　　该书通过对隧道空间地震波、电磁波波场的正演研究，加深对隧道空间地震波、电磁波波场特征的认识，并通过对隧道空间瑞利波频散曲线反演、地震波线性反演成像方法的研究，采用地球理论模型结合数学的方法，开发出弹性波超前探测数据处理软件和信息化管理系统。长江科学院于 2018 年自主研制出了弹性波超前地质预报系统，并在国家重大铁路工程（蒙华铁路、梅汕铁路）、公路工程（安江高速公路、乌尉高速公路）、水利工程（滇中引水工程）进行了大量的野外试验和超前探测应用，取得了丰富的第一手资料和仪器研发经验。

地震电磁场，照亮隧洞光，探明地质体，物探为纪纲。以周黎明教高为首的地球物理技术研究团队在总结前人科研经验的基础上出版了《隧道超前探测方法与应用》一书，对推动我国超前地质预报技术的深化发展做出了一定贡献，相信弹性波超前地质预报系统在隧道等地下工程建设中将有广泛的应用前景。

2022 年 5 月 23 日

隧道超前地质预报技术是一种在隧道掌子面施工前探测隧道掌子面前方地质情况的技术。随着隧道工程建设在全球开展，关于隧道超前地质预报技术的基础理论研究、探测技术研究和工程应用研究也成为国内外关注的热点与前沿问题。国外关于隧道超前地质预报技术的研究起步于 20 世纪 80 年代，我国起步于 20 世纪 90 年代。由于隧道空间的特殊性，不同于地表物探检测，隧道超前地质预报技术对探测成本、深度、精度和数据处理时效性要求较高，到目前为止，隧道超前地质预报技术尤其是目前广泛使用的盾构法施工类隧道超前地质预报技术仍处于发展阶段。目前，隧道施工掘进方法主要分为盾构掘进法和钻爆法，针对两种施工手段，现阶段国内外已研发出多种隧道超前地质预报技术。隧道掘进机盾构超前地质预报利用盾构机刀盘扭矩、速度、推力和掘进速度等信息开展研究，钻爆法施工隧道采用基于围岩物性和结构差异的地区物理探测方法开展研究。地球物理超前探测方法以其探测深度大、速度快、成本低等优势，是现阶段超前地质预报的主要方法。地球物理超前探测方法以地球物理方法理论为基础，通过分析围岩的物性差异和构造特性发现地球物理场变化，实现对掌子面前方岩体结构的探测。

当前，我国地下空间技术迎来前所未有的发展契机，在交通领域，在建及规划的铁路隧洞长度达 $2.38 \times 10^4$ km。在城市地下空间领域，到 2030 年，我国地铁总长度可达 $1 \times 10^4$ km，城市地下综合管廊工程可达 1 000 km。在水利水电领域，随着引江济淮工程、滇中引水工程、引江补汉工程等一批标志性水利水电工程的陆续开工建设，将涉及大量深埋长大隧洞建设。深埋长大隧洞穿越断层破碎带、溶洞、软弱岩层等不良地质体发育段落，容易导致围岩大变形、浅埋洞段塌方冒顶、断层洞段涌水突泥等围岩变形破坏和地质灾害问题。勘察阶段难以准确查明隧洞不良地质体的位置、性质和规模，在隧洞施工过程中，采用隧道超前地质预报技术，提前掌握掌子面前方岩体的地质条件，是确保隧洞施工安全的关键。如何精确探查、识别隧洞施工掌子面前方不良地质体的分布，提前采取有效支护加固措施，是隧洞施工技术发展和保障工程安全的迫切需求及发展趋势。作者所带领的科研团队在国家重点研发计划项目和国家自然科学基金等科研项目的资助下,于 2018 年自主研制了弹性波超前地质预报系统,并在国家重大铁路、公路和水利工程进行了大量的野外试验和超前探测应用,取得了丰富的第一手资料和仪器研发经验,并撰写本书,旨在提升我国在隧道超前地质预报技术软件开发、仪器研发和工程应用等方面的能力,为我国超前地质预报技术的发展提供有力的支撑。

本书是国家自然科学基金青年科学基金项目"隧道空间不良地质体地震波场响应特征研究""隧道不良地质体的地震最小二乘反演成像方法研究"、中央级公益性科研院所基本科研业务费专项资金资助项目"隧洞地质缺陷超前预报中的地震-电磁联合方法研究"、水利部水工程安全与病害防治工程技术研究中心开放研究基金项目"地质雷达岩溶探测信号提取和识别方法研究"和水利部岩土力学与工程重点实验室开放研究基金项目"隧道地质灾害体超前探测与预报方法研究"研究成果与大量野外应用实践的总结。本书内容包括授权和公开的 2 项发明专利、3 项实用新型专利、5 项软件著作权,已发表和未发表的部分研究成果,有关研究成果 2014 年获得了省部级技术发明奖二等奖。

全书共分 5 章。第 1 章简要介绍超前地质预报的国内外研究现状、不同隧道超前地质预报方法的特点和目前的方法存在的问题;第 2 章介绍 7 种地震波反射法、电磁类方法、直流电阻率法、隧道掘进机施工隧道超前地质预报方法、核磁共振方法和红外探水方法的原理;第 3 章介绍隧道空间地震波正演、隧道空间电磁波正演、隧道空间瑞利波频散曲线反演和隧道空间地震波线性反演成像方法;第 4 章介绍隧道空间地震波数据处理方法,分析隧道地震预报法和地质雷达法数据采集的干扰因素与提高原始数据质量的注意事项,进行滤波频带对隧道超前地质预报结果的影响分析等;第 5 章介绍作者和科研团队承担的工程项目,描述蒙华铁路、梅汕铁路、滇中引水大理二段超前地质预报工程应用实例,介绍隧道地震预报法和地质雷达法对隧道开挖掘进过程中常见不良地质体的预报案例。

作者及其科研团队为本书出版做了大量的工作,周黎明教高撰写第 1、2、3 章;付代光高工撰写第 4、5 章;张杨工程师参与撰写第 5 章;周华敏高工参与撰写第 1 章。王法刚高工,以及夏波、易天佐、杨君、张敏、陈志学、付小念等工程师在仪器系统研制、野外试验及应用实践方面均做出了重要贡献。作者向为本书做出贡献的同仁表示最衷心的感谢。

作者在前人研究成果的基础上,对隧道超前地质预报技术进行了学习和研究,获得了具有一定理论和工程意义的研究成果,但隧道施工超前高精度地质预报是一项复杂且实践性很强的工作,需在理论及现场工程中不断深入、创新、优化、总结、完善及提高。本书有些地方还不够透彻、完善,有待于进一步的发展。

限于作者水平,书中不妥之处在所难免,敬请读者批评指正。

作 者

2022 年 3 月 2 日

于长江科学院

# 目 录

# 第1章

## 绪　论

20 世纪 70 年代，人们开始注重隧道施工过程中超前地质探测理论、技术研究及工程实践工作。超前导洞、超前钻探方法最先被用来勘探掌子面前方的地质情况，由于其经济和时间成本都很高，人们逐步研发了无损地球物理超前探测技术（包括地震发射类、电磁类、直流电法类等），并大量应用于工程实践。下面简要回顾隧道超前地质预报技术的发展历程。

# 1.1 国内外现状

## 1.1.1 国外研究现状

苏联是最早开始研究地下空间不良地质体探测技术的国家，早在 20 世纪 50 年代苏联就开始了直流电法探测方面的研究，研究人员通过使用直流电法进行矿井水文地质调查、煤矿巷道变形观测，以及煤层顶板的稳定性评价等，主要探测矿井的煤层和小构造[1]；国外研究人员依据地震波传播理论，通过在巷道边墙布置一定数量的地震波震源和检波器，并分析接收的地震波特征来判断巷道前方不良地质体的空间分布位置，最早称之为隧道垂直地震剖面（tunnel vertical seismic profiling，TVSP）法，经过不断发展、完善，现在又称之为负视速度法，该方法主要在欧美国家有较好的发展和应用[2]。20 世纪 70年代，世界多国在隧道内使用超前平行导坑、洞内超前导坑和超前水平钻等探测巷道不良地质体。1972 年在美国芝加哥掀起了隧道超前地质预报方法研究与应用的序幕和热潮，20 世纪 70 年代末，德国和英国的工程师利用槽波法探测巷道前方的地质构造[3]，匈牙利对采用直流电法技术探测的高阻煤层中的小构造进行了专项研究，日本使用电阻率成像技术对地面与煤矿巷道间的金属矿床和断裂构造情况进行了研究[4]，至此，世界范围内都开展了隧道超前地质预报技术探测不良地质体的科研工作。德国、日本、澳大利亚、法国等国家都设立了专门的科研课题[5]，隧道超前地质预报技术在世界各地蓬勃发展。90 年代初，在莫斯科专门开展了井下矢量电阻率方法的研究，以判断地下电异常体的位置，隧道超前地质预报技术又发展了新方法[6]。

瑞士 AMBERG 公司于 20 世纪 90 年代研制了隧道地震预报（tunnel seismic prediction，TSP）法系统，该系统基于地震反射波的基本原理，可以探测隧道掌子面前方较长距离范围内的断层破碎带、溶洞等不良地质体的发育情况，并能对岩体的物理力学性质进行估算，预报长度达到 150 m 以上，首次实际应用在隧道掘进机（tunnel boring machine，TBM）掘进的瑞士特长铁路隧道——费尔艾那隧道中，为确保隧道掘进安全、快速施工起到了重要作用。随后，该技术在世界多地的地下工程施工中广泛应用，并有很多成功预报案例。近年来，TSP 法已在公路、铁路隧道、输水隧洞、煤矿巷道等工程广泛运用[7]。TSP 法产品经历了 TSP202、TSP203，到目前最新版本为 TSP303，该方法在硬件和软件方面都有所提升。后来，Nishimastu 在此基础上，开发了 C.TSP，该系统将隧道开挖时的掌子面爆破作为震源，通过分析接收的地震波来预报掌子面前方的地质情况[8]。

美国于 21 世纪初开发了真正的反射层析成像（true reflection tomography，TRT）法，它在隧道侧墙和掌子面上布置多个激发点和接收点，可以更好地获得空间地质体的反射信息，数据处理环节采用地震偏移成像技术，提高了不良地质体的定位精确度。TRT 法在欧洲、亚洲已被应用，如 Blisadona 隧道、奥地利的穿阿尔卑斯山铁路隧道等都使用 TRT 法进行了隧道超前地质预报，并获得了较好的效果[9]。2005 年开发者又研发了 TRT6000，但是该技术仍有需要完善、改进之处。Kneib 等[10]在 2000 年提出了地震软土探测（sonic soft-ground probing，SSP）系统，其观测系统的震源和检波器均布置在刀盘上，工作时刀盘的实时位置可通过盾构导向系统得到。德国研发了地震超前探测方法及设备——综合地震图像系统（integrated seismic imaging system，ISIS），其有 2 个震源和 4 个三分量接收器，震源距离刀头大约 30 m，接收器位于刀头后方隧道边墙 2～15 m 范围。目前的各种地震超前地质预报方法在观测方式、仪器设备、数据处理等方面都各有优缺点。Petronio 等[11]将石油测井中的随钻地震方法借鉴到掘进机的超前地质预报中，即隧道随钻地震（tunnel seismic while drilling，TSWD）技术，该技术将破岩振动作为震源进行地质探测。TSWD 技术的最大特点在于将 TBM 工作时刀盘的破岩振动作为震源，在 TBM 刀盘安装先导传感器来记录刀盘的振动情况，反射回来的地震信号被安置在刀盘后方一定范围内的接收传感器所接收。由于破岩震源是非常规震源，所得到的地震记录无法用传统地震勘探的方法进行数据处理和解释，故首先需要对地震记录进行前处理，将先导传感器和接收传感器记录的信号进行互相关处理,把破岩振动信号压缩成等效脉冲信号，然后按照常规震源地震记录的处理方法进行处理。

从 1998 年开始，德国 GEOHYDRAULIK DATA 公司研发了隧道掘进电气超前监测（bore tunnelling electrical ahead monitoring，BEAM）技术，该技术在 2004 年获得了德国国家专利。BEAM 技术是一种频率域激发极化法，它的特点是通过在外围发射屏蔽电流，在内部发射测量电流，得到与岩体中孔隙（空隙）相关的电能储存能力的参数百分比频率效应（percentage frequency effect，PFE）的变化情况，绘制电阻率曲线来推断岩体的含水情况及其特征，以此预报掌子面前方岩体的地质情况[12]。2000 年，BEAM 技术首次运用在 TBM 掘进的隧道，对岩溶进行探测，初见成效。目前，在国内其也有数个成功应用的案例[13-14]。

另外，最早应用于地面探测的地质雷达法和瞬变电磁法，应用于隧道超前地质预报中，国外也较早就有了案例。20 世纪初，地质雷达法开始出现，1904 年，Hülsmeyer 首次利用电磁波反射法探测了地面金属体，地质雷达的基本概念由此被提出[15]。随着 20 世纪 70 年代电子信息技术的蓬勃发展，美国阿波罗月球表面探测试验如火如荼进行之时，地质雷达法得到快速发展[16]。随着 20 世纪末隧道工程建设的大范围开展，地质雷达法在隧道病害探测方面也取得了较显著的效果[17]，与此同时，地质雷达法的软、硬件技术也在不断进步和完善[18]。

早在 1933 年，科学家 L. W. Blan 采用脉冲电流激发形成了时间域电磁场。到了 20 世纪 50～60 年代，苏联学者对瞬变电磁法进行了一维正、反演，并建立了野外瞬变电磁法的数据采集方法和解译理论，瞬变电磁法由此逐步被应用在实际生产中。在 20 世纪

60 年代以后，"短偏移""晚期""近区"等方法开始相继出现[19]。美国、苏联、澳大利亚、加拿大等国家的地球物理学家都对瞬变电磁法开展了深入研究，进行了大量试验和研究工作[20-21]。以 Weidelt[22]、West 等[23]、Spies[24]等为代表的西方各国科学家进行了很多瞬变电磁法二、三维正演模拟研究工作，在瞬变电磁理论研究方面，取得了丰硕的科研成果[25]。

## 1.1.2 国内研究现状

在我国，20 世纪 50 年代，川黔铁路凉风垭隧道施工时，铁道第二勘察设计院地质工程师陈成宗等[26]利用地质素描法，结合已开挖洞段的地质情况，来预报掌子面前方的地质情况；1958 年，我国首次进行了井下电法探测试验；70 年代，谷德振教授等结合已开挖煤矿巷道和掌子面的地质情况来推断掌子面前方潜在的不良地质体，并推测掌子面前方出现塌方等地质灾害的可能性，标志着我国正式开始了隧道超前地质预报的研究工作[27]。

在 20 世纪 70 年代初期，煤炭科学研究总院重庆分院高克德教授带队成立的地质雷达研究小组，通过引进和吸取国外先进地质雷达技术，研发了适用于煤矿开挖的地质雷达产品（KDL 系列防爆矿井地质雷达仪）。此后，北京遥感设备研究所、中国电子科技集团公司、北京理工大学、中国科学院长春光学精密机械与物理研究所、北京邮电大学、西安交通大学、电子科技大学、清华大学等高校和科研院所引进了国外地质雷达技术，进行研发和试验，取得了一定的理论和实践成果。

与此同时，原中南工业大学、原长春地质学院、原西安地质学院、中国有色金属工业总公司矿产地质研究院等科研院所和高校也先后进行了瞬变电磁系统的理论和方法技术研究，获得了大量重要的研究成果和成果运用案例，发表和出版了多本瞬变电磁基础理论书籍，如《电磁测深法原理》（朴化荣编著）、《瞬变电磁测深法原理》（方文藻著）、《脉冲瞬变电磁法及应用》（牛之链编著）等。在扎实的理论研究基础上，相继研发了 EMRS.2 型瞬变电磁仪（西安强源物探研究所研制）、TEMS.S3 型瞬变电磁仪（北京矿产地质研究院研制）、TEM.1 型瞬变电磁仪（重庆地质仪器厂和吉林大学合作研发）、SD.1 型智能化瞬变电磁仪等仪器[28-30]。瞬变电磁法在国内的蓬勃发展，为其在隧道超前地质预报中的应用打下了较好的基础，瞬变电磁法的图像解译技术也取得了较好的发展[31-32]。

我国于 1987 年引进了基于地震波反射法原理的槽波地震勘探技术，对该技术进行了大量的试验和应用研究，结合层析成像技术，较大地提高了探测精度和效率，能很好地在矿井下探测煤层等不良地质体。1988 年，为了适应煤炭生产需求，煤炭科学研究总院西安分院引入了 VIC 公司生产的瑞利波探测仪，在 1991 年研制了可以适用于井下探测的瞬态震源 MRD.1 型瑞利波探测仪，该探测仪在煤矿巷道侧壁、顶底板及掘进面前方探测断层破碎带、富水区、煤层及煤层厚度等，取得了较好的效果，提供了一种有效的超前地质预报技术[33-34]。1992 年，中国铁道科学研究院研究员钟世航和邱道宏等在隧道掌子面布置测线，采用锤击方式激发弹性波，弹性波在传播过程中在不良地质界面形成反射，在激震点设置检波器接收反射波，通过分析接收的反射波的波形等特征，来预报掌子面前方不良地质体的发育情况，该方法的全称为陆上极小偏移距高频弹性波反射连续剖面法，简称为陆地声纳法[35-36]。1994 年，铁道部第一勘测设计院曾昭璜[37]等开始研究隧道地震波反射法超前地质预报技术，该技术又称为负视速度法。不久后，何振起等[38]也提出了一种垂直剖面法，该方法提出了一种测试面和被探测面互为垂直的观测系统，它的震源孔和接收孔分列于掌子面两侧侧壁。1995 年，HSP-1 型超前地质预报探测仪通过了铁道部成果鉴定并建议推广使用，它由铁道部科学研究院西南分院研发，是在铁道部科技司批准的"隧道开挖工作面前方不良地质预报"科研课题的基础上独立自主开发的仪器，它的原理也建立在弹性波理论基础之上。目前，该系统已升级为 HSP206D 型超前地质预报仪，在贵州省崇遵高速公路凉风垭隧道、渝怀铁路武隆隧道等众多隧道均有成功应用[27,39]。1999 年肖柏勋提出了"相控阵探地雷达"的思想[40]，在 2000 年 5 月开始了研究工作，2001 年，"相控阵探地雷达"技术简易接收机和大功率发射系统成功地被研制出来。同时，"相控阵探地雷达"技术在国家自然科学基金重大项目中作为一个专题立项，在开展其理论研究工作的同时，"相控阵探地雷达"技术的仪器研制和软件开发也在国家高技术研究发展计划信息领域作为一个课题立项。其基本思想是：参照军事领域的相控阵雷达技术，采用多道采集技术，接收反射信号，经过进一步数据处理，对目标进行自动识别和提取，给出探测目标体的准三维空间结构和物性参数图[41]。

21 世纪初，北京市水电物探研究所厚积薄发，对地震波勘探技术进行了 20 多年的研究，于 2003 年研制了隧道地质波预报（tunnel geologic prediction，TGP）法，该方法通过使用多波多分量数据采集技术和三维空间条件下的地震波处理技术，可以对地质界面进行空间定位和产状分析，该方法通过了 2005 年隧道专家会议的评审检定。近年来，TGP 法已广泛应用于铁路、公路等行业隧道超前地质预报中，并取得了显著成效[42]。中国科学院地质与地球物理研究所赵永贵等[43]首次提出了隧道地震波成像（tunnel seismic tomography，TST）法隧道超前预报系统，该系统包括空间阵列观测方式、地下波场的方向滤波和回波提取、围岩波速的扫描分析、地质结构的偏移成像等技术内容[41]。TST 法隧道超前预报系统的硬件系统由北京欧华联科技有限责任公司、北京骄鹏工程技术有限责任公司等提供，软件系统由中国科学院地质与地球物理研究所自主开发。TST 法隧道超前预报系统的成果包括了构造偏移图像和围岩波速，可以供物探工作者对地质构造进行分析和对围岩级别进行划分，并进行综合地质解释[43-45]。由骄鹏集团吉林大学工程技术研究所研发的 TSP24 地质预报探测仪，配备速度型传感器和加速度型传感器 2 类信号接收通道，选择性更强，而且可同时布置 8 个三分量速度型传感器，接收信号丰富，该系统可以获得隧道围岩的地质力学参数，并依据施工地质条件和开挖揭露的地质情况，预报掌子面前方的地质构造情况，计算出掌子面前方地质体的裂隙发育程度、富水区和空间位置等信息[46]。

地震波法超前探测技术以其较好的界面识别能力和较远的探测距离，是隧道不良地层超前探测不可缺少的重要手段，主要用于探测软弱构造带、断层破碎带、溶洞等力学性质发生变化的不良地质体。但受隧道施工环境影响，隧道地震超前探测震源和检波器只能布置在狭小的隧道空腔范围内，极小的观测孔径导致超前探测采集的信息有限，检波器远离隧道掌子面使得地震照明能量分布范围窄，影响地震记录信噪比[47]，难以满足长距离、高精度、高效率的预报要求，对隧道地震成像技术提出了挑战。当前主流的隧道地震成像方法有走时成像和偏移成像。

在隧道偏移成像技术方面，主要有射线偏移成像和波动方程偏移成像[48]，其利用地震波绕射叠加原理，实现从时间域到空间域的深度偏移成像。有学者基于等走时面法，采用射线绕射叠加偏移成像技术开展时间域等走时面成像研究；利用地震波绕射扫描偏移叠加原理和共反射面元叠加原理开展隧道弹性波多参数三维成像方法研究，但该方法对复杂地质构造的分辨难度大。随着技术的发展，Kirchhoff 积分叠前深度偏移法也被应用到隧道超前探测地震数据成像处理中，实现了复杂岩体环境下不良地质体的成功预报，获取了隧道开挖面前方地质目标体的三分量成像结果[49]。此外，Tzavaras 等[50]提出了菲涅耳体偏移成像和反射谱成像法，提高了成像分辨率。白明洲等[51]通过完善速度模型，优化了基于 TRT 法的地质构造三维成像技术。

波动方程偏移成像主要包括单程波方程偏移和双程波方程的逆时偏移。早期，地震波角度偏移技术[52]、反射波动态极化偏移成像技术[53-54]、相移加插值的波动方程偏移成像技术[55]、波动方程深度偏移方法[56]等被用于隧道地震数据偏移成像，并取得了不错的成像效果。相比于单程波方程，双程波方程利用了全波场信息，具有更高的成像精度。因此，近年来隧道地震波场逆时偏移成像技术得到了发展，其研究主要集中在有限差分格式[57-58]、成像条件、波场逆时外推方式等，逆时偏移方法利用全波场信息，可提高隧道成像质量。随着 TBM 施工法的广泛应用，将 TBM 刀盘破岩振动信号作为激发震源的超前地震探测技术在 TBM 施工隧道中逐步推广应用，相应的成像方法也有了一定的发展。汪旭等[59]研究了多震源地震干涉成像法在隧道超前地质预报中的适用性，许新骥[60]研究了 TBM 破岩震源波场特征及基于互相关干涉的地震记录重构与成像方法。

随着隧道地震成像技术的发展，地震波形反演成像技术逐步被引入隧道地震数据处理中[61]。地震波形反演成像技术期望超前预报能得到掌子面前方围岩地质构造、反射系数、物理力学属性信息这三个层次的信息。全波形反演方法致力于解决第三个层次的问题，通过计算反问题的负梯度方向求得速度模型。李铭[62]提出了基于频率域全波形反演的隧道前方岩体的波速预测方法，据此开展了岩体抗压强度评价方法的研究。有学者提出了基于反射波方程的地震数据最小二乘逆时偏移成像方法，可显著提高成像分辨率。于明羽等[63]对比了隧道环境下最速下降法、截断牛顿法和拟牛顿法这三种频率域全波形反演优化方法的迭代速度、反演精度和计算效率。有学者通过试验证明，频率域的声波波形反演可为隧道超前地质预报提供更优的掌子面前方的速度模型。

## 1.1.3 综合超前地质预报研究现状

隧道超前探测的多解性是地球物理探测的固有问题，每种探测方法对岩体情况预报的真实性和正确性并不绝对。现今没有任何一种探测方法能实现各种不良地质体的准确预报。为解决该问题，众多学者分别提出了各有特色的隧道综合超前地质预报方法与体系，对提高可靠性和压制多解性有一定的效果。然而，在上述综合预报技术方法中，单一方法的预报数据是独自反演或处理的，单一方法预报结果的多解性其实并未变化，在结果分析中易出现"假异常"的叠加累积或不同方法的结果相互矛盾的现象，显然不利于做出准确解释和预报。

采取多种地球物理探测技术构造一个模型进行约束反演，将其中一种方法的预报结果转化为结构约束添加到另一种方法探测数据的反演处理方程中，可使多种方法的探测数据相互约束，是解决上述问题的一个有效途径。将联合反演纳入隧道综合超前地质预报体系中，开展基于联合反演的方法研究，将有利于进一步增加探测结果的准确度并压制多解性。

在国内，20 世纪 80 年代就开始采用简单的综合超前地质预报技术。例如，在衡广复线大瑶山隧道，首次采用浅层地震反射波超前探测和声波探测技术，并结合超前水平钻探、洞内地质素描、超前导坑和赤平投影等方法进行综合超前地质预报，为隧道快速、安全地施工提供了保障[64-65]；在大秦线军都山隧道施工开挖中，采用以隧道地质编录和地质调查为主，以超前钻探、声波测试、压水试验为辅的方法进行综合超前地质预报，也取得了较好的效果。由铁道部隧道工程局和中国科学院地质研究所联合组建的军都山隧道快速施工超前预报课题组，以钻速测试和声波测试进行了地质预报，编写了《军都山隧道快速施工超前地质预报指南》，在一定程度上克服了一种方法带来的多解性，引领了我国隧道施工综合超前预报实施的热潮[5,66]。此后，1992 年 11 月开工的南昆铁路米花岭隧道、1995 年 12 月开工的朔黄铁路长梁山隧道、1996 年 12 月开工的西康铁路秦岭隧道、2001 年 3 月开工的渝怀铁路圆梁山隧道、2003 年 3 月开工的兰新铁路乌鞘岭隧道等重大隧道工程，均采用了隧道综合超前地质预报技术，为隧道安全、快速施工提供了保障，并积累了较为丰富的隧道超前地质预报实践经验[67]。近年来，成都理工大学李天斌教授的团队也针对综合超前地质预报工作进行了大量的科研和实践工作，提出了隧道综合超前地质预报体系，建立了一套多种不良地质体的判译准则，研发了一套辅助预报系统，已初步运用到工程实践[68]。

目前，多种预报方法的组合使用、综合预报的实例越来越多。当今公路、铁路、水利水电等工程的长大隧道都使用了综合超前预报技术，已基本形成了一套以综合地质分析为核心，以地质调查和编录为基础，以地震波法、电磁法和电法等多种物探方法为手段，以超前钻探、红外探水为辅助的综合预报技术模式。

近年来，随着超前地质预报技术的不断发展，鉴于地震波属性与岩体力学参数的关系密切，将物探结果与隧道岩体质量评价相结合的研究备受关注。王辉[69]利用地震记录的衰减信息，通过计算隧道岩体的品质因子 $Q$ 值评价岩体质量。段运启[70]、张剑[71]等采用地质法和地质雷达法的超前预报结果综合分析隧道掌子面前方软岩大变形、塌方、突涌水等地质灾害状况。王国丰[72]建立了一套应对软岩施工常见地质灾害的预报体系，并对软岩隧道变形特征及支护方案优化进行了数值模拟。周宗青等[73]基于超前地震预报成果，提出了基于属性数学理论和物元可拓理论的隧道围岩优化分级属性识别模型。多名学者基于 TSP 法的预报成果，开展了隧道围岩分级与力学指标计算研究。邱道宏等[74]依据 TSP 法预测的岩体物理参数，建立了隧道围岩类别超前分类指标体系。王建军[75]初步建立了高地应力软岩分级围岩特征与 TSP 法预报参数的半定量关系。Lin 等[76]基于TSP 法数据分析，采用集对分析法准确预测了隧道围岩分级。陈水龙[77]研究了 TSP 法地震波信息与围岩物理力学参数的特征响应关系，以地震波传播速度和围岩体积模量为分级因子，建立了隧道围岩动态分级体系。有学者在 TSP 法获取的隧道非结构化岩体结构信息基础上，采用离散单元法分析、模拟节理岩体隧道掘进过程中的围岩稳定性问题。此外，基于 TGP 法、地质雷达、掌子面编录等方法的超前地质预报也逐步在钻爆法和TBM 隧道围岩动态分级预测中得到应用[78-79]。

# 1.2 隧道超前地质预报方法的特点

目前，钻爆法施工隧道主要使用地震类和电磁类的地球物理探测方法，电磁类的方法主要包括直流聚焦电法、地质雷达法、瞬变电磁法、激发极化法和隧道电法（BEAM技术）。电磁类探测方法还会受到隧道环境中的施工脚手架、施工车辆、钢筋支架等金属干扰，所以基于电法、电磁法的隧道超前地质预报技术有较大的应用难度。地震类方法包括水平声波/地震波剖面（horizontal sonic/seismic profiling，HSP）法、地震波反射负视速度法或 TVSP 法、面波法、陆地声纳法、TGP 法、TSP 法、TRT 法、TST 法等，地震类探测技术通过探测围岩的密度、速度、岩体结构差异等实现对掌子面前方不良地质体的探测，具有探测深度大、精度高、受隧道施工环境中电磁背景场影响小的优势，是现阶段钻爆法施工长距离、高精度超前地质预报的主要技术。每类探测方法是以地质介质的某一性质，如弹性差异、导电差异、导热差异为物理基础的，每类技术有其特有的敏感性、适用范围和优缺点。

## 1.2.1 地质分析法特点

地质分析法是隧道超前地质预报最基本的方法之一，包括超前导洞法、超前水平钻探法和工程地质调查法，其他预报方法的解释都建立在地质资料分析的基础之上[80]。超前导洞法经常被运用在隧道施工预报中，其优点是断面大，可较全面地揭露隧道前方的地质信息，但是其耗时长，经济成本高。工程实践中，往往将并行开挖的几条隧道中的一条作为超前导洞，而很少专门施工超前导洞，既可节约成本又可达到超前预报的目的。例如，青岛胶州湾海底隧道，它将左右主洞中间的服务洞作为超前导洞，施工过程中全程进行地质素描和地质编录，预报出了断层破碎带等不良地质体在主洞的揭露位置，是成功案例之一[81]。超前水平钻探法用钻孔设备向掌子面前方钻探，可以直接揭露掌子面前方的地质情况，获得岩体强度等参数，是最直接、有效的超前预报方法之一，其缺点是因为其"一孔之见"，容易造成对不良地质体的漏报[82]。工程地质调查法是隧道超前地质预报最早应用的方法之一，主要分为掌子面编录预测法和地表地质体投射法，通过隧道内和地表的工程地质调查与分析，推断掌子面前方的地质情况。

## 1.2.2　地震波反射法特点

地震波反射法是隧道超前地质预报应用最广泛的方法之一，其观测方式主要有空间观测方式、直线观测方式和极小偏移距观测方式。与地表地震勘探不同，隧道地震波超前探测受隧道施工环境影响，震源和检波器只能布置在隧道空腔的有限范围内，导致其观测孔径较小。20 世纪 90 年代以来，不同的地震波法探测系统已在隧道工程中展开应用。地震波反射法的理论基础是传统的弹性波理论，隧道地震波法最初借鉴和参考的是地表地震勘探领域中的地震垂直剖面（vertical seismic profiling，VSP）法和地震多波列勘探方法。借鉴 VSP 法的观测方式，20 世纪 90 年代初，中国铁路系统将其引入隧道超前预报中，提出了负视速度法。该方法将负视速度的同相轴作为识别掌子面前方反射信号的标志，通过反射波同相轴曲线与直达波同相轴曲线的相交位置推断隧道前方异常体的位置。与此同时，铁道部科学研究院西南分院和日本在 VSP 法的基础上提出和发展了HSP 法。其激震点和地震波检波器设置在隧道两边墙上，在隧道的一侧边墙上按一定顺序布置接收点，另一侧壁上规则布置炮点。由于其观测方式具有水平向的偏移距，更有益于速度分析和不良地质体的识别。

我国钟世航教授研发的陆地声纳法，是一种极小偏移距地震波法，其在掌子面上布置偏移距很小的正交测线，激发的地震波形成较少的转换波，能量集中，能较好地探测掌子面前方中、小规模的溶洞和与轴线小角度相交的不良地质体[83-84]。

20 世纪 90 年代中期，瑞士 AMBERG 公司研发了一套隧道超前地质预报系统——TSP 法系统，我国铁道系统也研发了基于地震波反射法的负视速度法，地震波反射法对预报掌子面前方的岩性变化和大断层具有良好的效果，其将炸药爆破作为震源，使用了三分量加速度型传感器，在数据处理环节，采用 Kirchhoff 偏移成像方法，利用了波的动力学特性。但是由于它们的观测方式都是直线测线方式，从地震波反射法的原理角度分析，难以获取掌子面前方准确的波速分布情况，有定位不准确、探测结果不可靠等缺点，并且对与隧道轴线小角度相交的断层的预报效果差，对隧道前方水体的预报效果差[9,85-86]。

20 世纪末，美国开发出了 TRT 法，该方法较 TSP 法有一定的改进，其采用三维多点激发、多点接收的空间观测方式，可较完整地采集全空间范围内的地震波信息，有助于提高波速分析效果和不良地质体位置预报的准确度，已经取得了一些成功的应用。但其缺点是观测时需要占用掌子面和量测边墙，观测时间长，耽误施工[37,87-88]。

我国科研工作者研发的 TST 法采用二维阵列观测方式，在数据处理时先进行方向滤波，只保留前方有效反射波，在此基础上进行波场分离，同时采用散射理论来提高探测的分辨率。

综上所述，地震波反射法对有弹性差异的不良地质体较为敏感，它的主要预报目标体仍为大断层或破碎带，难以定性与定量预报含水体和含水量[89-90]。近年来，也有研究者提出了用地震波纵、横波在双相介质中的传播特征差异来识别大规模含水体[91]，但是这个研究方法仍未引起重视，此类研究和应用还比较少。

### 1.2.3　电磁类方法特点

电磁类方法以围岩与水体的电阻率或介电常数差异为物理基础，它对水体具有较好的探测效果，比较典型的有地质雷达法和瞬变电磁法。隧道瞬变电磁法对含水体的响应灵敏，国内研究者提出了隧道空间中瞬变电磁的解译方法，如视纵向微分电导成像技术[92-93]、等效导电平面解译技术[94-97]和矿井三维瞬变电磁探测技术[98]，使得瞬变电磁法在定位精确度和地质界面识别效果等方面有较大提高，目前，有效的探测距离约为80 m，该方法的缺点是抗干扰能力弱，易受到隧道内金属构件的干扰，从而造成误判。地质雷达法对含水体的响应也较为敏感，它的探测距离较短，一般为 20 m 左右，是短距离预报的主要手段之一[99-100]。20 世纪 80 年代起，开始有科学家对高分辨率钻孔地质雷达开展研究，钻孔地质雷达又分为跨孔和单孔反射两类，其中，跨孔雷达技术已较为成熟，单孔反射雷达由于电磁波传播的特性，可以给出目标体的距离、形态等信息，但不能对目标体进行准确定位。瑞典 MALA 公司、荷兰 T&A RADAR 公司和美国加利福尼亚大学等对单孔定向雷达理论开展了一定的研究，但目标体定位问题一直未能很好解决，钻孔雷达技术在隧道超前地质预报中也少有应用[101-103]。

# 1.3　存在的问题

现阶段，隧道超前地质预报[104-107]工作的重要性已经得到认可，各种物探预报方法也取得了较大的进步，但是目前隧道超前地质预报方法仍处于发展阶段，它在技术、应用和管理等方面均存在不足和有待改进的地方。

（1）隧道超前地质预报技术存在的不足和难点是：①相关行业规范、标准的编制应与时俱进，需进一步完善，应引起有关部门重视。②隧道超前地质预报方法有待提高，目前受各种方法应用条件和特点的限制，暂时还没有一种预报方法[64]或手段能较全面地预报隧道施工中的所有不良地质体，因此提出了综合超前地质预报。但是，即便是综合多种预报方法，仍存在一些技术难题（如准确预报隧道涌水[108]、空洞、破碎带等不良地质体的空间位置）未能较好解决。③隧道超前地质预报工作人员的技术水平有待提高。隧道超前地质预报工作人员不仅要有扎实的地球物理理论知识[88,109-111]，还要有较为丰富的现场操作实践经验和地质知识，保证能采集高质量的原始数据，并且在后期解释工作中能准确分析、识别不良地质体。

（2）隧道超前地质预报管理方面的不足和缺陷是：应明确参与实施隧道超前地质预报工作各方单位的职责。超前地质预报工作涉及建设单位、施工单位、设计单位、超前地质预报工作单位和监理单位。设计单位是超前地质预报方案的制订方，施工单位和超前地质预报工作单位是超前地质预报工作的实施方，建设单位和监理单位是监督方。隧道超前地质预报工作的顺利进行，离不开各方的密切配合，需明确责权，各司其职。

# 参 考 文 献

[1] 岳建华, 刘树才. 矿井直流电法勘探[M]. 徐州: 中国矿业大学出版社, 2000.

[2] 周黎明, 尹健民, 侯炳绅, 等. 弹性波反射法在地质超前预报中的应用分析[J]. 长江科学院院报, 2008, 25(1): 61-64.

[3] 刘开放, 李志聘. 矿井地球物理勘探[M]. 北京: 煤炭工业出版社, 1993.

[4] 王齐仁. 地下地质灾害地球物理探测研究进展[J]. 地球物理学进展, 2004, 19(3): 497-503.

[5] 孙广忠. 军都山隧道快速施工超前地质预报指南[M]. 北京: 中国铁道出版社, 1990.

[6] 赵永贵, 刘浩, 孙宇, 等. 隧道地质超前预报研究进展[J]. 地球物理学进展, 2003, 18(3): 460-464.

[7] 肖书安, 吴世林. 复杂地质条件下的隧道地质超前探测技术[J]. 工程地球物理学报, 2004, 1(2): 159-165.

[8] 邱晓东. 雅泸高速大相岭隧道超前地质预报研究[D]. 成都: 西南交通大学, 2010.

[9] 赵永贵. 国内外隧道超前预报技术评析与推介[J]. 地球物理学进展, 2007, 22(4): 1344-1352.

[10] KNEIB G, KASSEL A, LORENZ K. Automatic seismic prediction ahead of the tunnel boring machine[J]. First break, 2000, 18(7): 295-302.

[11] PETRONIO L, POLETTO F, SCHLEIFER A, et al. Geology prediction ahead of the excavation front by tunnel-seismic-while-drilling (TSWD) method[C]//SEG Technical Program Expanded Abstracts. Houston: Society of Exploration Geophysicists, 2003: 1211-1214.

[12] 钟宏伟, 赵凌. 我国隧道工程超前预报技术现状分析[J]. 人民长江, 2004, 35(9): 15-17.

[13] 朱劲. 超前地质预报新技术在铜锣山隧道的应用及综合分析研究[D]. 成都: 成都理工大学, 2007.

[14] 谭天元, 张伟. 隧洞超前地质预报中的新技术: BEAM 法[J]. 贵州水力发电, 2008, 22(1): 26-31.

[15] HORSTMEYER H, GURTNER M, BUKER F, et al. Processing 2-D and 3-D georadar data: Some special requirements[C]//Proceedings of the Second Meeting of the Environmental and Engineering Geophysical Society. Nantes: European Section, 1996: 2-5.

[16] 胡本清. GPR 在岩溶区隧道地质灾害中的应用研究[D]. 南昌: 华东交通大学, 2012.

[17] WHITELEY R J, SIGGINS A F. Geotechnical and NDT applications of ground penetrating radar in Australia[C]//Eighth International Conference on Ground Penetrating Radar. Gold Coast: SPIE, 2000: 792-797.

[18] ROBERT A, BOSSET C. Application of ground-probing radar to the detection of cavities, gravel pockets and karstic zones[J]. Journal of applied geophysics, 1994, 31(1/2/3/4): 197-204.

[19] 牛之琏. 时间域电磁法原理[M]. 长沙：中南大学出版社, 2007.

[20] LEE K H, LIU G, MORRISON H F. A new approach to modeling the electromagnetic response of conductive media[J]. Geophysics, 1989, 54(9): 1180-1192.

[21] LEE K H, XIE G. A new approach to imaging with low-frequency electromagnetic fields[J]. Geophysics, 1993, 58(6): 780-796.

[22] WEIDELT P. Response characteristics of coincident loop transient electromagnetic systems[J]. Geophysics, 1982, 47(9): 1325-1330.

[23] WEST G F, MACNAE J C, LAMONTAGNE Y. A time-domain EM system measuring the step response of the ground[J]. Geophysics, 1984, 49(7): 1010-1026.

[24] SPIES B R. A field occurrence of sign reversals with the transient electromagnetic method[J]. Geophysical prospecting, 1980, 28(4): 620-632.

[25] XIE G, LI J, MAJER E L, et al. 3-D electromagnetic modeling and nonlinear inversion[J]. Geophysics, 2000, 65(3): 804-822.

[26] 陈成宗, 王石春, 陈光中. 软弱岩体中铁路隧道围岩稳定性及其控制[J]. 岩石力学与工程学报, 1982(1): 57-66.

[27] 李苍松, 何发亮. HSP 声波反射法应用于武隆隧道岩溶地质超前预报[C]//第八次全国岩石力学与工程学术大会论文集. 北京: 科学出版社, 2004: 751-755.

[28] 石显新. 瞬变电磁法勘探中的低阻层屏蔽问题研究[D]. 北京: 煤炭科学研究总院, 2005.

[29] 薛国强, 李貅, 底青云, 等. 瞬变电磁法正反演问题研究进展[J]. 地球物理学进展, 2008, 23(4): 1165-1172.

[30] 余东俊. 瞬态电磁法(TEM)在隧道超前预报中的应用和效果研究[D]. 成都: 成都理工大学, 2010.

[31] 孟陆波, 李天斌, 段铮, 等. 瞬变电磁法对隧道含水不良地质体的探测规律[J]. 公路, 2011(5): 214-218.

[32] 韦静. 基于瞬变电磁法的盾构挖掘地质勘探应用研究[D]. 沈阳: 沈阳工业大学, 2013.

[33] 潘秋明. 瞬态瑞雷波探测技术及其在矿井地质中的应用[J]. 煤田地质与勘探, 1994, 24(4): 53-56.

[34] 刘杰, 李正斌, 赵存明. MRD—II 型瑞雷波探测仪在矿井地质中的应用[J]. 煤田地质与勘探, 1994, 22(3): 51-54.

[35] 钟世航. 陆地声纳法的原理及其在铁路地质勘测和隧道施工中的应用[J]. 中国铁道科学, 1995, 16(4): 48-55.

[36] 邱道宏, 钟世航, 李术才, 等. 陆地声纳法在隧道不良地质超前预报中的应用[J]. 山东大学学报(工学版), 2009, 39(4): 17-29.

[37] 曾昭璜. 隧道地震反射法超前预报[J]. 地球物理学报, 1994, 37(2): 268-270.

[38] 何振起, 李海, 梁彦忠, 等. 利用地震反射法进行隧道施工地质超前预报[J]. 铁道工程学报, 2000(4):

81-85.

[39] 胡庸. HSP 超前地质预报技术在隧道工程中的应用[J]. 现代隧道技术, 2013, 50(3): 136-141.

[40] 肖柏勋.工程地球物理学进展[M]. 武汉: 武汉水利电力大学出版社, 2000.

[41] 胡波. 相控阵探地雷达天线系统设计[D]. 合肥: 安徽理工大学, 2012.

[42] 刘云祯, 梅汝吾.TGP 隧道地质超前预报技术的优势[J]. 隧道建设, 2011, 31(1): 21-32.

[43] 赵永贵, 蒋辉, 赵晓鹏, 等.TSP203 超前预报技术的缺陷与 TST 技术的应用[J]. 工程地球物理学报,
2008, 5(3): 266-273.

[44] 肖启航, 谢朝娟.TST 技术在岩溶地区隧道超前预报中的应用[J]. 岩土力学, 2012, 33(5): 1416-1420.

[45] 杜立志, 殷琨, 牛建军, 等. Kirchhoff 深度偏移在隧道超前预报反射波提取中的应用[J]. 探矿工程
(岩土钻掘工程), 2008, 2: 68-71.

[46] 雷亚妮, 杜立志, 张晓培, 等. TSP24 隧道超前地质预报系统及其应用[J]. 华北地震科学, 2013,
31(4): 41-46.

[47] LU X, LIAO X, WANG Y, et al. The tunnel seismic advance prediction method with wide illumination
and a high signal-to-noise ratio[J]. Geophysical prospecting, 2020, 68(8): 2444-2458.

[48] 沈鸿雁, 李庆春, 冯宏. 隧道反射地震超前探测偏移成像[J]. 煤炭学报, 2009, 34(3): 298-304.

[49] 杜立志. 隧道施工地质地震波法超前探测技术研究[D]. 吉林: 吉林大学, 2008.

[50] TZAVARAS J, BUSKE S, GROß K, et al. Three-dimensional seismic imaging of tunnels[J]. International
journal of rock mechanics and mining sciences, 2012, 49: 12-20.

[51] 白明洲, 田岗, 王成亮, 等. 基于 TRT 系统的地质构造三维成像技术及其改进方法[J]. 地球物理学
报, 2016, 59(7): 2684-2693.

[52] 叶英. 地震角度偏移在隧道施工超前地质预报的应用[J]. 物探与化探, 2009, 33(6): 733-736.

[53] 刘盛东, 余森林, 王勃, 等. 矿井巷道地震反射波超前探测波场处理方法研究[J]. 煤炭科学技术,
2015, 43(1): 100-103.

[54] 王勃. 矿井地震全空间极化偏移成像技术研究[D]. 北京: 中国矿业大学(北京), 2012.

[55] 曾知法. 隧道不良地质体地震与地质雷达正演偏移数值模拟及物探信号处理研究[D]. 成都: 成都
理工大学, 2011.

[56] 李术才, 刘斌, 孙怀凤, 等. 隧洞施工超前地质预报研究现状及发展趋势[J]. 岩石力学与工程学报,
2014, 33(6): 1090-1113.

[57] 鲁光银, 熊瑛, 朱自强. 隧道反射波超前探测有限差分正演模拟与偏移处理[J]. 中南大学学报(自然
科学版), 2011, 42(1): 136-141.

[58] 蔡志成, 顾汉明. 基于互相关成像条件的隧道地震波逆时偏移处理[J]. 人民长江, 2014(21): 25-29.

[59] 汪旭, 孟露, 杨刚, 等. 隧洞超前地质预报多源地震干涉法成像结果影响因素研究[J]. 现代隧洞技
术, 2019, 56(5): 58-66.

[60] 许新骥. TBM 掘进破岩震源地震波超前地质探测方法及工程应用[D]. 济南: 山东大学, 2017.

[61] NGUYEN L T, NESTOROVIĆ T. Unscented hybrid simulated annealing for fast inversion of tunnel

seismic waves[J]. Computer methods in applied mechanics and engineering, 2016, 301: 281-299.

[62] 李铭. 基于频率域全波形反演的隧道前方岩体波速预测方法研究[D]. 济南: 山东大学, 2018.

[63] 于明羽, 吴遵红, 谭凯, 等. 隧道环境下频率域声波全波形反演优化方法对比[J]. 工程地球物理学报, 2021, 18(1): 1-13.

[64] 王齐仁. 隧道地质灾害超前探测方法研究[D]. 长沙: 中南大学, 2007.

[65] 刘启琛. 大瑶山隧道采用新技术的成就[J]. 中国铁路, 1990 (9): 1-4.

[66] 杜春强. 锦屏二级水电站隧洞超前地质预报研究[D]. 成都: 西南交通大学, 2010.

[67] 郭伟伟. 隧道施工超前地质预测预报综合技术方法研究[D]. 成都: 西南交通大学, 2006.

[68] 李天斌, 孟陆波, 朱劲, 等. 隧道超前地质预报综合分析方法[J]. 岩石力学与工程学报, 2009, 28(12): 2429-2436.

[69] 王辉. 用于岩体质量评价的地震波 $Q$ 值计算方法[J]. 工程地质学报, 2006, 14(5): 699-702.

[70] 段运启. 软岩隧道施工超前地质预报技术研究[D]. 成都: 西南交通大学, 2010.

[71] 张剑. 软岩隧道采用超前地质预报及岩性分析综合判断围岩状况[J]. 公路, 2014, 59(9): 193-196.

[72] 王国丰. 超前地质预报技术在软岩隧道施工中的应用[D]. 成都: 西南交通大学, 2014.

[73] 周宗青, 李术才, 李利平, 等. 岩体质量等级分类预测方法及其工程应用[J]. 中南大学学报(自然科学版), 2017, 48(4): 1049-1056.

[74] 邱道宏, 李术才, 张乐文, 等. 基于 TSP203 系统和 GA-SVM 的围岩超前分类预测[J]. 岩石力学与工程学报, 2010, 29(S1): 3221-3226.

[75] 王建军. 兰渝铁路三叠系板岩隧道变形机理与围岩分级预报探究[J]. 现代隧道技术, 2013, 2: 79-83.

[76] LIN B, LI S C, SHI S S, et al. A new advance classification method for surrounding rock in tunnels based on the set-pair analysis and tunnel seismic prediction system[J]. Geotechnical and geological engineering, 2018, 36(4): 2403-2413.

[77] 陈水龙. 基于地震信息的隧道围岩分级及地质异常探测研究[D]. 焦作: 河南理工大学, 2018.

[78] 荣耀, 孙斌, 孙洋. 超前地质预报在隧洞围岩动态分级预测中的应用[J]. 重庆交通大学学报(自然科学版), 2017, 36(6): 18-23.

[79] 邓铭江, 谭忠盛. 超特长隧洞集群 TBM 试掘进阶段存在的问题与施工技术发展方向[J]. 现代隧道技术, 2019, 56(5): 1-12.

[80] 荆志东. 特长隧道地质超前预报方法研究[J]. 铁道勘察, 2005, 31(3): 46-48.

[81] 薛翔国, 李术才, 苏茂鑫, 等. 青岛胶州湾海底隧道含水断层综合超前预报实践[J]. 岩石力学与工程学报, 2009, 28(10): 2081-2087.

[82] 王华, 吴光, 冯涛, 等. 渝怀线圆梁山隧道超前地质钻探预报技术应用研究[J]. 铁道建筑, 2007, 2: 36-38.

[83] 钟世航, 孙宏志, 王荣, 等. 陆地声纳法在隧道施工时预报断层、溶洞的效果[J]. 隧道建设, 2007(S2): 21-25.

[84] 钟世航, 孙宏志, 李术才, 等. 隧道及地下工程施工中岩溶裂隙水及断层、溶洞等隐患的探查、预

报[J]. 岩石力学与工程学报, 2012, 31(Sl): 3298-3327.

[85] 刘志刚, 刘秀峰. TSP(隧道地震勘探)在隧道隧洞超前预报中的应用与发展[J]. 岩石力学与工程学报, 2003, 22(8): 1399-1402.

[86] ALIMORADI A, MORADZADEH A, NADERI R, et al. Prediction of geological hazardous zones in front of a tunnel face using TSP-203 and artificial neural networks[J]. Tunnelling and underground space technology, 2008, 23(6): 711-717.

[87] OTTO R, BUTTON E, BRETTEREBNER H, et al. The application of TRT-true reflection tomography-at the Unterwald tunnel[J]. Felsbau, 2002, 20(1): 51-56.

[88] ZHAO Y, JIANG H, ZHAO X. Tunnel seismic tomography method for geological prediction and its application[J]. Applied geophysics, 2006, 3(2): 69-74.

[89] LEE I, HUANG T Q, KIM D, et al. Discontinuity detection ahead of a tunnel face utilizing ultrasonic reflection: Laboratory scale application[J]. Tunnelling and underground space technology, 2009, 24(2): 155-163.

[90] SATTEL G, FREY P, AMBERG R. Prediction ahead of the tunnel face by seismic methods-pilot project in Centovalli Tunnel, Locarno, Switzerland[J]. First break, 1992, 10(1): 195-225.

[91] 张霄, 李术才, 张庆松, 等. 大型地下含水体对地震波特殊反射规律的现场正演试验研究[J]. 地球物理学报, 2011, 54(5): 1367-1374.

[92] LI X, XUE G, SONG J, et al. Application of the adaptive shrinkage genetic algorithm in the feasible region to TEM conductive thin layer inversion[J]. Applied geophysics, 2005, 2(4): 204-210.

[93] SUN H F, LI X, LI S C, et al. Multi-component and multi-array TEM detection in karst tunnel[J]. Journal of geophysics and engineering, 2012, 9(4): 359-373.

[94] BEST M E, DUNCAN P, JACOBS F J, et al. Numerical modeling of the electromagnetic response of three-dimensional conductors in a layered earth[J]. Geophysics, 1985, 50(4): 665-676.

[95] 李办, 薛国强, 刘银爱, 等. 瞬变电磁合成孔径成像方法研究[J]. 地球物理学报, 2012, 55(1): 333-340.

[96] 苏茂鑫, 李术才, 薛翊国, 等. 隧道掌子面前方低阻夹层的瞬变电磁探测研究[J]. 岩石力学与工程学报, 2010, 29(S1): 2645-2650.

[97] 于景郎, 刘树才, 王扬州. 巷道内金属体瞬变电磁响应特征及处理技术[J]. 煤炭学报, 2008, 33(12): 1403-1407.

[98] 刘斌, 李术才, 李树忱, 等. 复信号分析技术在地质雷达预报岩溶裂隙水中的应用[J]. 岩土力学, 2009, 30(7): 2191-2196.

[99] 吴俊, 毛海和, 应松, 等. 地质雷达在公路隧道短期地质超前预报中的应用[J]. 岩土力学, 2003, 24(S1): 154-157.

[100] 凌同华, 张胜, 李升冉. 地质雷达隧道超前地质预报检测信号的 HHT 分析法[J]. 岩石力学与工程学报, 2012, 31(7): 1422-1428.

[101] 曾昭发, 刘四新, 王者江, 等. 探地雷达方法原理与应用[M]. 北京: 科学出版社, 2006.

[102] CAROLINE D, NIKLAS L, JOSEPH D, et al. Fracture imaging within a granitic rock aquifer using multiple-offset single-hole and cross-hole GPR reflection data[J]. Journal of applied geophysics, 2012(78): 123-132.

[103] EVERT S, MOTOYUKI S, GARY O. Surface and borehole ground-penetrating-radar developments[J]. Geophysics, 2010, 75(5): 103-120.

[104] 李术才. 隧道突水突泥灾害源超前地质预报理论与方法[M]. 北京: 科学出版社, 2015.

[105] 刘志刚, 赵勇. 隧道隧洞施工地质技术[M]. 北京: 中国铁道出版社, 2001.

[106] 唐义彬. 超前地质预报技术在工程地质中的应用现状[J]. 国土资源情报, 2007 (7): 47-50.

[107] 刘光福, 曹大明. 复杂地质条件下隧道施工地质灾害预报技术探讨[J]. 公路隧道, 2011 (2): 33-37.

[108] 胡厚田, 白志勇. 土木工程地质[M]. 2 版. 北京: 高等教育出版社, 2009.

[109] 何樵登. 地震勘探原理和方法[M]. 北京: 地质出版社, 1986.

[110] 陈仲候, 王兴泰. 工程与环境物探教程[M]. 北京: 地质出版社, 1993.

[111] LIU Y, WANG Y, MA H. Research on tomography by using seismic reflection wave in laneway[J]. Procedia engineering, 2011, 26: 2360-2368.

第 $\mathcal{2}$ 章

超前地质预报方法与原理

# 2.1　地震波反射法

地震波反射法是目前工程物探中的常规方法之一，也是目前隧道超前地质预报主要使用的方法。在隧道内使用地震波反射法进行探测，由于隧道空间的特殊性（其一是受隧道施工场地条件的限制，其二是隧道内是全空间模型），岩体的各个方向都会产生反射波，这样给观测系统的布置，以及地震反射波场的识别、提取、处理和解释带来了较大的难度。为了利用地震波反射法提取隧道开挖掌子面前方的有效地质信息，国内外专业人员从数据采集、观测系统的布置和设计，以及地震反射波信息的提取、分析、处理和解释方法等方面进行了很多研究，形成了多种不同特点的地震波反射法超前地质预报技术。在国内，20 世纪 90 年代初，铁路系统就设专题研发了负视速度法、陆地声纳法和 HSP 法等方法。在国外，20 世纪 90 年代初，瑞士的 AMBERG 公司研发了 TSP 法，90 年代末，美国研发了 TRT 法。这些方法都基于地震波反射法的基本原理，观测系统都在隧道内部进行布置，其中，TRT 法的观测系统也可以布置在隧道外，从隧道地表沿隧道轴线方向向下进行探测和预报。以下，首先介绍地震波反射法的基础理论，再依次就各种地震波反射法预报技术的原理、特点和应用情况进行简要介绍。

## 2.1.1　地震波反射法基础理论

### 1. 岩石的弹性性质

岩石的弹性性质决定岩石中的地震波传播速度，包括地震波纵波（P 波）波速 $V_P$ 和横波（S 波）波速 $V_S$。由经典弹性波理论可知，用于描述介质弹性性质的常见常数还包括剪切模量 $\mu$、拉梅常量 $\lambda$、杨氏模量 $E$、泊松比 $\sigma$ 和体积压缩模量 $K$[1]。这些描述岩石弹性性质的参数和波速之间的关系用式（2.1）～式（2.5）表示：

$$\lambda = \rho(V_P^2 - 2V_S^2) \tag{2.1}$$

$$\mu = \rho V_S^2 \tag{2.2}$$

$$K = \rho\left(V_P^2 - \frac{4}{3}V_S^2\right) \tag{2.3}$$

$$E = \frac{\rho V_S^2(3V_P^2 - 4V_S^2)}{V_P^2 - V_S^2} \tag{2.4}$$

$$\sigma = \frac{V_P^2 - 2V_S^2}{2(V_P^2 - V_S^2)} \tag{2.5}$$

式中：$V_P$、$V_S$、$\rho$ 分别为岩石的纵波速度、横波速度和密度。

由式（2.1）～式（2.5）可知，已知 $V_P$、$V_S$、$\rho$，就可以计算出岩石的其他弹性参数。

假设弹性介质为均匀各向同性，那么 $V_P$、$V_S$、$\sigma$ 可以分别表示为

$$V_{\mathrm{P}} = \sqrt{\frac{\lambda + 2\mu}{\rho}}, \qquad V_{\mathrm{S}} = \sqrt{\frac{\mu}{\rho}} \tag{2.6}$$

$$\sigma = \frac{\lambda}{2(\lambda + \mu)} \tag{2.7}$$

纵、横波速比 $V_{\mathrm{P}}/V_{\mathrm{S}}$ 可以表示为

$$\frac{V_{\mathrm{P}}}{V_{\mathrm{S}}} = \sqrt{\frac{1 - \sigma}{0.5 - \sigma}} \tag{2.8}$$

由式（2.7）可知，因为 $\frac{\lambda}{\lambda + \mu} < 1$，所以 $0 < \sigma < 0.5$。对于极硬岩，$\sigma = 0.05$；对于松软和不胶结物，$\sigma = 0.45$；对于液体，$\sigma = 0.5$；对于大多数已固结岩石，$\sigma \approx 0.25$。只有在最疏松的岩石中，$\sigma \approx 0.5$。

对于常见固结岩石，$V_{\mathrm{P}}/V_{\mathrm{S}} < 20$，$\sigma \approx 0.25$ 时，$V_{\mathrm{P}}/V_{\mathrm{S}} = 1.73$。对于液体介质，横波无法在液体中传播，所以 $V_{\mathrm{S}} = 0$，$\sigma = 0.5$，则有 $V_{\mathrm{P}}/V_{\mathrm{S}} = \infty$。

### 2. 纵波与横波

纵波：又称为压缩波，波的传播方向与质点运动方向平行。

横波：又称为剪切波，波的传播方向与质点运动方向垂直。

通常，横波由两个方向的振动分量组成。

SH 波：质点振动在水平面上的横波分量。

SV 波：质点振动在垂直面上的横波分量。

基于固体弹性基础理论，假设岩石为各向同性的理想介质，地震波在其传播的三维波动方程可以表示为

$$\rho \frac{\partial^2 \boldsymbol{s}}{\partial t^2} = (\lambda + \mu)\, \mathrm{grad}\, \theta + \mu \nabla^2 \boldsymbol{s} + \rho \boldsymbol{F} \tag{2.9}$$

式中：$\mathrm{grad}\, \theta = \dfrac{\partial \theta}{\partial x} \boldsymbol{i} + \dfrac{\partial \theta}{\partial y} \boldsymbol{j} + \dfrac{\partial \theta}{\partial z} \boldsymbol{k}$，grad 为梯度运算符；$\nabla^2 = \dfrac{\partial^2}{\partial x^2} + \dfrac{\partial^2}{\partial y^2} + \dfrac{\partial^2}{\partial z^2}$，$\nabla^2$ 为拉普拉斯算子；$\theta$ 为体变系数，$\theta = \dfrac{\partial u}{\partial x} + \dfrac{\partial v}{\partial y} + \dfrac{\partial w}{\partial z} = e_{xx} + e_{yy} + e_{zz} = \mathrm{div}\, \boldsymbol{s}$，div 为散度运算符；$\boldsymbol{s}$ 为质点受外力作用的位移；$\boldsymbol{F}$ 为作用于介质的外力；$\lambda$ 为拉梅常量；$\mu$ 为剪切模量；$\rho$ 为介质的密度。

如果对式（2.9）两边分别取散度和旋度，并令 $\boldsymbol{\omega} = \mathrm{rot}\, \boldsymbol{s}$，则有

$$\frac{\partial^2 \theta}{\partial t^2} - \frac{\lambda + 2\mu}{\rho} \nabla^2 \theta = \mathrm{div}\, \boldsymbol{F} \tag{2.10}$$

$$\frac{\partial^2 \boldsymbol{\omega}}{\partial t^2} - \frac{\mu}{\rho} \nabla^2 \boldsymbol{\omega} = \mathrm{rot}\, \boldsymbol{F} \tag{2.11}$$

由式（2.10）和式（2.11）可知，假如对介质分别作用胀缩外力 $\mathrm{div}\, \boldsymbol{F}$ 和旋转外力 $\mathrm{rot}\, \boldsymbol{F}$，介质中就分别产生两种扰动作用：在胀缩外力作用下产生由体变系数 $\theta$ 决定的介质体积

相对胀缩的扰动，即纵波；在旋转外力作用下产生由矢量 $\boldsymbol{\omega}$ 决定的角度转动的扰动，即横波。纵波与横波传播示意图见图 2.1。

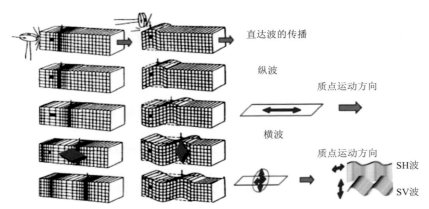

图 2.1　纵波与横波传播示意图

### 3. 地震波传播的基本规律

从地震波激发形成、传播到接收的过程，它的振幅和波形都在变化，原因有三：①激发条件的影响，包括激发强度、激发方式、震源与地面的耦合状况等；②传播过程的影响，包括地层吸收、球面扩散、反射、入射、透射角的大小及波形转换造成的衰减等；③接收条件的影响，包括接收仪器设备的频率特性、检波器的耦合情况等。地震波的传播过程还遵循费马定理、视速度原理、惠更斯原理与斯内尔定律。

#### 1）地震波的能量与球面扩散

地震波的传播实质上可以看作能量的传播。由波动理论可知，波的传播能量等于动能 $E_r$ 和位能 $E_p$ 之和。假设波传播通过的介质的体积为 $W$，密度为 $\rho$，并为谐和振动，则波的能量 $E_n$ 可以表示为

$$E_n = E_r + E_p \infty \rho A^2 f^2 W \tag{2.12}$$

式中：$A$ 为波的振幅；$f$ 为波的频率。

波的球面扩散是指波的振幅以 $1/r$（$r$ 为半径，图 2.2 为波的球面扩散示意图）的形式衰减，所以波的振幅与波的传播距离成反比，图 2.3 为波的球面扩散导致的振幅衰减。

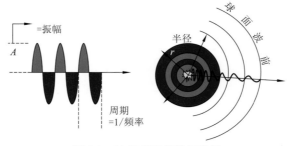

图 2.2　波的球面扩散示意图

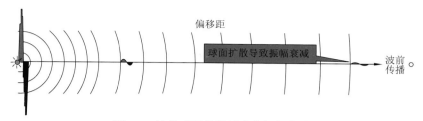

图 2.3　波的球面扩散导致的振幅衰减

**2）地震波的吸收衰减**

由于地下介质的非完全弹性性质和不均匀性，地震波在地层介质中的传播过程中，会出现波的吸收衰减现象。此时，由于介质的振动粒子之间会有摩擦，地震波的一部分能量会转换成热能。

地震波的振幅 $A$ 随着传播距离 $r_1$ 的增加呈现指数衰减规律，即 $A = A_0 \mathrm{e}^{-\alpha_1 r_1}$，其中 $A_0$ 为初始振幅，$\alpha_1$ 为吸收系数。

通常，用品质因子来表示吸收系数，即

$$Q = \frac{2\pi}{\text{每个周期损失的能量}} = \frac{\pi f}{\alpha_1 v} \tag{2.13}$$

式中：$\alpha_1$ 为吸收系数；$f$ 为地震波的频率；$v$ 为波速；$Q$ 为品质因子，是无量纲量，其定义为，在一个地震波动周期内，地震波传播过程中损耗的能量与总能量之比的倒数。

从式（2.13）可以看出，吸收系数与地震波的频率成正比，与波速 $v$ 和品质因子 $Q$ 成反比。因此，地震波在地层介质传播的过程中，由于地层的吸收衰减作用，滤去了较高的频率成分而保留了较低的频率成分，岩石介质的这种作用称为大地滤波作用。

**3）惠更斯原理与费马定理**

惠更斯原理：在完全弹性介质中，把已知的在某个 $T$ 时刻的同一波前面上的各点看作从该时刻产生子波的新震源，经过 $\Delta T$ 时间后，这些子波的包络面就是原波到 $T+\Delta T$ 时刻的波前。

但是，使用惠更斯原理描述地震波传播的特点，只能表述地震波传播的空间几何位置，不能表述地震波传播的物理状态，如能量等问题。1814 年，菲涅耳对惠更斯原理的不足进行了补充：地震波传播时，在任一处质点产生的新扰动，相当于前一时刻波前面上全部新震源形成的子波在该点处互相干涉叠加形成的合成波，这就是惠更斯–菲涅耳原理。

费马定理：地震波沿射线传播的旅行时，与沿其他任何路径传播的旅行时相比为最小，波也是沿着最小旅行时的路径传播。费马定理示意图见图 2.4。

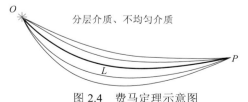

图 2.4　费马定理示意图

$O$ 为地震波震源点；$L$ 为传播路径；$P$ 为传播终点

### 4）视速度原理与斯内尔定律

如图 2.5 所示，A、B 为两个检波器，道间距为 $\Delta x$，设地震波沿射线 1 到达 A 检波器的时间为 $t$，则地震波沿射线 2 到达 B 检波器的时间为 $t+\Delta t$。由图 2.5 可知，地震波沿射线传播的真速度为 $V=\Delta s/\Delta t$，又有 $\Delta s/\Delta t=\cos a$，则视速度 $V^*$ 可以表示为

$$V^* = V/\cos a \tag{2.14}$$

式中：$a$ 为地震波射线与地表投影的夹角。式（2.14）描述了视速度与真速度的关系，称之为视速度原理，视速度总是大于真速度。①当 $a=0°$ 时，波的传播方向与观测方向一致，视速度就是真速度，$V^*=V$；②若沿着波前面观测地震波的传播速度，波前面各点的扰动同时到达，视速度好像无穷大一样，即当 $a=90°$ 时，$V^*\to\infty$。

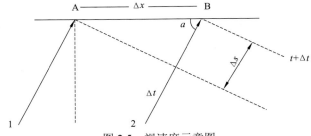

图 2.5　视速度示意图

现假设，某界面 $R$ 将空间分为上半空间 $W1$ 和下半空间 $W2$，$W1$ 纵波速度和横波速度分别表示为 $V_{P1}$、$V_{S1}$，$W2$ 纵波速度和横波速度分别表示为 $V_{P2}$、$V_{S2}$。如图 2.6 所示，上半空间一个入射波以 $\theta_1$ 角度入射到界面 $R$ 上，依据惠更斯原理，将波前到达界面的质点看作一个新的震源，产生新的扰动并向四周传播，形成反射纵波、横波和透射纵波、横波。依据光学原理，可以证明入射波、反射波和透射波之间存在如下关系：

$$\frac{\sin\theta_1}{V_{P1}}=\frac{\sin\theta_1'}{V_{P1}}=\frac{\sin\theta_2}{V_{P2}}=\frac{\sin\varphi_1}{V_{S1}}=\frac{\sin\varphi_2}{V_{S2}}=n \tag{2.15}$$

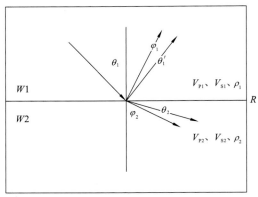

图 2.6　纵波入射时的反射和透射

式（2.15）即斯内尔定律，又称为反射和透射定律。其中，$n$ 为射线参数，它取决于波的入射角度；$\theta_1$、$\theta_1'$、$\theta_2$、$\varphi_1$、$\varphi_2$ 分别表示入射波、反射波和透射纵波及反射和透

射横波与界面 $R$ 法线之间的夹角。

假设入射波振幅为 $A_i$，反射波振幅为 $A_r$，透射波振幅为 $A_t$，反射波和入射波振幅之比定义为界面的反射系数（$R_1$），透射波和入射波振幅之比定义为透射系数（$T_1$），则反射系数和透射系数可分别表示为

$$R_1 = \frac{A_r}{A_i} \tag{2.16}$$

$$T_1 = \frac{A_t}{A_i} \tag{2.17}$$

当地震波垂直入射到界面 $R$ 上，即入射角为 0° 时，依据斯内尔定律，反射系数和透射系数可以表示为

$$R_1 = \frac{A_r}{A_i} = \frac{\rho_2 v_2 - \rho_1 v_1}{\rho_2 v_2 + \rho_1 v_1} = \frac{Z_2 - Z_1}{Z_2 + Z_1} \tag{2.18}$$

$$T_1 = \frac{A_t}{A_i} = \frac{2\rho_1 v_1}{\rho_2 v_2 + \rho_1 v_1} = \frac{2Z_1}{Z_2 + Z_1} \tag{2.19}$$

式中：$\rho_1$、$v_1$、$\rho_2$、$v_2$ 分别为上界面和下界面介质的密度与波速；$Z_1 = \rho_1 v_1$、$Z_2 = \rho_2 v_2$ 分别为上界面和下界面介质的波阻抗。

特殊地，当 $R_1 = 0$，即 $Z_1 = Z_2$ 时，入射波传播到界面处不会形成反射，上下界面可以看作均匀介质，不存在分界面。只有当 $Z_1 \neq Z_2$ 即 $R_1 \neq 0$ 时，才会形成反射。也可以理解为，地下地层岩体存在波阻抗差异时，才会形成反射波。

反射波的相位也有正负极性的区别：当 $Z_2 > Z_1$ 时，$R_1 > 0$，此时反射波和入射波同相；当 $Z_2 < Z_1$ 时，$R_1 < 0$，此时反射波和入射波反相，相位相差 $\pi$。而透射系数 $T_1$ 恒大于 0，所以透射波和入射波只能是同相的。

### 4. 地震负视速度法原理

地震波反射法的工作原理与地震负视速度法的基本原理相同，地震负视速度法又称为 TVSP 法[2]。如图 2.7 所示，该方法在靠近隧道掌子面的边墙布置 20~24 个激发孔，震源通过在激发孔中放置炸药来产生，形成的地震波以球面波的方式在隧道岩体中传播，当遇到岩体波阻抗差异界面（如岩层或断层反射界面）时，一部分地震波反射回来形成反射波，一部分地震波继续向前传播，反射波由距离激发孔一定长度的三分量检波器接收形成地震波记录。当反射界面与掌子面平行（垂直于测线方向）时，反射波与直达波在地震波记录上呈负视速度的关系，其延长线与直达波延长线的交点为反射界面（图 2.8）；当反射界面倾斜时，反射波时距曲线的形态为双曲线。

激发产生的地震波中，通过最短的传播距离（以最短的时间）到达检波器被接收的部分称为直达波，岩体的地震波波速 $v$ 可以用直达波来计算，即

$$v = \frac{L_1}{T_1'} \tag{2.20}$$

式中：$L_1$ 为震源到检波器的距离；$T_1'$ 为直达波到达检波器的时间。

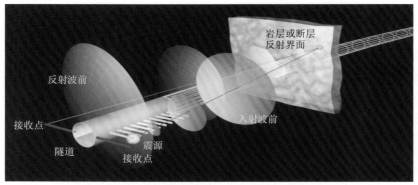

图 2.7　地震波反射法工作原理示意图

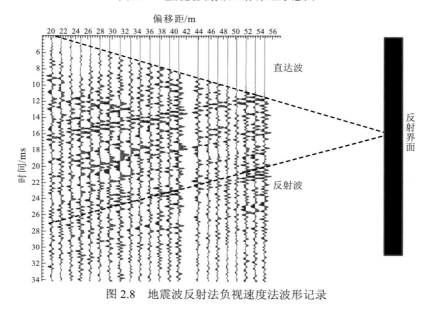

图 2.8　地震波反射法负视速度法波形记录

　　假设震源到反射界面的距离为 $L_2$，检波器到反射界面的距离为 $L_3$，反射界面平行于掌子面，即垂直于测线，就有 $L_3=L_1+L_2$，此时近似认为反射波时距曲线为直线；假设反射界面与测线有夹角，此时反射波时距曲线为双曲线。

　　计算反射界面准确位置的公式为

$$T_2 = \frac{L_3 + L_2}{v} = \frac{L_1 + 2L_2}{v} \tag{2.21}$$

于是，

$$L_3 = \frac{vT_2 + L_1}{2} \tag{2.22}$$

其中，$T_2$ 为反射波传播时间。

### 5. 绕射波归位原理

　　一般地，在地震资料解释环节，地震记录剖面应尽可能与地质剖面的地质体一致，以方便做出准确的地质解释。但实际上，受到地震记录接收方式、地下界面形态和地震波传播特征等方面的影响，地震记录剖面的反射波同相轴与实际地质界面位置和形态存在较大的区别，这时，就需要进一步做归位处理。

地震波传播过程中，遇到如地层尖灭点、断层的棱角、侵入体边缘或不整合面的突起点等岩体物性变化显著的地方，会产生绕射波。假设在均匀介质中有一个绕射点，地震波从绕射点出发，以球面波的方式传播（图 2.9）。绕射波在二维情况下的传播方程为

$$(x - x_{d})^2 + (z - z_{d})^2 = v^2 t'^2 \tag{2.23}$$

式中：$v$、$t'$ 为地震波的传播速度和旅行时间；$(x_{d}, z_{d})$ 为绕射点坐标。

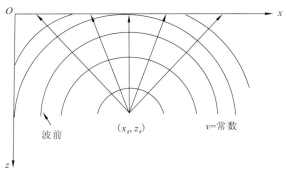

图 2.9　均匀介质中的绕射波及假想观测面（$z = z_1, z_2, z_3, \cdots$）

假设观测面固定（即 $z$ 为常数），式（2.23）可改写为

$$t' = \sqrt{\frac{(z_i - z_d)^2}{v^2} + \frac{(x - x_d)^2}{v^2}} \tag{2.24}$$

式（2.24）中 $z_i = 0, z_1, \cdots, z_d$，式（2.24）是一个双曲线方程。对于不同的 $z_i$，双曲线形态与位置不同，但是双曲线顶点与绕射点的水平坐标相同。

这是绕射的特殊情形，但也适用于反射界面。依据惠更斯原理，反射界面可视为绕射点的集合。每个绕射点对应一条双曲线，双曲线簇的渐近线即反射波同相轴（图 2.10）。

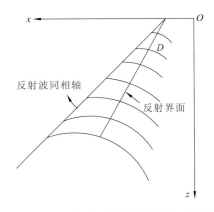

图 2.10　反射界面、反射波同相轴和绕射点及绕射双曲线的关系图

$D$ 为绕射点

基于以上绕射波的特点，可以将输出剖面离散化，假设每个网点都存在一个绕射点，依据绕射双曲线的公式，可以在空间中找到一条对应的双曲线，将双曲线轨迹的波提取并叠加，置于目标空间的网点上。当没有绕射波时，也没有双曲线，此时波的振幅叠加为零；假如目标空间中有绕射点，则地震波振幅叠加的和较大，将叠加值显示出来就得到了偏移剖面。绕射扫描叠加可以使绕射波能量和反射波同相轴归位，将反射波同相轴看作无数个绕射双曲线的渐近线，那么波振幅能量是相干的，效果等于同向叠加，将这些相干能量放置在绕射双曲线的顶点，那么顶点的连线即真实的反射界面位置（图2.10）。

## 2.1.2　TSP法

TSP法是瑞士AMBERG公司为隧道超前地质预报研发的一套产品。该方法是多波分量、高分辨率地震反射波探测技术，是目前国内外隧道超前地质预报最新的地球物理探测方法之一。

### 1. TSP法系统的组成

TSP法系统由3部分构成，分别为震源激发单元、三分量地震接收单元和地震记录单元，如图2.11所示。

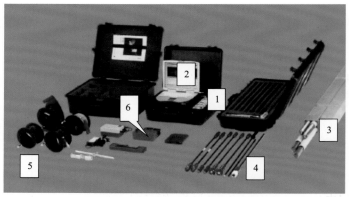

图2.11　TSP法系统各组成部件

1为数字模拟信号转换器；2为笔记本电脑；3为检波器导管；4为三分量地震加速度检波器；

5为加速度检波器信号连接线；6为触发盒

震源激发单元：震源激发单元内部有一个起爆器构成的触发盒。起爆器的一个接口连接电子雷管，另一个接口连接检波器。在采集之前将乳化炸药放置在炮孔底部，连接好电子雷管。

三分量地震接收单元：三分量地震接收单元主要由高灵敏度的三分量（$x$、$y$、$z$分量）地震加速度检波器（图2.11中4）构成，它用于接收地震信号，进一步将地震信号转换为电压信号。

地震记录单元：地震记录单元由笔记本电脑（图2.11中2）和数字模拟信号转换器

（图2.11中1）组成。笔记本电脑的作用是控制记录单元，使用专业的采集和处理软件记录、保存、处理与解译数据。数字模拟信号转换器用于控制原始信号的质量，它的接收信号带宽为10～8000 Hz[3-4]。

### 2. TSP法的观测系统

进行TSP法探测之前，要做好观测系统的布置工作。首先，在距离隧道掌子面50 m处的左右侧边墙各布置一个接收孔，接收孔孔深为2 m，孔径为45 mm，孔口高度为1 m，且往上倾斜5°～10°打孔；其次，在距离接收孔20 m处（往掌子面方向）的隧道左（或右）侧边墙按1.5 m的道间距（往掌子面方向）依次布置24个炮孔，炮孔孔深为1.5 m，孔径为35 mm，孔口高度为1 m，且往下倾斜10°～20°打孔。图2.12为TSP法观测系统的水平剖面和横剖面示意图。

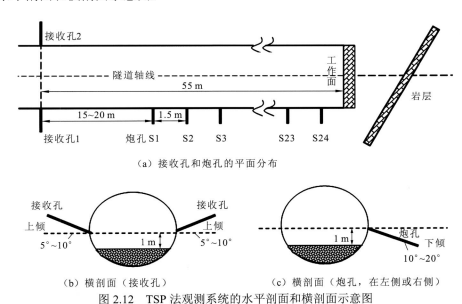

图 2.12　TSP法观测系统的水平剖面和横剖面示意图

在隧道空间内建立一个空间直角坐标系以方便观测、计算和处理数据。通常，将检波器的位置设为坐标系的零点，隧道长度的方向为坐标系 $x$ 方向，垂直隧道走向的宽度方向为坐标系的 $y$ 方向，隧道的高度方向为坐标系的 $z$ 方向。

### 3. TSP法的数据采集方式

如图2.13所示，采用跑线将触发器的一端与电子雷管连接，将触发器的另一端用电缆与地震记录单元连接，将检波器与地震记录单元连接。

通过炮孔中的乳化炸药激发的人工震源产生地震波，地震波以球面波的方式向隧道围岩四周扩散，直达波和反射波等地震波信号会传播到检波器，并通过地震记录单元（数字模拟信号转换器）将地震信号转换成电压信号，传输至计算机，记录地震波形数据。

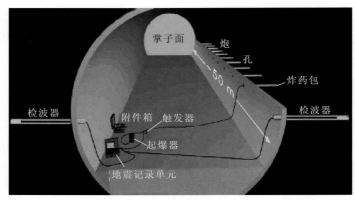

图 2.13 TSP 法系统组件标准测量示意图

### 4. TSP 法系统的环境噪声干扰检测功能

完成一次标准的 TSP 法系统探测，需要激发 24 次人工震源。由于隧道施工环境的复杂性，每次进行人工震源激发工作之前，TSP 法系统的地震记录单元会有环境噪声干扰检测环节，计算机屏幕实时显示环境噪声振幅。测试研究表明，当噪声振幅低于 78 dB 时，进行激发采集的原始数据质量较高，后期处理解释成果的可靠度更高。

在进行数据采集时，一般会受到面波、声波、其他施工器械噪声和工业电流的干扰。不同的干扰信号的频率都不一样，利用干扰信号和有效信号之间频率、速度的区别，就可以较大程度地滤除干扰信号，从而收集更为精确的地震有效信号。一般地，在人工激发炸药之前对炮孔进行注水封堵，这样不仅可以更好地耦合震源与围岩，还可以减少声波和面波的干扰，从而提高有效波的能量和信噪比[5]。

在 TSP 法系统探测环境中，一些常见的干扰列举如下。

（1）声波干扰：激发炸药过程中，爆破产生的声波，也会被检波器和地震记录单元接收并记录，声波在 TSP 法系统地震记录中的特点是高频、低速（340 m/s）和延续时间较长。

（2）面波干扰：地震波传播到隧道与围岩的接触表面时，会形成较强的面波。当面波沿着围岩接触面方向传播时，能量衰减较慢；当面波垂直于围岩接触面方向传播时，能量衰减较快，呈指数衰减。面波在 TSP 法系统地震记录中的特点是低频、低速。

（3）工业用电干扰：由于 TSP 法系统探测是在隧道施工环境中进行的，隧道施工正在同步进行，不可避免地有交流电的使用，交流电频率一般为 50 Hz，其能量大于地震记录有效波的能量。为避免探测过程中施工使用的交流电的干扰，TSP 法系统地震记录单元的主要设备应尽量避开或远离交流电的电缆。

（4）其他施工设备的噪声干扰：隧道施工过程中，各种器械设备都会产生噪声干扰，这些噪声干扰的频率和能量特性都不一样。因此，在 TSP 法系统探测过程中，在不对施工进度产生较大影响的前提下，尽量暂停使用施工器械设备。

5. TSP 法现场作业流程

一般地，一套完整的 TSP 法探测的操作流程如下。

（1）依据 TSP 法探测技术要求和不同行业的标准、规范等要求，在隧道两侧的边墙上各布置一个接收孔，并在隧道左（或右）边墙布置 24 个炮孔；

（2）将 50～100 g 防水乳化炸药放入炮孔中，连接好电子雷管，并在炮孔中注水；

（3）将检波器安装套管放入接收孔中，用锚固剂（速凝水泥、黄油等）将套管和围岩耦合在一起，一般耦合时间为 10 min 左右，然后将检波器装入套管中；

（4）将三分量地震接收单元、地震记录单元和人工震源起爆装置连接起来；

（5）打开地震记录单元的笔记本电脑，调试软件并输入隧道的施工参数；

（6）每次震源激发前，先进行环境噪声测试；

（7）激发炸药，采集数据；

（8）24 个炮孔数据采集完成，在笔记本电脑中存储数据，拆卸仪器的主要单元，并完整收回。

## 2.1.3　TVSP 法

负视速度法是国内较早开展研究的地震波反射法隧道超前地质预报技术，在国外称为 TVSP 法。它是将在地面地震勘探中使用的 VSP 法原理应用于隧道超前探测场景中，利用隧道掌子面前方地震反射波信号的特点来预报隧道开挖掌子面前方围岩的地质情况。通过人工激发震源，形成地震波并在隧道围岩内传播，当围岩岩体介质存在弹性差异时，地震入射波在弹性分界面会发生反射、折射和透射等现象，当分界面不连续时还会形成衍射波。该方法的观测系统在隧道边墙布置一条观测线，这样接收到的反射波与直达波呈负视速度形态，反射波与直达波的延长线为反射界面的位置[6-7]。

### 1. TVSP 法原理

沿着隧道轴向反向布置一条纵向测线 $l_1$，假设反射界面 $R$ 与其正交，交点为 $A$。在远离反射界面一段布置震源 $O$，$OA$ 之间布置若干个接收器，在地震波的一条射线沿着测线传播的过程中，当遇到反射界面 $R$ 时，在 $A$ 点形成反射波，并沿测线反向传播。反射波传播时距曲线与射线路径如图 2.14 所示。

在如图 2.14 所示的观测系统中，由于反射波传播路径与入射波传播路径相反，入射波时距曲线 $t_1(x)$ 视速度特征为正，反射波时距曲线 $t_{11}(x)$ 视速度特征为负。此时，假设隧道施工掌子面位置为 $D$，那么观测测线和时距曲线就位于 $OD$ 之间。把正、负视速度的时距曲线向外延伸，相交于 $A'$ 点，$A'$ 的横坐标 $x_A$，就是反射界面点的位置 $A$。

　　假设观测线与反射界面不正交，利用镜像原理绘制反射路径，如图 2.15 所示，上述特点依然存在。通过理论可以证明，反射波时距曲线 $t_{11}(x)$ 为双曲线，它的极小点随着反射界面视倾角 $\phi$ 的增加而朝着反射界面上倾方向偏移，那么极小点的左半边部分相对于震源 $O$，仍然具有时距曲线为负的特点。依据镜像原理，有 $OA=O'A$。那么，直达波时距曲线 $t_1(x)$ 和反射波时距曲线 $t_{11}(x)$ 在反射界面 $A$ 点上满足边界条件 $t_1(x_A)=t_{11}(x_A)$，利用测线附近的直达波和反射波时距曲线段，按照直达波直线型和反射波双曲线型的规律将曲线延伸并相交，那么，交点 $A'$ 的横坐标 $x_A$ 就是预报的倾斜界面 $R$ 上 $A$ 点的位置。

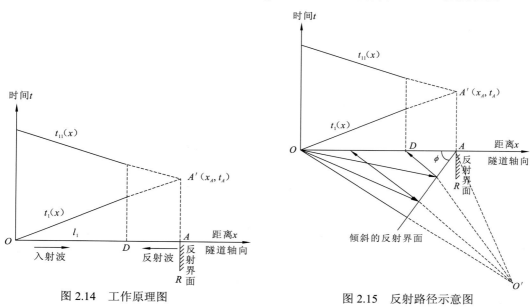

图 2.14　工作原理图　　　　　　　　图 2.15　反射路径示意图

　　如图 2.14 所示，该界面为上倾界面。假设将反射界面绕着测线 $x$ 轴旋转，形成以 $A$ 为顶点的圆锥面，那么与圆锥面相切的任一平面代表的是空间界面的可能产状，其入射和反射射线及时距曲线关系与图 2.15 所示的上倾界面情况一致，所以该方法可以推广使用。

　　假设纵向测线 $l_1$ 以 $O$ 为原点，旋转 $\alpha$ 水平角后，得到纵向测线 $l_2$，与 $l_1$ 求 $A$ 点类似，同样可以求出反射界面点 $B$，那么 $AB$ 就是反射界面的走向。相同地，如果将 $l_1$ 旋转 $\beta$ 仰角，得到纵向测线 $l_3$，也能求出反射界面点 $C$。依据 $C$ 点与走向 $AB$ 的几何关系，可得到反射界面 $R$ 的倾向。如图 2.16 所示，从 $C$ 点引出一个垂直线段与 $AB$ 相交于 $E$ 点。从 $E$ 点作垂直于走向的水平线，与 $C$ 点的铅垂线相交于 $F$ 点，那么 $FE$ 即倾向，$EF$ 和 $CE$ 的夹角 $\psi$ 就是真倾角。

### 2. TVSP 法的观测系统布置

　　与传统地面 VSP 法观测系统不同，TVSP 法超前预报观测系统，是建立在零偏 VSP 法基础之上的，一般地，炮点和检波点的布置有四种，布置方式示意图见图 2.17～图 2.20。

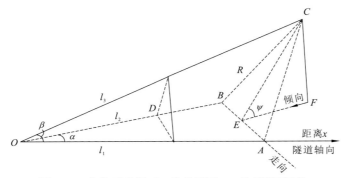

图 2.16　产状示意图（$D$ 为掌子面，$R$ 为反射界面）

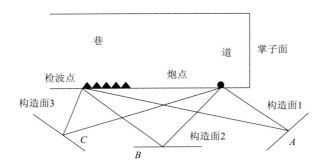

图 2.17　炮点置于掌子面近端，一炮多收系统

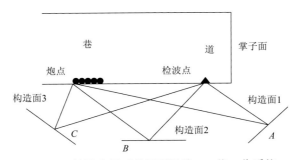

图 2.18　检波点置于掌子面近端，一炮一收系统

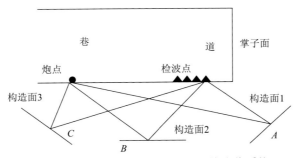

图 2.19　炮点置于掌子面远端，一炮多收系统

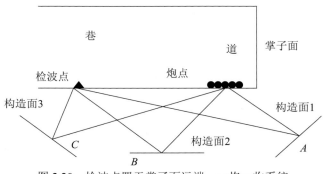

图 2.20　检波点置于掌子面远端，一炮一收系统

（1）一炮多收系统，将炮点放置于掌子面的近端。

（2）一炮一收系统，将检波点放置于掌子面近端。

（3）一炮多收系统，将炮点放置于掌子面的远端。

（4）一炮一收系统，将检波点放置于掌子面的远端。

通过观测系统，可以求得掌子面前方反射波的时距曲线。对于图 2.17 和图 2.19 所示的观测系统来说，掌子面前方的视速度为负，其他观测系统的视速度为正。一般地，数据采集效果较好的观测系统可以选择"一炮多收系统，将炮点放置于掌子面的远端"或"一炮一收系统，将检波点放置于掌子面的远端"[8-9]。

### 3. TVSP 法特点

在 TVSP 法采用的观测系统中，通过掌子面前方的反射波产生负视速度同相轴，利用这种特点，就可以区分隧道掌子面前方反射波和隧道全空间各种反射波，并且正、负视速度同相轴的反差也可以提高预报的对比度和分辨率。TVSP 法的观测系统不布置在掌子面上，不占用施工工作面，对施工场地要求较小，对隧道施工影响小。相比于在掌子面上布置观测系统，TVSP 法更为简单便捷，后期数据处理及地质解释能在 1 h 内完成，从而在短期内提供预报结果，实时指导隧道施工。TVSP 法兼容纵波、横波和转换波，可以利用多波分析手段[10]，得到更为丰富的预报信息，使得解释结果更为全面、可靠。

## 2.1.4　HSP 法

### 1. 基本原理

从应用声学领域角度看，HSP 法属于检测声学范畴；从工程勘察领域角度看，它属于小型、轻便的物探方法。

中铁西南科学研究院有限公司在 HSP 法的基础上加以改进，应用到了隧道超前地质方面，形成了 HSP 声波反射法，其方法原理也与地震波反射法的基本原理类似，建立在弹性波理论之上，声波反射的传播过程遵循惠更斯-菲涅耳原理和费马定理[11]。

对于在任意介质传播的波，假设当其传播到一种介质与另一种介质的分界面时，就会有一部分形成反射，另一部分穿过分界面在另一种介质中以折射波的形式继续传播。

设介质 1 的波阻抗为 $Z_1$，介质 2 的波阻抗为 $Z_2$，那么有

$$\begin{cases} Z_1 = \rho_1 v_1 \\ Z_2 = \rho_2 v_2 \end{cases} \tag{2.25}$$

式中：$v_1$ 为声波在介质 1 中传播的速度；$v_2$ 为声波在介质 2 中传播的速度；$\rho_1$ 为介质 1 的密度；$\rho_2$ 为介质 2 的密度。

设声波在两种介质分界面处的反射系数为

$$R_1 = \frac{Z_2 - Z_1}{Z_2 + Z_1} \tag{2.26}$$

由式（2.26）可知，当 $Z_2 > Z_1$ 时，反射系数为正，反射波与入射波相位一致；相反，反射波与入射波反相。

断层破碎带、软夹层和岩溶充填物等的波阻抗较完整岩层、硬岩层低。当由波阻抗低的岩体探测前方波阻抗高的岩体时，反射波与首波相位相反；反之，当由波阻抗高的岩体探测前方波阻抗低的岩体时，反射波与首波相位相同。

推断被探测掌子面前方岩体的具体地质特征时，应结合隧道的工程勘察设计资料、水文地质调查资料等进行综合分析。

应用 HSP 声波反射法的物理前提是，声波在岩土体中的速度、振幅等参数与岩土体的密度、组成成分、弹性模量和岩体的结构状态等密切相关。被探测的不良地质体（如破碎带、断层、溶洞、地下水发育带等）与周边岩土体存在明显的声波特性区别。当声波在两种介质的界面传播时，声波会形成反射、折射和波形转换。当声波从完整岩体传播到破碎岩体中时，就是从高波阻抗介质传播到低波阻抗介质的情形。通过处理探测的反射波信号，可以解译掌子面前方岩体的情况。HSP 声波反射法还可以应用在 TBM 施工隧道中，它的原理是将声波信号发射器安装在盾构机的刀盘前方，当 TBM 掘进时刀盘切割岩体会产生声波，采集这种信号并将其作为 HSP 声波反射法预报的激发信号。

## 2. HSP 声波反射法的观测系统布置

HSP 声波反射法超前地质预报观测系统一般有两种，在掌子面两侧或在边墙两侧布置测试孔，具体如图 2.21 和图 2.22 所示。

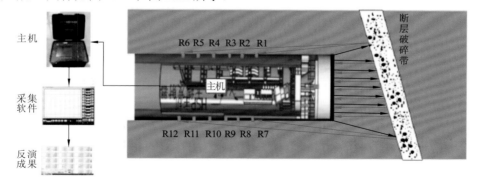

图 2.21　开挖工作面上孔间声波反射探测布置方式示意图

R1～R12 为无线检波器

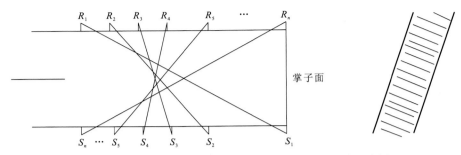

图 2.22　邻近掌子面两侧边墙浅孔斜交探测布置方式示意图

$R_1 \sim R_n$ 为检波器；$S_1 \sim S_n$ 为震源

这两种观测系统布置方式都需要施工单位配合打测试孔，现场地质预报工作时间应合理协调，尽量安排在出渣和下一循环打钻之间。

有研究者在 HSP 法的基础上，对现场测试观测系统加以改进，采用不打孔的方式。观测时，在掌子面或边墙一点发射声波信号，在另一点接收反射声波信号。不打孔减少了现场施工和测试时间，但是加大了资料处理和解释的难度，因为掌子面爆破形成的松弛圈是干扰信号，需要加以去除，增大了获取掌子面前方有用地质信息的难度。

改进后的 HSP 声波反射法的观测系统布置，如图 2.23 所示。

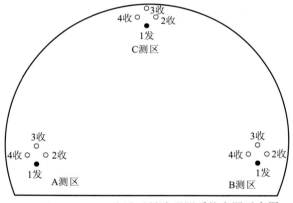

图 2.23　HSP 声波反射法观测系统布置示意图

（1）采用一发三收或一发一收的信号激发和采集方式。震源通过锤击岩体产生，其他三个（或一个）接收器接收信号，重复采集 10 次，使用便携式计算机存储采集的信号。

（2）观测测区布置：预报掌子面布置 3 个测区，3 个测区交错，具体布置方式取决于现场施工条件。

（3）激发器、接收器的布置：激发器应居中，其他三个接收器围绕激发器布置或布置在激发器两侧，距离激发器 20～150 cm。

## 2.1.5　TRT法

TRT法是美国一家公司研发的利用地震波进行隧道超前地质预报的技术，该技术在全世界包括美国、澳大利亚、日本、新西兰、中国香港等国家和地区都有应用，属于世界上超前地质预报领先者。本节主要介绍 TRT 法的原理、观测系统组成和布置及数据采集流程、优点和缺陷。

### 1. TRT 法的基本原理

TRT 法属于地震波超前地质预报方法的一种，它的基本原理是利用地震在围岩中的传播特征来预报掌子面前方围岩的地质情况，该方法很早就被用在土木工程、矿产工程等行业。观测系统通过使用重锤敲击隧道衬砌面来产生地震波，地震波在岩体中会以球面波的方式传播，当地震波遇到波阻抗差异界面时，一部分地震波反射回来形成反射波，另一部分地震波透射进入前方岩体继续向前传播，形成透射波和转换波。利用层析成像法，以震源点和传感器在空间三维坐标中的点为焦点，以入射波和反射波的时间为距离形成一个椭球体来定位反射界面[12]。如图 2.24 所示，震源和传感器的接收点可以形成三维阵列，那么接收点、传感器、地震波可以构成一个三维数组，足够数量椭球体的交汇区就是反射界面或波阻抗差异界面。因此，在理论上，TRT 法可以对预报范围内围岩的每一个点进行描绘。

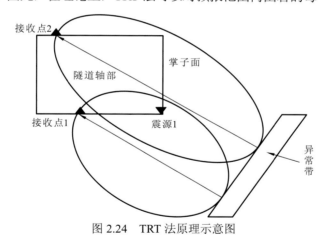

图 2.24　TRT 法原理示意图

### 2. TRT 法观测系统组成

TRT 法观测系统主要由加速度传感器、无线信号传输模块、触发设备、主机控制系统 4 部分组成。

（1）加速度传感器（10 个）。

TRT 法观测系统配备有 10 个高灵敏度的加速度传感器（接收器），布置观测系统时，10 个加速度传感器呈三维空间分布，可以更全面地接收掌子面前方地质体的地震反射波信号。布置方式为：加速度传感器用石膏等速凝剂固结在隧道初支混凝土上，传感器方向朝向洞口方向，以确保无间断地接收无线信号，使用锤子激发震源之前，确保速凝剂已凝固，并确保传感器与隧道初支混凝土紧密连接，这样才能接收到反射波的有效信号。

（2）无线信号传输模块。

主机与信号传感器之间采用无线信号传输，无线信号传输模块与传感器用 3 m 长的抗干扰数据线相连，通过加速度传感器可以将无线信号传输模块采集的地震波信号数据实时传回基站。

（3）触发设备。

TRT 法观测系统采用锤子锤击激发点激发地震波信号，将触发器连接在锤子端头，锤击后，触发器即被触发，主机可以采集地震反射波，锤击震源接收到信号的时刻相比于锤击时刻会有 2 ms 的延时。主机与触发器也是通过能抗干扰信号的电缆线相连接。

（4）主机控制系统。

主机控制系统主要包括：计算机主机、触发器源、触发器导线、基站。将计算机主机与触发器和基站相连，就可以使用计算机主机来控制数据采集工作。探测前应准备如下工具：重量约 5 kg 的锤子（用来触发震源）、挂钩（用于固定模块）、水、喷漆、速凝剂、梯子、冲击钻、全站仪等。

### 3. TRT 法观测系统布置及数据采集流程

（1）在靠近隧道掌子面处的初支混凝土旁布置 12 个激震点，布点时注意将激震点布置在坚硬的岩体上，以确保能收集到有效的反射波，传感器点呈三维空间布置，以得到三维成果图。

（2）激震点和接收点布置参照图 2.25 和图 2.26，接收点按照一高一低的方式布置，并且最高点与最低点相差大于 2.5 m，对称分布，以得到更好的三维成果图。

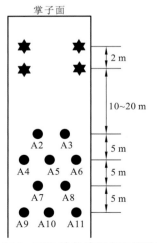

图 2.25　TRT 法传感器布设俯瞰图
A2～A11 为传感器

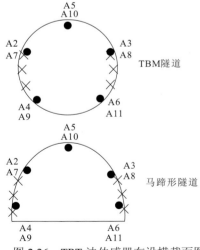

图 2.26　TRT 法传感器布设横截面图

（3）现场探测员将传感器与无线信号传输模块连接好后，使用石膏等速凝剂将传感器固定在初支混凝土上；测量人员用全站仪测量 23 个点的坐标，包括 12 个激震点、10个接收点（包括 A9 传感器和 A11 传感器所在断面拱顶的大地坐标）、隧道掌子面拱顶，A9 传感器和 A11 传感器用于确定隧道开挖方向。

传感器安装原则：

一，传感器安装位置初支混凝土的后方围岩无脱空情况，可以用锤子锤击一下，依据声音大概判断后方有无脱空体。

二，确保接收点最高点和最低点之间的高度差大于 2.5 m，建议按照图 2.25 和图 2.26的方法布置，具体的布置方法为，使用冲击钻在初支混凝土上打 5 cm 深的孔，然后将稀释好的石膏等速凝剂抹在传感器上，将传感器的小帮插入小孔中，用手压紧传感器，保证传感器与初支混凝土无缝隙耦合，隧道拱顶的传感器借用挖掘机或梯子来布置，逐一布置好其他的传感器。

震源选择原则：

一，激震点尽量靠近隧道开挖掌子面，避免距离太远，隧道左、右边墙各对称布置 6 个激震点。

二，激震点的布置确保在初支混凝土凝固完后，且在坚硬围岩上，避开有水的位置。

三，至少有 12 个激震点。

坐标测量原则：

采用一般精度的全站仪测量各个点的大地坐标即可，误差小于 5 cm。测量工作完成后，可以建立基站，将基站与计算机相连，开启无线信号传输模块，检查是否所有模块均连接成功，确定无误后打开采集信号的软件开始采集数据。至少 80%的加速度传感器及无线信号传输模块正常工作时才能开始探测工作。

（4）激发震源。

TRT 法采用 5 kg 的锤子锤击激震点激发地震波，要求按照顺序锤击激震点，每次激震至少 3 次，每组锤击的坐标变化控制在 5 cm 以内。确保锤子的锤面与激震点面完全接触，用力锤击，以获得能量较高的人工震源。

## 4. TRT 法的优点

TRT 法是用来推断地层岩层、地下水发育情况、地质体内填埋物，探测软夹层等不良地质体发育位置，从而达到指导隧道施工的目的而研发出来的技术。它以层析扫描技术为基础。层析扫描技术同时以多种激震点为震源，发射沿隧道开挖方向传播的地震波信号，依据地震波在掌子面前方围岩性质发生变化的地方形成的反射波信号，绘制围岩三维构造图，该图包括隧道掌子面前方及掌子面围岩四周一定距离的地质情况。TRT 法具有大量的独特优势：①采用了行业内独有的层析扫描技术；②使用锤击就可以激发足够多能量的地震波信号。

TRT 法激发的绝大部分地震波信号被极大程度地保留，与将炸药爆破作为震源不同，高能量的炸药对围岩挤压，导致地震波信号大幅减弱，用锤击法会降低地震波信号的衰减，从而提高数据采集的可操作性和准确性。

TRT 法具有以下优点：

（1）与将炸药作为震源不同，使用锤击震源，对震源伤害小，可重复利用，无耗材从而降低成本，不污染环境。锤击震源还适用于 TBM、土洞的隧道施工，而炸药震源不能。

（2）采用锤击震源，在同一点上多次锤击使得信号叠加，这样更加突出隧道掌子面前方不良地质体的反射信号。

（3）使用炸药震源，导致围岩挤压变形破坏，会削弱横波信号，而且会产生声波等杂波信号；而使用锤击震源克服了上述缺点，信号更加真实、可靠。

（4）锤击震源可操作性强、费用低、更环保，可重复使用。

（5）TRT 法的传感器灵敏度非常高（灵敏度为 0.5V/g），采集的反射信号中的高频信号被极大程度地保留，从而在保证探测精度高的同时，探测距离也长，一般硬质岩可探测 300 m，软质岩可探测 150 m。

（6）TRT 法仪器包括 10 个高灵敏度传感器和 11 个无线信号传输模块，通过无线连接传输信号，可保证在信号极差的隧道里接收到强信号，并且降低了装备重量，更加便携。

（7）TRT 法传感器采用立体式分布的方式布置接收点，即在隧道初支混凝土两边各布置 4 个高度不同的传感器，然后在第 2 个断面和最后断面的拱顶分别布置 A5 与 A10 传感器，以此获得比较准确的三维立体图。只在左、右边墙布置地震波检波器的探测设备，只是二维布置，所以所获得的不良地质体的位置、大小、形状等信息其实是一个二维信息。TRT 法不存在这一缺陷，而且 TRT 法也适用于大角度斜交隧道的不良地质体探测，这是其他预报方法不具备的。

（8）TRT 法通过三维层析扫描图像软件可以绘制出三维立体图，图形可视性强。

（9）TRT 法可以探测到隧道纵向方向和隧道横向方向三维空间一定距离内的所有异常体。

（10）TRT 法采用锤击方式可以减小横波的衰减，接收的信号更加完整、真实，在水和空气中传播的横波也可以明显地反映出来。因此，TRT 法探测水和空洞的优势更加明显。

## 5. TRT 法的缺陷

当然，TRT 法也有它的缺点和不足。

（1）当隧道围岩等级在 Ⅳ 级及以上时，地震波在围岩完整性较差的岩体内传播，信号衰减严重，导致地震波无法传播得更远，大部分地震波被反射回来。在围岩完整性好、节理裂隙弱发育的 Ⅲ 级围岩岩体中，地震波传播更远，有效预报距离可以达到 300 m；在土质隧道中，地震波传播距离有限，有效预报距离只有 60 m 左右。

（2）对于一般的溶洞，由于横波对空气敏感，TRT 法可以探测出来。但是，当溶洞的大小与地震波横波波场相同时，TRT 法三维成果图无法将其显示出来。

## 2.1.6　TST 法

### 1. 地震波散射理论

地震波在地下介质中传播时，实际会产生 3 种情况的波：反射波、散射波与绕射波。与反射波和绕射波的形成条件相比，散射波最容易形成，而反射波只有在地震波遇到相对光滑的界面时才能形成。

依据惠更斯原理和费马定理，地震波在传播过程中，在任意时刻形成的波前面的每一点都可以看作新的震源。新的震源形成二次扰动和波前面，此后新波前面的位置即各原波前面切面形成的包络面。观测点接收的总扰动信号即各点波前面形成的二次扰动的叠加。此波动是地震波传播到地下非均匀界面上形成的散射波，该信号包含了地下介质的不均匀信息。

假设入射波为平面波，散射波形成的过程如图 2.27 所示。

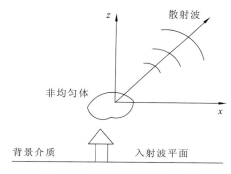

图 2.27　散射波形成过程示意图

利用不同的地震波传播形态可以对不同尺度的非均匀地质体进行探讨，根据散射波的不同传播形态可以采用近似解析的方法进行求解。

假设地质界面的尺寸为 $D$，地震波波长为 $\lambda$。波长一般为数米至数十米，地质界面尺寸一般从几米到几千米。选择合适的理论基础是超前地质预报的关键。

TRT 法、TSP 法和 TGP 法等方法的基础理论都是地震波反射法理论，当地质界面尺寸 $D$ 远大于波长 $\lambda$（即 $D \gg \lambda$）时，地震波会形成反射波。上述方法只适用于目标体尺寸为百米级或更大的情形。但是，实际中如隧道的节理裂隙、破碎带，其尺寸一般为米级或更小，利用地震波反射法理论失去了科学性，需要更切合实际并具有科学性的新理论方法。

地震波散射理论更为广义，散射波是地震波与地质体相互作用形成的，反射只是散射的一种特例。从数值模拟结果来看，散射波也有反射波的特征。因此，超前地质预报方法的基础理论应该按照地质界面尺寸 $D$ 与地震波波长 $\lambda$ 的大小关系确定。

当 $D$ 与 $\lambda$ 比较接近时，采用米散射理论；当 $D < \lambda$ 时，应采用瑞利散射理论；只有当 $D \gg \lambda$ 时，才能采用反射理论。当地震波波长 $\lambda$ 一定时，散射理论可以分辨出尺寸更

小的地质异常体，反射理论只能识别 $D$ 远大于 $\lambda$ 的地质体。并且，因为反射波的能量大于散射波能量，基于散射理论的 TST 法具有更高的分辨率。

地震波入射到波阻抗变化界面时，地震波以散射的形式传播回来。假设 $\alpha(r)$ 是介质中地震波传播速度异常的百分比，地震波传播的波动方式表示为

$$\nabla^2 U - \frac{\partial^2}{C^2(r)\partial^2 t}U = -\frac{\alpha(r)}{C^2}U \tag{2.27}$$

式中：$U$ 为总的地震波场，是入射波场 $U_i$ 与散射波场 $U_s$ 的和，即有 $U = U_i + U_s$；$C$ 为用来计算波场能量强度的波速。

一般地，散射波场强度弱于入射波场强度，散射波的波动方程满足：

$$\nabla^2 U_s - \frac{\partial^2 U_s}{C^2(r)\partial^2 t} = -\frac{\alpha(r)}{C^2}U_s \tag{2.28}$$

式（2.28）说明，可以将波速异常体视为被动场源，反射波在入射波的作用下形成。由式（2.27）可知，散射波场的求解可以利用玻恩近似解：

$$U_s(r_s, r_0, \omega) = \omega^2 \int_0^\Omega \frac{\alpha(r)}{C^2} U_i(r, r_0, \omega)g(r, r_s, \omega)\mathrm{d}r \tag{2.29}$$

式中：$U_i(r, r_0, \omega)$ 为入射点 $r_0$ 在 $r$ 点产生的入射场，$\omega$ 为角频率；$U_s(r_s, r_0, \omega)$ 为在接收点 $r_s$ 接收到的 $\Omega$ 体系内的总散射场；$g(r, r_s, \omega)$ 为散射点 $r$ 在接收点 $r_s$ 的格林函数。由式（2.29）可知，$U_s$ 的强度与 $U_i$ 及 $\alpha(r)$ 成正比。

基于地震波散射数据和 Kirchhoff 偏移理论，绘制出基于波速变化的空间结构图像，得到地质异常体的空间分布位置。Kirchhoff 偏移理论可以表示为

$$\alpha(r) = \sum \frac{U_s[r_0, r_s, (|r_0 - r| + |r_s - r|)/v]}{g_0 g_s} \tag{2.30}$$

式中：$g_s$ 为散射波的格林函数；$g_0$ 为入射波的格林函数。

### 2. TST 法原理

TST 法基于地震波散射理论，通过对地震波的三维波场特征进行研究，从观测方式、滤波方法、速度扫描、深度偏移成像等方面进行了改进与提高，TST 法隧道超前地质预报技术具有以下特点。

（1）TST 法采用阵列式的观测方式，可以对采集的数据进行掌子面前方围岩速度分析、地震波信号波场分离、干扰波滤除等。

（2）TST 法采用了 F-K 变换技术，可以滤除掌子面后方回波，减少面波干扰，保证纵波、横波分离的效果和科学性。

（3）TST 法通过对围岩整体、局部进行速度扫描，保证预报误差在 10% 以内。

（4）基于地震学原理建立的 TST 法，可以保证预报的科学性。

（5）TST 法基于地震波散射理论，相比于基于地震波反射法理论的技术，具有更高的分辨率，避免了对发育规模较小的破碎带、节理裂隙和斜交构造等地质异常体的漏报。

### 3. TST 法观测系统设计

观测系统设计是保证超前地质预报数据准确、可靠的第一环节，必须满足后续数据处理的要求，TST 法观测系统设计需满足以下条件。

（1）震源激发孔排列的长度需大于 2 个波长（即 40 m），检波器孔间距需小于 1/4 波长（即 4~5 m），以减少地面波干扰和满足 F-K 变换要求。

（2）乳化炸药埋入隧道围岩的深度>2 m，以减小隧道施工和面波干扰。

（3）TST 法观测系统垂直于隧道轴向的横向偏移长度≥预报长度的 1/10，以保证预报误差<10%。

（4）TST 法观测系统采用二维阵列的方式，炮点与检波点布置在隧道两侧边墙的同一平面内，纵向排列 40 m，横向宽 15~20 m（图 2.28）。

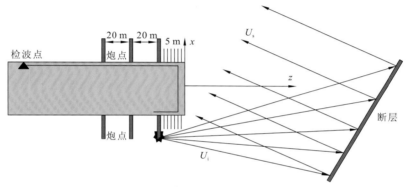

图 2.28　TST 法观测系统二维阵列示意图

（5）炮点与检波点的布置位置对波场分离和反射界面软硬性质的判断都有影响。一般采用检波器离掌子面更近、炮点离掌子面更远的观测系统布置方案，地震散射回波与直达波的视速度相反，此时更有利于波场分离（两种方案如图 2.29、图 2.30 所示）。

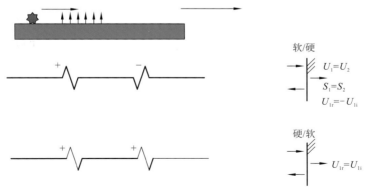

图 2.29　检波器靠近掌子面的观测方案

$U_1$、$U_2$ 为 1、2 两个介质的入射波地震波场；$S_1$、$S_2$ 为 1、2 两个介质的散射波场；

$U_{1r}$ 为散射回波视速度；$U_{1i}$ 为直达波视速度

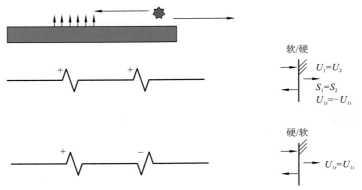

图 2.30　炮点靠近掌子面的观测方案

## 4. 三维波场分离

TST 法系统接收到的回波信号来自隧道空间各个方向的围岩,包括隧道掌子面前方、隧道边墙两侧及掌子面后方的散射波信息。TST 法数据处理需要将隧道空间侧向、后方的回波、面波、施工噪声等干扰滤除,只保留掌子面前方的回波信息。

TST 法系统还采用了 F-K 变换技术进行波场分离,其基本原理是,依据地震波视速度的不同来滤除干扰波。面波的视速度最小,侧向回波的视速度最大。因此,可以很容易区别前方回波。通过 F-K 变换可以实现散射波和绕射波的分离,进一步利用绕射波的热点进行深度偏移成像,能呈现出地质异常点位置。方向滤波原理如图 2.31 所示,图 2.32 为 F-K 变换前后效果对比。

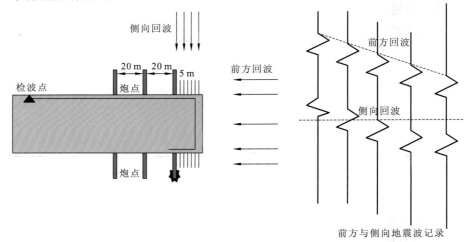

图 2.31　方向滤波原理示意图

## 5. 围岩波速分析

围岩波速分析不仅关系到围岩等级划分,还对深度偏移成像准确定位到地质异常体有很大影响。TST 法观测系统使用二维阵列观测方法,通过采集不同偏移距的地震波数据,利用整体结合局部的速度扫描技术来进行围岩分级。

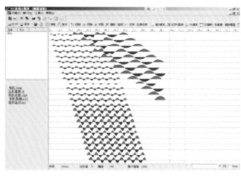 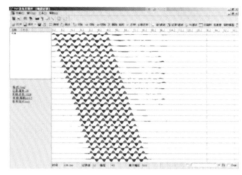

（a）F-K变换前地震记录　　　　　　　　　　（b）F-K变换后的地震记录

图 2.32　F-K 变换前后效果对比示意图

**1）TST 法波速分析的原理**

由地震学基本理论可知，基于地震波走时方程来求取围岩波速需要不同偏移距的回波数据。

$$t''^2 = \left(t_0 - \frac{z_i + z_j}{V_1}\right)^2 + \left(\frac{z_i - z_j}{V_2}\right)^2 \tag{2.31}$$

其中，

$$t_0 = \frac{2z_f}{V_2} \tag{2.32}$$

式中：$t''$ 为散射波走时；$t_0$ 为从掌子面到地质界面的地震波最小回波走时；$V_1$ 为隧道已开挖段的围岩波速；$V_2$ 为掌子面前方围岩波速；$(z_i, x_i)$、$(z_j, x_j)$、$(z_f, 0)$ 分别为炮点、检波点、地质界面的平面坐标（坐标原点为隧道轴线与掌子面的交点，设掌子面前方为正）。

式（2.31）包含 $t_0$、$V_1$、$V_2$ 这三个未知量，只有采集到超过三条不同偏移距的地震波数据，才能通过式（2.31）计算出 $V_1$、$V_2$ 和 $t_0$ 的值，进一步通过式（2.32）计算 $z_f$，对地质异常体进行准确定位。

而 TSP 法、TRT 法和 TGP 法等的观测系统无横向偏移，即 $x=0$ 的反射波走时方程可以写为

$$t''' = t_0 - \frac{z_i + z_j}{V_1}, \qquad t_0 = \frac{2z_f}{V_2} \tag{2.33}$$

同样地，式（2.33）包含 $t_0$、$V_1$、$V_2$ 这三个未知量，依据式（2.33）不能计算围岩波速 $V_1$ 和地质异常体位置 $z_f$。

TST 法围岩波速扫描还用到了偏移叠加能量最大化方法，来确定最优偏移速度（图 2.33）。

偏移叠加能量最大化方法的数学表达如下：

$$\frac{\partial E_n}{\partial v} = 0, \qquad E_n = \frac{\sum_{i=1}^{M}(A_i - A_0)^2}{M}, \qquad A_0 = \frac{\sum_{i=1}^{M} A_i}{M} \tag{2.34}$$

式中：$A_i$ 为区内单元叠加幅值；$M$ 为区内单元数。

基于地震波反射理论的超前地质预报技术缺乏横向偏移数据，围岩波速扫描无最优速度，不能准确地反映波速的分布情况，从而不能准确定位地质异常体的位置。

**2）求取围岩波速**

在拾取直达波的时候就建立了速度模型，提取准确的岩体纵波速度 $V_P$ 是围岩分级的基础。地震波在传播过程中会遇到波阻抗差异界面出现反射、散射、透射和折射等现象，形成的不同类型的波（如直达波、反射波、折射波）在时间-空间域内传播，它的传播特征称为特征时距曲线。

首先，求取直达波速度。

$$t_d = \frac{1}{v_P}\sqrt{x^2+l^2} \qquad (2.35)$$

其中，直达波波速 $v_P=x/t$，$t_d$ 为双程走时，$x$ 为炮检距，$l$ 为反射波传播距离。

如图 2.33 所示，式（2.35）是从零点出发的一条直线。

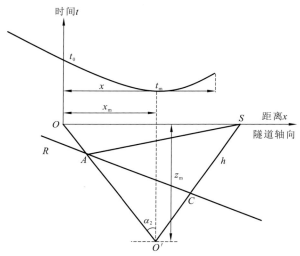

图 2.33 TST 法散射波时距曲线图

$t_m$ 为地震波从 $O$ 出发，经过 $A$，再传播到检波点 $S$ 的散射波传播时间；$z_m$ 为 $O'$ 与 $x$ 轴的垂直距离

然后，求取掌子面前散射波速度。

如图 2.33 所示，从 $O$ 点（激震点）激发的地震波入射到波阻抗界面 $R$，经过 $A$ 点形成散射波，再传播到检波点 $S$。此时假设波阻抗界面的倾角为 $\alpha_2$，$h$ 为 $O$ 点到波阻抗界面 $R$ 的法线长度，那么有 $x_m=2h\sin\alpha_2$，$z_m=2h\cos\alpha_2$。散射波的时距曲线方程可以表达为

$$t_d = \frac{OA+OS}{v} = \frac{O_1}{v} = \frac{\sqrt{(x-x_m)^2+z_m^2}}{v} = \frac{\sqrt{x^2+4h^2+4hx\sin\alpha_2}}{v} \qquad (2.36)$$

式中：$O_1$ 为某点散射波传播路径的长度；$x$ 为炮点与检波点的距离；$t_d$ 为双程走时。假设已知波阻抗界面的反射倾角 $\alpha_2$，式（2.36）就变成求取掌子面前方散射波波速 $v$ 与散射面法线距离 $h$ 的函数，通过波速 $v$ 来得到掌子面前方反射界面的位置。

### 6. 偏移成像

当隧道掌子面前方岩层近似水平时，利用水平叠加剖面可以反映与实际开挖基本相符的地层形态和位置。但是，当掌子面前方围岩地层产状起伏较大或倾角较大时，预报的结果与实际情况有较大的出入。目前，为了准确预报掌子面前方的倾斜地层、复杂地质构造，一般采用偏移成像技术。

偏移成像技术通过充分利用地震资料的动力学和运动学信息，来确定围岩波速和地质异常体的准确位置。TST 法在使用波场分离技术和围岩波速扫描技术的基础上，进一步采用偏移成像技术，使得预报的准确性进一步提高。

依据地震波的动力学知识，TST 法超前预报地质构造偏移成像图中的蓝色部分表示回波极性为正，即围岩强度由硬变软的界面；红色部分表示回波极性为负，即围岩强度由软变硬的界面。颜色先蓝后红表示围岩由硬变软再由软变硬，这一般是断层破碎带的图像特征。

## 2.1.7　TGP 法

TGP 法是国内隧道工程中常用的超前地质预报技术，其原理与 TSP 法类似，将引爆炸药作为人工震源形成地震波，地震波以球面波的形式在隧道掌子面前方岩体内传播，遇到波阻抗差异界面形成反射波，反射波被高精度三分量检波器接收，通过分析地震波波速，来了解掌子面前方围岩的特征，达到对不良地质体进行预报的目的。TGP 法的预报距离一般可以达到 $100\sim150\ \text{m}$，属于长距离超前地质预报。

### 1. TGP 法基本原理

TGP 法的基本原理同样是利用地震波在岩土体介质中传播过程中发生的反射和绕射现象进行预报，是一种预报距离长（可达 $100\sim150\ \text{m}$）的多波、多分量、高精度的超前地质预报技术。

TGP 法是通过人工震源（引爆 24 个激震点，每个激震点安装约 $50\ \text{g}$ 乳化炸药）激发地震波，地震波以球面波的方式在围岩中传播，当遇到围岩物性差异界面时，一部分地震波被反射回来被高精度三分量检波器接收，另一部分地震波继续向前传播，形成透射波。通过计算地震波在介质中的传播速度和旅行时间，就能推算出反射界面的位置；采集的地震反射波波速、时间、方向、振幅等地震参数与反射界面地质体的大小、位置、规模、产状相关。利用 TGP 法处理软件——TGPwin2.1，计算出掌子面前方围岩的岩石物理参数。TGPwin2.1 计算功能强，可以生成地质预报结构图，并且数据可以以图标的形式导出。通过分析直观的地质预报结构图，物探工作者可以预报潜在不良地质体，从而确保隧道施工安全。

## 2. TGP 法的观测系统与数据处理系统

### 1）TGP 法系统的组成

TGP 法系统主要由硬件（观测系统）部分和软件（数据处理系统）部分组成，分别简要介绍如下[13-14]。

如图 2.34 所示，TGP 法系统的硬件部分主要由以下配件组成：①主机；②高精度三分量检波器探头 2 个；③探头推送杆 1 根；④起爆器 1 台；⑤震源引爆线和数据采集传输线各 1 捆。

图 2.34　TGP 法系统硬件部分

TGP 法数据处理系统是北京市水电物探研究所的物探专家结合国内外相关地震数据处理软件的优缺点研发出来的。软件 TGPwin2.1 主要有两大部分：①采集记录编排；②数据预测处理。图 2.35 为 TGPwin2.1 的界面。

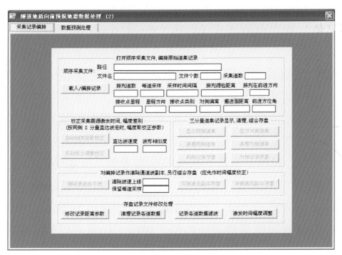

图 2.35　TGPwin2.1 界面

TGPwin2.1 具有如下特点。

（1）该软件由我国自主研发，软件界面为全中文界面，简单直观，为国内的物探工作者提供了很大的便捷。

（2）对纵波、横波分离的处理效果较好，这对依据纵波、横波波速对围岩分级和地质预报具有重要作用，是该软件的关键技术之一。

（3）对围岩物理参数的计算较为准确。

**2）TGP 法的技术参数**

（1）频带宽度范围：$0.5 \sim 4\,000$ Hz。

（2）虚拟电厂（virtual power plant，VPP）为 24 V 下可以瞬间浮点放大 A/D 转换 20 bit。

（3）信噪比高达 $120 \sim 132$ dB，动态范围大。

（4）采样率有多种选择，分为 10 μs、30 μs、60 μs、90 μs、120 μs、250 μs、500 μs、1 ms 若干档。

（5）采样点数可选 1 024 点、2 048 点、4 096 点、8 192 点。

（6）多种滤波功能：全通（LP）、高通 1（HPl）、高通 2（HP2）。

## 3. TGP 法现场数据采集技术

TGP 法系统数据采集的技术要求和步骤如下[15]。

**1）钻孔**

在隧道掌子面后方边墙一侧布置 24 个炮孔，炮孔高度为 1 m，孔深为 1.5 m，孔径为 40 mm，角度向下倾约 $10°$，第一个炮孔离掌子面 $3 \sim 5$ m 远，炮孔间距为 1.5 m，依此类推，布置 24 个炮孔。物探工作者参考地勘资料，将炮孔布置在潜在不良地质体可能发育的一侧边墙，可以使预报结果更加准确。在距离最后一个炮孔 $15 \sim 20$ m 处的左、右边墙各布置一个接收孔，孔高 1 m，孔深 2 m，孔径 50 mm，角度向上倾约 $10°$，接收孔用于放置三分量检波器，以黄油为耦合剂将接收探头与围岩耦合。图 2.36 为 TGP 法炮孔断面图和立体图，图 2.37 为 TGP 法探测系统平面示意图。

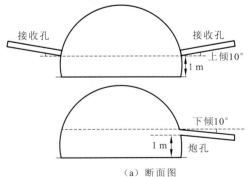
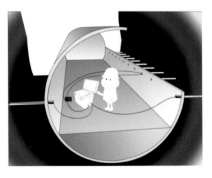

（a）断面图　　　　　　　　　　　（b）立体图

图 2.36　TGP 法炮孔断面图和立体图

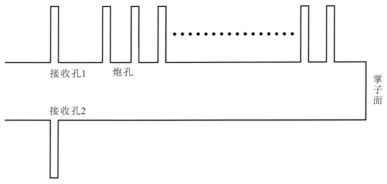

图 2.37　TGP 法探测系统平面示意图

**2）安装接收器**

用推杆将三分量检波器推送到接收孔孔底，以黄油为耦合剂将接收探头与围岩耦合好，可以充分地接收地震波反射信号，采集的数据质量更高。

**3）安装炸药**

首先，将雷管塞入炸药，其作用是引爆炸药，使用推杆将炸药推送到炮孔底部，并用清水封口，防止炸药形成的地震波的能量损耗或产生的较大声波噪声的干扰，以免影响数据质量。一般炸药量以 50～100 g 为宜。

**4）采集数据**

在进行 TGP 法数据采集作业时，为避免噪声干扰，尽量暂停掌子面施工，当第一个炸药引爆时，隧道边墙安装的接收器接收数据，主机界面显示 6 道信号，接收器与炮孔同侧 3 道，异侧 3 道。依次引爆所有炮孔的炸药，完成数据采集。采集过程中，做好采集的记录工作，如哑炮的道数等。

## 2.1.8　陆地声纳法

陆地声纳法又称为高频地震波反射法，是钟世航教授于 1992 年首次提出的[16]，该技术从原理上讲实质为垂直地震波反射法。它通过采用锤击激发震源、极小偏移距、高频超宽带接收地震反射波来进行连续剖面的探测。

### 1. 基本原理

陆地声纳法是陆上极小震-零检距高频宽带性反射连续剖面法的简称。它通过锤击检测目标体表面形成弹性波，弹性波在围岩中传播，当遇到波阻抗差异界面时形成反射波（图 2.38），使用激震点附近的检波器接收反射波，采用点测法，沿着测线方向逐一采集数据，并绘制成反映距离-时间关系的剖面图；对可连成一条线的同一反射界面的反射波进行地质分析，判定反射界面的性质。设反射时间为 $\Delta t$，得到的弹性波波速为 $v$，就可以计算出反射界面的深度，计算公式为 $h_1 = v \times \Delta t / 2$。

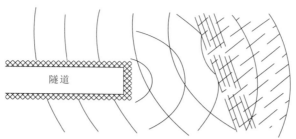

图 2.38　陆地声纳法在掌子面上做超前地质预报示意图

## 2. 技术特点

（1）陆地声纳法采用的是锤击震源与检波器相结合的方式，激发和接收波的频带宽度范围为 10～4000 Hz，通过分窗口带通滤波提取不同频段的反射波。高频段可以反映构造规模较小的薄层、大节理和小溶洞等地质异常，低频段可以反映构造规模较大的如断层、大型岩脉和大溶洞等地质异常。通过对比、分析不同频段的反射成果图，可以分辨不同构造和规模的不良地质体。

（2）陆地声纳法采用极小偏移距的方法，反射波为续至波，可以避开声波、面波和直达波等无效波的干扰，不仅可以预报断层等近似平面分布的地质体，而且可以预报溶洞等规模有限的地质体，还可以推断出不良地质体的分布范围。

（3）接收点在激震点附近，所以采集到的能量较高，使用锤击激发可以预报 150 m 及以上距离（一般只预报 100 m 左右以保证准确性）。每次采集只占用工作面 30～45 min，只需 3～5 人即可完成数据采集工作。

（4）每次接收的反射界面的反射波具有 1 个周期长，所以提高了探测分辨率，可以反映 1 m 的地质构造体，也对可能会导致掉块、坍塌等危险事故的构造规模较大的节理、破碎带和溶洞有比较明显的反映。

（5）一般，横波对掌子面含水体较为敏感，目前陆地声纳法还无法从采集的数据中较好地实现纵波、横波分离，对预报掌子面前方含水体的效果较差，存在技术局限。

## 3. 观测方式布置

陆地声纳法可以在开挖掌子面向前、在隧道边墙向两侧、在隧道拱顶向上和在隧道底板向下探测，采用十字剖面布置法进行布置；震源为锤击震源，检波器不用固定，故不用打孔。

测线布置：沿着掌子面布置一条水平和垂直测线，点距为 25～30 cm，根据现场实际情况，也可以布置多条测线。

记录好测线在隧道中的准确位置和测线之间的几何位置关系：使用锤击法在测点 $n$（$n$=1，2，3，…）上激发震源，其左、右两侧布置检波器。每次采集重复激发 2～3 次，进行垂直叠加。

### 4. 陆地声纳法优点

（1）预报距离可达 100～120 m。

（2）可以预报如断层破碎带、岩脉、陡倾角岩体分界面、大节理、岩溶和洞穴等不良地质体。

（3）数据采集环节时间短，工作一次的时间为 30～45 min，从而较短时间占用掌子面，不耽误施工，而且预报成本较低。

（4）通过锤击产生震源，不仅避免了炮孔打钻爆破的麻烦，而且不会破坏隧道初期支护。

# 2.2 电磁类方法

电磁类的隧道超前地质预报方法主要为地质雷达法和瞬变电磁法。

地质雷达法是电磁波反射法的一种。地质雷达法通过激发产生高频电磁波，电磁波在向地下介质传播过程中，会发生反射和透射现象，地质雷达接收天线接收电磁反射波的信息，通过该信息特征来反映隧道掌子面前方围岩的情况。地质雷达法的处理和解释方法与地震波反射法类似。

瞬变电磁法是一种时间域的电磁勘探方法。该方法通过不接地的电偶源或回线向地下反射一次磁场，通过在断电后接收到的二次感应磁场随时间的衰减特征，达到探测地下地质体情况的目的。

## 2.2.1 地质雷达法

### 1. 麦克斯韦方程组及本构方程

麦克斯韦方程组是描述电场和磁场关系的基本方程组，它包含了物质的基本属性参数，为定量地分析地质雷达性能提供了理论依据，它描述了电磁场的动力学和运动学规律，是研究电磁理论的基本方程。地质雷达法利用高频电磁波在介质中的传播特征来进行探测，而高频电磁波在介质中的传播特征满足麦克斯韦方程组[17-18]。

$$\begin{cases} \nabla \times \boldsymbol{E} = -\dfrac{\partial \boldsymbol{B}}{\partial t} \\ \nabla \times \boldsymbol{H} = \boldsymbol{J} + \dfrac{\partial \boldsymbol{D}}{\partial t} \\ \nabla \cdot \boldsymbol{B} = 0 \\ \nabla \cdot \boldsymbol{D} = \rho_1 \end{cases} \tag{2.37}$$

式中：$t$ 为电磁波传播时间；$\rho_1$ 为电荷密度（C/m³）；$\boldsymbol{J}$ 为电流密度（A/m²）；$\boldsymbol{E}$ 为电场强度（V/m）；$\boldsymbol{D}$ 为电位移（C/m²）；$\boldsymbol{B}$ 为磁感应强度（T）；$\boldsymbol{H}$ 为磁场强度（A/m）。

本构方程是场量和场量之间的关系方程，取决于介质的性质，介质中的分子和原子在电磁场的作用下会产生极化与磁化现象。均匀、线性和各向同性的理想介质的本构关系可以简化为

$$\begin{cases} \boldsymbol{J} = \sigma \boldsymbol{E} \\ \boldsymbol{D} = \varepsilon \boldsymbol{E} \\ \boldsymbol{B} = \mu \boldsymbol{H} \end{cases} \tag{2.38}$$

式中：$\varepsilon$ 为介电常数（F/m），它描述了外加电场作用下的介质中束缚电荷的偏移属性，电荷的偏移会导致物质材料中能量的存储；$\mu$ 为磁导率（H/m），它描述了物质材料在外加电场作用下固有的原子和分子的磁化属性；$\sigma$ 为电导率（S/m），它描述了在外加电场作用下物质材料自由电荷运动形成电流的属性，电荷运动的阻滞会导致能量的消耗。

消去式（2.37）和式（2.38）中的电场或磁场分量，麦克斯韦方程组可改写为

$$\nabla \times \nabla \times \boldsymbol{E} + \mu \sigma \frac{\partial \boldsymbol{E}}{\partial t} + \mu \varepsilon \frac{\partial^2 \boldsymbol{E}}{\partial t^2} = \boldsymbol{0} \tag{2.39}$$

在损耗介质中，能量消耗较小，地质雷达法可以实现有效探测。将式（2.39）中的波动方程与数理方程中的标准波动方程 $\left( \nabla^2 \mu - \frac{1}{v^2} \frac{\partial^2 \mu}{\partial t^2} = 0 \right)$ 相比较，电磁波的传播速度可以表达为

$$v = \frac{1}{\sqrt{\mu \varepsilon}} \tag{2.40}$$

在地质雷达法探测领域，将相对介电常数作为被探测介质的物理参数，在低频段，波的传播依赖于 $\sqrt{\omega} = \sqrt{2\pi f}$（$\omega$ 为角频率，$f$ 为频率），波场以扩散特性为主；在高频段，传播特性与频率无关。当电流从传导电流转换到以位移电流为主时，波场以传播特性为主，衰减系数可以表示为[19]

$$\alpha = \sqrt{\frac{\mu}{\varepsilon}} \frac{\sigma}{2} \tag{2.41}$$

在电磁场传播过程中，电场和磁场交替出现，电磁场的场量满足以下波动方程：

$$\nabla^2 \boldsymbol{E} = \frac{1}{c^2} \frac{\partial^2 \boldsymbol{E}}{\partial t^2} \tag{2.42}$$

$$\nabla^2 \boldsymbol{H} = \frac{1}{c^2} \frac{\partial^2 \boldsymbol{H}}{\partial t^2} \tag{2.43}$$

在式（2.42）和式（2.43）中，$c$ 是电磁波在真空中传播的波速，有

$$c = \frac{1}{\sqrt{\mu_0 \varepsilon_0}} = 0.3 \ (\text{m/ns}) \tag{2.44}$$

式中：$\mu_0$ 为真空中的磁导率；$\varepsilon_0$ 为真空中的相对介电常数。

**2. 地质雷达法探测的工作原理**

地质雷达法以电磁波传播理论为基础理论，地质雷达仪由主机、发射和接收天线、传输光纤及操作观测装置组成。在探测过程中，地质雷达产生高频电磁波信号（中心频

率为 10～1 000 MHz），信号以宽带短脉冲的形式传播到介质中，在电磁波传播过程中，当遇到不同介电常数的介质分界面时，一部分电磁波通过界面以折射波的形式继续向前传播，另一部分以反射波的形式被接收天线接收，如图 2.39 所示。在电磁波在介质中传播的过程中，它的传播路径与能量受到介质的电性、几何形态和大小的影响，因此地质雷达仪主机接收到的电磁反射波的幅度、形状、波长等特征也会变化。因此，地质雷达探测目标体性质的解译就是由电磁波波场特征和地质知识相结合来进行的[20]。

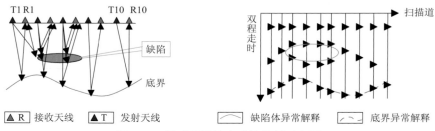

图 2.39　地质雷达法电磁波传播示意图

地质雷达法电磁波波形、电压主要受到地质雷达仪的性能、介质情况和界面特性等的影响。考虑到电磁波在地层介质中传播时介质的非均一性，推导出以下公式[20]：

$$W_R = W_T \eta_t \eta_r G_t G_r \sigma_{Si} G_s \frac{\lambda^2}{64\pi r^4} e^{-4\beta r} \tag{2.45}$$

式中：$W_T$ 为发射机功率；$W_R$ 为接收机接收到的总功率；$\eta_t$ 为发射天线效率；$\lambda$ 为波长；$r$ 为目标体反射界面到发射天线的距离；$G_t$ 为在入射方向上，天线的方向增益；$\sigma_{Si}$ 为目标体的散射截面积；$G_s$ 为目标体到接收点方向上的散射增益；$\eta_r$ 为接收天线的效率；$G_r$ 为接收天线的方向性增益；$\beta$ 为介质的衰减系数。

由式（2.45）可知，$\eta_t$、$\eta_r$ 总是小于 1，受地质雷达天线的重量和体积限制，天线效率不能设计得很大，$W_R$ 并不大，因此，地质雷达法的探测有限，地质雷达法在隧道超前地质预报中只作为一种短距离预报手段。

地下介质一般具有非磁性和非导体特征，即一般满足 $\mu = \mu_0 = 12.57 \times 10^{-7}$ H/m，此时以位移电流为主，传导电流较小，即 $\sigma/(\omega\varepsilon) \leqslant 1$，电磁波速度 $v = \dfrac{\omega}{\alpha} = \dfrac{1}{\sqrt{\mu\varepsilon}}$ 可简化为

$$v = c / \sqrt{\varepsilon_r} \tag{2.46}$$

其中，$\omega$ 为角频率，$\sigma$ 为电导率，$\varepsilon$ 为介电常数，$\varepsilon_r$ 为相对介电常数，$\mu$ 为磁导率，$v$ 为介质中的电磁波波速。由此可知，地质雷达电磁波传播到地下介质中后，波速变小，波长变短，因此有较高的分辨率。

地质雷达电磁波在向地下介质传播的过程中，遇到波阻抗界面时，会形成反射波和透射波。电磁波的反射和透射遵循波的斯内尔定律。反射波能量的大小与反射系数有关。反射系数 $R$[21]和透射系数 $T$ 可以表示为[22]

$$R = \frac{\sqrt{\varepsilon_1} - \sqrt{\varepsilon_2}}{\sqrt{\varepsilon_1} + \sqrt{\varepsilon_2}} \tag{2.47}$$

$$T = \frac{2\sqrt{\varepsilon_1}}{\sqrt{\varepsilon_1} + \sqrt{\varepsilon_2}} \qquad (2.48)$$

式中：$\varepsilon_1$、$\varepsilon_2$ 分别为波阻抗界面上、下介质的相对介电常数。由式（2.47）可知，反射界面两侧介质的相对介电常数的差异决定了反射系数的大小，反射系数越大，探测效果越好。对于隧道施工中常见的不良地质体如溶洞，设 $\varepsilon_1$ 为围岩的相对介电常数，那么 $\varepsilon_2$ 对应水或空气，$\varepsilon_{水} = 81$，$\varepsilon_{空气} = 1$，两种介质的相对介电常数差异较大。表 2.1[22]为常见岩土体介质的介电常数。相对介电常数的差异是采用地质雷达法探测隧道掌子面前方不良地质体的地球物理基础。

表 2.1　常见岩土体介质的相对介电常数

| 介质类型 | 相对介电常数 | 电导率/（mS/m） |
|---|---|---|
| 空气 | 1 | 0 |
| 水 | 81 | $0.01 \sim 3 \times 10^4$ |
| 砂岩（干） | $3 \sim 5$ | 0.01 |
| 砂岩（饱和水） | $20 \sim 30$ | $0.1 \sim 1$ |
| 石灰岩 | $4 \sim 8$ | $0.5 \sim 2$ |
| 页岩 | $5 \sim 15$ | $1 \sim 100$ |
| 泥沙 | $5 \sim 30$ | $1 \sim 100$ |
| 黏土 | $5 \sim 40$ | $2 \sim 1000$ |
| 花岗岩 | $4 \sim 6$ | $0.01 \sim 1$ |
| 干盐 | $5 \sim 6$ | $0.01 \sim 1$ |
| 冰 | $3 \sim 4$ | 0.01 |
| 混凝土 | $6.5 \sim 10$ | 5 |

## 2.2.2　瞬变电磁法

电磁法一般可分为时间域方法和频率域方法，瞬变电磁法属于时间域电磁法，它具有时间上和空间上的可分性。瞬变电磁法与频率域电磁法相比有以下优点[23-24]。

（1）发射和接收线框可以采用同点组合方式（同一回线、重叠回线、内一回线）进行探测，与被探测目标体耦合较好，接收到的信号较强，信号形态简单，对地层分层效果较好。

（2）通过加强功率的灵敏度，加大探测深度，并增强信噪比。

（3）因为采用多信道观测方式，早期道的地形影响较易分辨，探测围岩高阻区不会产生地形影响引起的低阻假异常。

（4）通过选择不同的时窗，可以有效压制噪声，并可以得到不同的探测深度，同时完成剖面测量与测深工作，从而提供更多的有效信息，减少多解性。

（5）观测系统对线圈的点位、方位或接收和发射距离要求不严格，观测系统布置简单，效率高。

（6）探测深度较大，信号可以穿透低阻体地层。

（7）受静态位移的影响较小。

### 1. 瞬变电磁法的探测原理

瞬变电磁法是时间域电磁法的主要方法之一，它向地下发射一次激励脉冲电磁波，激励地下目标体，从而产生二次场，通过分析二次场得到探测目标体的物理特性。

一般地，瞬变电磁仪的供电装置是专门设计的，常见的供电装置为双极磁方波电流，供电电流在短时间内降为零，由电磁感应现象及相关理论可知，发射线圈中的突变电流会在周围空间中形成电磁场，称为一次磁场（图2.40）。一次磁场在地下介质空间传播，遇到低阻体时，会在低阻体中产生感应电流，称为二次感应电流或涡流。一般地，导电介质具有非线性特征，方波脉冲电流会迅速降为零，一次磁场立刻消失，二次感应电流逐渐减小，减小的时间与低阻体的典型参数相关。低阻体的电阻越小，感应电流的损耗越小，二次感应电流的持续时间越长，在二次感应电流快速变化的过程中会形成二次磁场，由接收线圈接收二次磁场信号，分析其特性可以发现地下低阻体异常是否存在，并通过反演计算得到低阻体的形状、规模和深度。

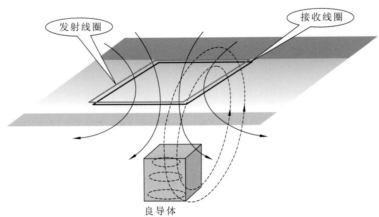

图 2.40　瞬变电磁法工作原理示意图

采用瞬变电磁法进行隧道超前地质预报的观测系统可以灵活设计，针对不同探测目标或应用，可以使用不同的观测系统，以下介绍常见的观测系统。

### 1）单点探测

单点探测将发射线圈和接收线圈固定于一个点对地下介质进行探测。如图2.41所示，为单点探测发射线圈 T 和接收线圈 R 的布置方式，在数据采集环节，通过连续采集和多次数据扫描，对数据进行平均化处理，从而减小探测误差。

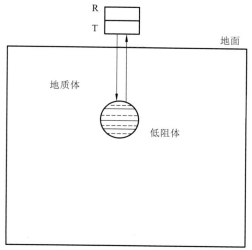

图 2.41　单点探测示意图

### 2）剖面多点扫描探测

剖面多点扫描探测是瞬变电磁法最常用的探测方式，其观测步骤为，首先布置探测测线，在测线上等间距地布置探测点，通过发射线圈和接收线圈逐点探测，一个测点采集一个记录，将一条测线的所有测点探测完后，通过反演得到瞬变电磁剖面图像。剖面多点扫描探测示意图如图 2.42 所示。

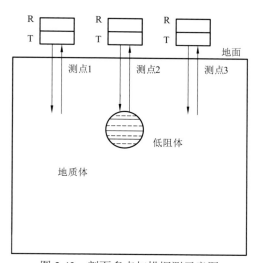

图 2.42　剖面多点扫描探测示意图

### 3）大回线多测点探测

大回线多测点探测主要在视野开阔、目标体深度较深、探测仪器满足条件的情况下布置，它的特点是，发射线圈呈矩形，边长一般可以达到数百米，发射线圈位置固定不变，在发射线圈外围或内部布置测点和测线，接收线圈在测线的测点上接收二次磁场信号，每条测线的数据通过反演可以得到瞬变电磁剖面图像。大回线多测点探测示意图如图 2.43 所示。

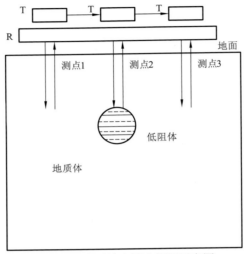

图 2.43  大回线多测点探测示意图

## 2. 瞬变电磁法的主要技术参数

瞬变电磁法应用在隧道超前地质预报中，主要以识别低阻体为目的，因此瞬变电磁系统的设计也要以提高目标体的探测效果为前提。影响瞬变电磁仪准确性的因素较多，包括仪器自带的系统噪声（如发射线圈的自感、互感和接收线圈的电容等）、系统误差和偶然误差等；地球物理探测背景场的影响因素主要有人文噪声、地质噪声和回线边长等。下面对瞬变电磁法的分辨率和探测距离进行分析。

### 1）瞬变电磁法的分辨率

瞬变电磁法能分辨的最小介质的能力称为分辨率。由电磁响应特征可知，在均匀半空间模型中探测不均匀体，瞬变电磁晚期场比谐变电磁场敏感[25]。垂直磁偶源发射线圈的谐变电磁场远区响应公式为

$$H_z(\omega) = -i\frac{9M\rho_2}{2\pi\mu_0\omega r'^5} \tag{2.49}$$

式中：$M$ 为磁矩；$i$ 为电流；$\rho_2$ 为电阻率；$r'$ 为天线中心到参考点的距离。

相应的瞬变电磁晚期场响应公式为

$$B_z(i) = \frac{\mu^{5/2}M}{30\pi^{3/2}t^{3/2}\rho_2^{3/2}} \tag{2.50}$$

由式（2.49）和式（2.50）可知，$H_z(\omega)$ 与电阻率成正比，瞬变电磁晚期场 $B_z(i)$ 与电阻率的 3/2 次方成反比，所以瞬变电磁晚期场比频率域对电阻率更为敏感。

三种回线形式（中心回线瞬变电磁法、重叠回线瞬变电磁法和大回线瞬变电磁法）中，大回线瞬变电磁法分辨率最高。这是因为大回线瞬变电磁法发射线圈和接收线圈位

于同一点,是一种近区场法,它对于不均匀导电体不会产生体积效应,所以分辨率很高,特别地,对于横向分辨率来说,可以辨别出较小规模的低阻异常体。

**2)瞬变电磁法的探测距离**

瞬变电磁法属于时间域电磁法,它可以将电磁响应规律直接表示出来,瞬变电磁法的探测深度取决于仪器分辨率和二次场衰减时。Spies[26]指出,电磁法探测低阻体的距离取决于:①低阻体的深度;②浅部地质断面的平均电阻率。其受激励源的形式、接收信号的方式和两者之间距离关系的影响较小。在均匀全空间导电介质中,激励源为阶跃脉冲的似稳电场公式为[27-30]

$$e_x = -\frac{i}{2}\sqrt{\frac{\mu_1}{\pi\sigma_1 t'}}\exp\left(-\frac{\mu_1\sigma_1}{4t'}z^2\right)\mu(t') \tag{2.51}$$

式中:$t'$为观测时间;$\sigma_1$、$\mu_1$分别为大地的电导率和磁导率(这里假设大地是非磁性的);$z$为激励源到场点的距离。保持式(2.51)中的$z$不变,令其对时间的导数为零,得到:

$$\delta_{TD} = \sqrt{\frac{2t'}{\mu_1\sigma_1}} \tag{2.52}$$

式中:$\delta_{TD}$为在给定时间阶跃脉冲峰值的深度。

**3. 瞬变电磁法的主要检测参数**

瞬变电磁法的检测参数设置将直接影响检测效果。主要的检测参数包括发射频率、供电电流、采样率和叠加次数等。

**1)发射频率**

在探测深度符合要求的情况下,提高发射频率可以提高瞬变电磁法的分辨率。由于趋肤效应,瞬变电磁法的发射频率一般由以下公式确定[31]:

$$\delta = \sqrt{\frac{2}{\omega\sigma\mu_0\mu_r}} \tag{2.53}$$

式中:$\omega$为激励的角频率,$\omega=2\pi f$,$f$为激励源的振荡频率;$\sigma$为地质体的电导率;$\mu_0$为真空中的磁导率;$\mu_r$为地质体的相对磁导率。

当探测深度不足时,可以采用降低发射频率的方式[32]。一般地,发射频率可以通过控制电脉宽来调节,瞬变电磁法阶跃激励源中,脉宽是指一次观测的供电时间,它与探测深度相关,提高脉宽可以提高探测深度,但是其需要的电能较多,耗电量也较大。

**2)供电电流**

供电电流的选择对探测结果影响非常大。电流太小,信噪比较低,准确率低;电流太大,会增强自感效应,也会降低探测准确性。一般地,选择电流应依据目标体的预计距离和电性参数。当探测目标体为水等低阻体(电阻率较低)时,选择较小的供电电流;当探测目标体为金属矿体(电阻率较高)时,应提高供电电流,以增大信噪比。总而言之,供电电流的正确选择与物探工作者的经验有关。

**3）采样率**

采样率是两个采样点之间的时间间隔，它与地质体的探测深度和地质体电阻率有关。电磁场二次响应衰减曲线与地质体表层电阻率有关，一般地，低阻体的衰减曲线延时长，选择低采样率，高阻体的衰减曲线延时短，选择高采样率。

**4）叠加次数**

叠加次数是指一次观测完成正反供电的周期数。从理论上来讲，叠加次数越多，探测结果越准确。但是在实际应用中，不可能选择太大的叠加次数，一是浪费时间，二是耗电量大。实际应用中，叠加次数一般选择 15 次。

**5）发射回线边长**

发射回线边长等效为单匝线圈的回线边长。例如，1 匝 25×25 的回线，在仪器参数界面输入 25；2 匝 10×10 的回线，输入 14.14(=$\sqrt{2 \times 10 \times 10}$)。

**4. 瞬变电磁法的基本理论**

瞬变电磁法从本质上讲是电磁感应应用在物探中，它的发展是建立在电磁感应理论基础之上的，电磁波传播理论和电磁感应理论就是瞬变电磁法的理论基础。

19 世纪中期，麦克斯韦总结前人的研究成果，提出了几乎适用于一切电磁现象的数学模型，这就是麦克斯韦方程组。它是研究电磁场理论的基础，也是电磁数学分析的起点。麦克斯韦方程组由 4 条定律组成，分别是安培环路定律、法拉第电磁感应定律、高斯电通定律和高斯磁通定律。

**1）安培环路定律**

它的数学表达式为

$$\oint_{\Gamma} \boldsymbol{H} \cdot \mathrm{d}\boldsymbol{l} = \iiint_{\Omega} \left( \boldsymbol{J} + \frac{\partial \boldsymbol{D}_1}{\partial t} \right) \cdot \mathrm{d}\boldsymbol{S} \tag{2.54}$$

式中：$\Gamma$ 为曲面 $\Omega$ 的边界；$\boldsymbol{J}$ 为电流密度；$\partial \boldsymbol{D}_1 / \partial t$ 为位移电流密度（A/m²）；$\boldsymbol{D}_1$ 为电通密度（C/m²）；$\boldsymbol{l}$ 为环路；$\boldsymbol{S}$ 为围成的体积区域。

式（2.54）可以描述为，在任意磁场中，对于任何磁场强度和介质分布，磁场强度沿任何一个闭合路径的线积分等于穿过此积分路径的曲面 $\Omega$ 的电流总和，或者描述为该线积分等于积分路径所包围的总电流。

**2）法拉第电磁感应定律**

其描述为，在闭合回路中，线圈形成的感应电动势大小与穿过线圈回路的磁通量变化率成正比。它的数学表达式为

$$\oint_{\Gamma} \boldsymbol{E} \cdot \mathrm{d}\boldsymbol{l} = -\iint_{\Omega} \frac{\partial \boldsymbol{B}}{\partial t} \cdot \mathrm{d}\boldsymbol{S} \tag{2.55}$$

式中：$\boldsymbol{E}$ 为电场强度（V/m）；$\boldsymbol{B}$ 为磁感应强度（T）。

**3）高斯电通定律**

它可以描述为，无论电场中的电通矢量和电解质如何分布，任何一个闭合曲面的电通量与闭合曲面包围的电荷量一样，这里的电通量是指电通密度矢量和闭合曲面的积分。它的数学表达式为

$$\oint_S \boldsymbol{D}_1 \cdot \mathrm{d}\boldsymbol{S} = \iiint_V \rho_1 \mathrm{d}V \tag{2.56}$$

式中：$\rho_1$ 为电荷密度；$V$ 为闭合曲面；$S$ 为围成的体积区域。

**4）高斯磁通定律**

它可以描述为，无论介质中的磁通密度矢量怎样分布，对于任何一个闭合曲面，穿出它的磁通量为零。它的数学表达式为

$$\oiint_S \boldsymbol{B} \cdot \mathrm{d}\boldsymbol{S} = 0 \tag{2.57}$$

式（2.54）～式（2.57）就是麦克斯韦方程组的积分形式，麦克斯韦方程组的微分形式为式（2.37）。

式（2.37）中，$\boldsymbol{E}$、$\boldsymbol{D}$、$\boldsymbol{B}$、$\boldsymbol{H}$ 之间的关系取决于媒质特性；媒质一般分为线性和非线性媒质。在线性媒质中，它的表示式又可以写为式（2.38）。

### 5. 全空间瞬变电磁法基本理论

瞬变电磁法应用在隧道超前地质预报中时，隧道处于地下，不同于地面半空间瞬变电磁法，瞬变电磁信号具有全空间特性，全空间瞬变电磁法的基本理论与半空间瞬变电磁法既相互联系又各有特点。全空间瞬变电磁场的求解比较复杂，不容易得到解析解。在均匀全空间介质中，以线圈为分界点，把线圈上方和下方看作不同的介质，更有利于对瞬变电磁场的传播进行理解，可以更加方便地研究地面半空间和隧道全空间之间的区别与联系。

麦克斯韦方程组的时谐表达式为

$$\nabla \times \boldsymbol{H} = \sigma \boldsymbol{E} + \mathrm{i}\omega\varepsilon \boldsymbol{E} \tag{2.58}$$
$$\nabla \times \boldsymbol{E} = -\mathrm{i}\omega\mu \boldsymbol{H} \tag{2.59}$$
$$\nabla \cdot \boldsymbol{H} = 0 \tag{2.60}$$
$$\nabla \cdot \boldsymbol{E} = 0 \tag{2.61}$$

根据式（2.61），并引入矢量电位 $\boldsymbol{F}$，有

$$\boldsymbol{E} = -\nabla \times \boldsymbol{F} \tag{2.62}$$

将式（2.62）代入式（2.58），并引入标量磁位 $\phi$，则

$$\boldsymbol{H} = -(\sigma + \mathrm{i}\omega\varepsilon)\boldsymbol{F} - \nabla \times \phi \tag{2.63}$$

将式（2.62）、式（2.63）代入式（2.59），可得

$$\nabla^2 \boldsymbol{F} + (\omega^2\mu\varepsilon - \mathrm{i}\omega\mu\sigma)\boldsymbol{F} - \nabla(\nabla \cdot \boldsymbol{F} + \mathrm{i}\omega\mu\phi) = \boldsymbol{0} \tag{2.64}$$

引入洛伦兹条件

$$\nabla \cdot \boldsymbol{H} + \mathrm{i}\omega\mu\phi = 0 \tag{2.65}$$

则式（2.64）成为如下形式（亥姆霍兹方程）：

$$\nabla^2 \boldsymbol{F} + k^2 \boldsymbol{F} = 0 \tag{2.66}$$

式中：$k^2 = \omega^2\mu\varepsilon - \mathrm{i}\omega\mu\sigma$，表示电磁波传播波速，相应地，

$$\boldsymbol{H} = -(\sigma + \mathrm{i}\omega\varepsilon)\boldsymbol{F} + \frac{1}{\mathrm{i}\omega\mu}\nabla^2 \cdot \boldsymbol{F} \tag{2.67}$$

为了便于使用边界条件，在两个均匀导电介质的界面上布置发射线圈，它在水平面以上 $h$ 高度处，坐标原点为线圈中心，在柱坐标系 $(\rho, \varphi, z)$ 中，$z$ 轴的正方向向下。如图 2.44 所示，两种介质的波数分别设为 $k_0$ 和 $k_1$。

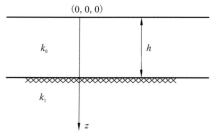

图 2.44　发射线圈位于分界面以上 $h$ 高度处

在有源位置，式（2.66）变为

$$\nabla^2 \boldsymbol{F} + k^2 \boldsymbol{F} = P\boldsymbol{e}_z\delta(x)\delta(y)\delta(z+h) \tag{2.68}$$

式中：$\delta$ 为发射频率；$\boldsymbol{e}_z$ 为 $z$ 方向单位矢量；$P = JS_1$ 为线圈源，$J$ 为电流密度，$S_1$ 为线圈面积。

依据它的对称性，$\boldsymbol{F}$（矢量电位）只在 $z$ 方向有分量，并且与 $\phi$ 无关，因此，在柱坐标系中，式（2.66）可以变为

$$\frac{\partial^2 F_z}{\partial\rho^2} + \frac{1}{\rho}\frac{\partial F_z}{\partial\rho} + \frac{\partial^2 F_z}{\partial z^2} + k^2 F_z = 0 \tag{2.69}$$

对式（2.69）采用分离变量法求解，可得

$$F_z = \int_0^\infty (M_1\mathrm{e}^{\mu z} + N\mathrm{e}^{-\mu z})J_0(\lambda_1\rho)\mathrm{d}\lambda_1 \tag{2.70}$$

式中：$\mu = \sqrt{\lambda_1^2 + k^2}$；$J_0$ 为零阶贝塞尔函数；$\lambda_1$ 为方程的特征值；$N$、$M_1$ 为待定常数。

对于式（2.68），通解中还要叠加全空间特解，最后得到两种导电介质中的一般表达式，为

$$F_z = C\frac{\mathrm{e}^{k_0 v}}{\rho} + \int_0^\infty C_1\mathrm{e}^{\mu_0' z}J_0(\lambda_1\rho)\mathrm{d}\lambda_1, \quad z \leqslant 0 \tag{2.71}$$

$$F_z = C\frac{\mathrm{e}^{k_0 v}}{\rho} + \int_0^\infty C_2\mathrm{e}^{\mu_0' z}J_0(\lambda_1\rho)\mathrm{d}\lambda_1, \quad 0 \leqslant z \leqslant h \tag{2.72}$$

$$F_z = \int_0^\infty C_1\mathrm{e}^{\mu_0' z}J_0(\lambda_1\rho)\mathrm{d}\lambda_1, \quad z \geqslant h \tag{2.73}$$

式中：$C = \mathrm{i}\omega\mu P/4\pi$；$C_1$、$C_2$ 为待定常数。

两种导电介质分界面处的边界条件分别是

$$F_{z0} = F_{z1} \tag{2.74}$$

$$\frac{\partial F_{z0}}{\partial z} = \frac{\partial F_{z1}}{\partial z} \tag{2.75}$$

式中：$F_{z0}$、$F_{z1}$ 分别为两种介质分界面处的适量电位。

依据边界条件，可求出待定常数。由线圈位于介质的分界面处（$h = 0$），可以得到汉克尔表达式，为

$$F_{z0} = 2C \int_0^\infty \frac{\lambda_1}{\mu_0' + \mu_1'} \mathrm{e}^{\mu_0' z} J_0(\lambda_1 \rho)\,\mathrm{d}\lambda_1, \quad z \leqslant 0 \tag{2.76}$$

$$F_{z1} = 2C \int_0^\infty \frac{\lambda_1}{\mu_0' + \mu_1'} \mathrm{e}^{\mu_0' z} J_0(\lambda_1 \rho)\,\mathrm{d}\lambda_1, \quad z \geqslant 0 \tag{2.77}$$

式中：$\mu_0'$、$\mu_1'$ 分别为两种介质的磁导率。

依据频谱理论，在线性系统中，正弦激励 $E(\omega)$ 作用的频谱响应记为 $I(\omega)$，响应系统的传递函数 $G(\omega)$ 可以表示为

$$G(\omega) = \frac{I(\omega)}{E(\omega)} \tag{2.78}$$

式（2.78）即单位幅值正弦激励 $[E(\omega) = 1]$ 下系统相应的频谱响应。

利用激励脉冲电流 $e(t)$，对时间域响应进行推测可知，窄脉冲 $e(t)$ 不是初始激励，将 $e(t)$ 展开，它包含的复振幅为 $\frac{1}{2\pi} E(\omega)\mathrm{d}\omega$ 作用于系统的无限稳态正弦波分量，它的复振幅可以表示为

$$\frac{1}{2\pi} I(\omega)\mathrm{d}\omega = \frac{1}{2\pi} G(\omega)E(\omega)\mathrm{d}\omega \tag{2.79}$$

依据叠加原理，系统对 $e(t)$ 的响应是频率分量之和，即

$$f(t) = \frac{1}{2\pi} \int_{-\infty}^\infty G(\omega)E(\omega)\mathrm{e}^{\mathrm{j}\omega t}\mathrm{d}\omega \tag{2.80}$$

单位脉冲激励 $\delta(t)$ 的傅里叶变换等于 1，因此系统的传递函数 $G(\omega)$ 即单位脉冲激励 $\delta(t)$ 下的频率响应。阶跃电流形成的瞬态变化电磁场与谐变产生的电磁场满足：

$$f(t) = \frac{1}{2\pi} \int_{-\infty}^\infty G'(\omega)F(\omega)\mathrm{e}^{-\mathrm{i}\omega t}\mathrm{d}\omega \tag{2.81}$$

式中：$f(t)$ 为时域电磁场；$F(\omega)$ 为频域电磁场；$G'(\omega)$ 为阶跃电流的傅里叶谱。

阶跃发射电流通常采用如下形式：

$$I(t) = \begin{cases} 1, & t \leqslant 0 \\ 0, & t \geqslant 0 \end{cases} \tag{2.82}$$

傅里叶谱是 $G'(\omega) = \dfrac{1}{\mathrm{i}\omega}$，于是有

$$f(t) = \frac{1}{2\pi} \int_{-\infty}^\infty \frac{F(\omega)}{\mathrm{i}\omega} \mathrm{e}^{-\mathrm{i}\omega t}\mathrm{d}\omega \tag{2.83}$$

式（2.83）就是瞬变电磁场频率域和时间域转换的关系式。将边界条件代入式（2.83），可得全空间瞬变电磁法的时间域响应公式。由于表达式较为复杂，在特定情形中，分界面半空间水平共面装置的阶跃激励响应可以表示为

$$E_{\varphi} = -\frac{m}{2\pi\sigma\rho^4}\left[3\phi(\mu) - \frac{2}{\sqrt{\pi}}\mu(3 + 2\mu^2)e^{-\mu^2}\right] \tag{2.84}$$

$$H_z = -\frac{m}{4\pi\rho^2}\left[\frac{9}{2\mu^2}\phi(\mu) - \phi(\mu) - \frac{2}{\sqrt{\pi}}\left(\frac{9}{\mu} + 4\mu\right)e^{-\mu^2}\right] \tag{2.85}$$

$$H_{\rho} = -\frac{m\mu^2}{4\pi\rho^3}e^{-\frac{\mu^2}{4}}\left[I_1\left(\frac{\mu^2}{4}\right) - I_2\left(\frac{\mu^2}{4}\right)\right] \tag{2.86}$$

式中：$m$ 为常数；$I_1$、$I_2$ 分别为分界面两侧的电流；$\mu = \sqrt{\dfrac{\mu\sigma\rho}{4t}}$；$\phi(\mu) = \displaystyle\int_0^{\infty}\frac{2}{\sqrt{\pi}}e^{-t^2}\mathrm{d}t$，为误差函数。

垂直磁场的时间导数可以表示为

$$\frac{\partial H_z}{\partial t} = -\frac{m}{2\pi\mu\sigma\rho^2}\left[9\phi(\mu) - \frac{2}{\sqrt{\pi}}\mu(9 + 6\mu^2 + 4\mu^4)e^{-\mu^2}\right] \tag{2.87}$$

## 6. 在隧道超前地质预报中瞬变电磁法的工作方法

### 1）工作装置

瞬变电磁法工作装置最重要的三部分即发射机、接收机和线圈支撑框架。

（1）发射机。发射机工作原理如图 2.45 所示。

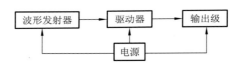

图 2.45　发射机工作原理框图

波形发射器形成占空比不同、波形不同的各类波，如三角波、矩形波等，驱动器提供驱动力，产生较大的电流输出级，它是发射机的核心部分。采用不同的输出形式，可以输出不同结果的发射波形。发射机内部还有同步信号电路、同步隔离电路、输出保护电路等[23]。

在瞬变电磁法中，要测量发射停止后形成的二次场信号，对发射回路要求严格。从理论上说，发射机的关断时间为 0 时，数据处理最为便捷。但是因为负载具有感性，所以实际上关断时间不能为 0。

发射机输出回路有形式各样的电路，采用可控硅组成的输出回路，形成 1/4 正弦波后沿，此种回路波形受负载电感的影响大，早期的瞬变电磁法仪器都采用此电路。随着电子技术的快速发展，目前输出级不再仅使用可控硅电路。例如，WDC-2 仪器的发射回路就使用大功率的达林顿管，此种回路的后沿较短，通过调整反馈回路的参数，关断时间可以接近 10 μs，如果发射电流较小，关断时间甚至可以小于 10 μs。

发射机除了发射器以外，另外一个影响其探测精度和深度的重要部分就是发射线圈。

将瞬变电磁法运用到超前地质预报中，不同于地表探测。因为隧道掌子面工作空间狭窄，一般地，国内公路隧道掌子面宽度为 12 m，铁路隧道掌子面宽度为 8 m，所以不能布置较大边长的发射线圈。为了保证隧道超前地质预报有较多测点和合理的点距，点距一般为 0.5 m，发射线圈高度设置为 3 m。这样设计，可以在公路隧道布置 9～12 个测点，在铁路隧道布置 7～9 个测点，测点数满足要求。线圈高度为 3 m，对于掌子面纵向探测的范围也比较合理[24]。

为了不影响隧道施工进度，一般要求瞬变电磁法的探测深度为 80 m。可以通过增加发射线圈匝数、增大发射面积的方法，增加探测深度。一些科研机构在线圈匝数上进行了试验研究，结果表明，对于一般隧道的超前预报，采用 8 匝较为合理，采集的信号较强，抗干扰能力强，发射面积大，也可以满足预报深度的要求，同时可以避免线圈之间的互感现象。

（2）接收机。接收机电路比发射机电路要复杂，但是其原理更为简单，接收机工作原理如图 2.46 所示。

图 2.46　接收机工作原理框图

在探测过程中，首先传感器将磁信号转换为电信号，通过放大器将信号放大，然后利用滤波器滤除高频干扰信号，通过 A/D 转换器进一步将模拟信号转换为数字信号，最后送入微机进行处理并存储下来[23]。

瞬变电磁法中，测量的参数是发射机停止后产生的二次感应磁场信号，要求接收机有较高的灵敏度。较晚的延迟信号已达到微伏的量级，接收机的精度也要求达到这个量级。

接收机将野外工作的信号有效并可靠地记录下来，是一个比较关键的技术，目前主要有 3 种采样方式：模拟积分采样、数字化叠加采样和模拟积分-数字化叠加采样。

接收机的接收线圈同样是一个重要部分。当其应用在隧道超前地质预报中时，由于以下原因，不能像在地表探测中一样采用接收线圈接收信号：受到掌子面大小限制，线圈面积不能太大，但通过增加接收线圈匝数来增加接收面积，接收线圈会产生较大的自感现象和线圈之间的互感现象；采用接收线圈，采集的信号不只是掌子面前方的地质信息，还包含掌子面后方的信息，它受到的隧道中如地面积水、施工器械、钢拱架等低阻介质的干扰较大。

因此，在隧道超前地质预报应用中，接收装置一般选用专门的接收探头。某高校为了验证接收探头的应用效果，采用接收探头和接收线圈（3 匝）进行了对比试验。两种装置的衰减曲线对比情况如图 2.47 所示[24]。

由图 2.47 可知，接收线圈在衰减早期的接收信号偏大，其余部分形态大致相同，但是接收线圈的信号偏小。

目前，市场上有专门在隧道中使用的 SB.250K（P）的瞬变电磁探头，它是在 SB.250K探头前面增长 195 mm，安装了 φ75 mm 的屏蔽筒，减少非目标体的干扰，探头后部有一个金属板，可以屏蔽探头后方信号。在隧道中最好将探头作为接收装置，SB.250K（P）探头的主要技术指标如下[24]。

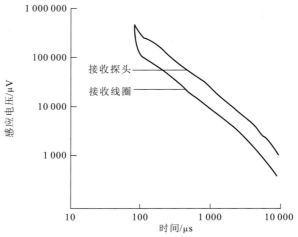

图 2.47　接收线圈与接收探头衰减曲线对比图[24]

谐振频率为 228 kHz，幅频特征曲线在双对数坐标系中低于谐振点频段，斜率接近于 45°。

有效面积：211 $cm^2$。

灵敏度：0.969 μV/nT（小于 100 MHz）。

阻尼特性：临界阻尼。

供电电源：探头内附 11 V 锂电池，供电电流在 11 mA 左右。

保护筒：探头外筒材料为优质无规共聚聚丙烯塑料，厚度为 4.5 mm，屏蔽筒材料为聚氯乙烯，具有一定的机械强度。

尺寸：探头主体直径为 50 mm，长 300 mm，屏蔽筒直径为 75 mm，长 195 mm。

重量：1.33 kg。

（3）线圈支撑框架。一般地，在工作过程中，为了保证线圈和探头的平稳性，会将线圈和探头固定在支撑框架上，通过移动框架来移动线圈和探头。支撑框架一般采用合成树脂材料，由 8 根 1.5 m 长长杆、8 根 1.125 m 长短杆、4 个角点连接头和 1 个中心连接头组装而成，中心连接头与探头支架相连，如图 2.48 所示。这种支撑框架的缺点是较为笨重，安装耗时，耐久性较差，容易变形。更为轻便、耐用的线圈支撑框架有待进一步研发。

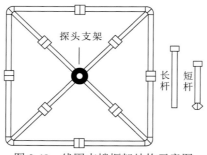

图 2.48　线圈支撑框架结构示意图

**2）发射线圈与接收线圈的组合、排列、源式**

组合是指发射线圈和接收线圈的相对关系与状态。排列是指组合系统相对于测线的关系，可分为重叠回线和中心回线方式。源式常见的有两种：发射线圈和接收线圈同步移动称为动源；发射线圈和接收线圈观测完一条测线后移动称为定源。

动源组合类中又可分为偶极、统一回线、分离回线、中心回线组合方式；定源组合类中又可分为大回线外、大回线内和"定倾"组合方式。另外，还有双回线、小回线垂直差分组合等。

瞬变电磁法隧道超前地质预报中，通常采用重叠回线或中心回线组合方式。重叠回线组合是指将两条线圈（发射线圈 T 和接收线圈 R）铺在同一位置，如图 2.49（a）所示。中心回线组合是指将重叠回线组合中的接收线圈用探头代替放置于发射线圈的中心，如图 2.49（b）所示。

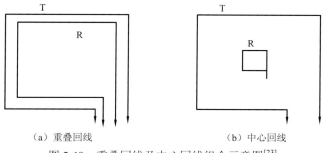

（a）重叠回线　　　　　　　　　　　（b）中心回线

图 2.49　重叠回线及中心回线组合示意图[23]

排列方式有两种：同线排列，发射线圈和接收线圈在同一测线；旁线排列，发射线圈和接收线圈不在同一测线上，只用于定源组合中。隧道超前地质预报一般采用同线排列方式[23]。

**3）时窗和叠加次数**

依据众多物探工作者和科研工作者的实践经验，瞬变电磁法应用在隧道超前地质预报中时，时窗应尽可能宽，可以在较宽的延时范围内记录有用信号，叠加次数应较小，以提高观测速度，尽量少占用施工时间。对于时窗和叠加次数的合理性，可以在开始观测之前进行试验，若观测到的最后几道读数为噪声电平，说明时窗和叠加次数选择较为合理；如果最后几道读数超过噪声电平且波动较大，此时应增大时窗和叠加次数，直至最后几道为噪声电平[24]。

**4）工作方法**

瞬变电磁法隧道超前地质预报工作装置由以下部分组成。

接收机：高分辨率的 R。

发射机：小功率的 T 即可。

发射线圈：一般地，使用 8 匝 3 m×3 m 的线圈。

接收探头：SB.250K（P）探头。

线圈支撑框架：使用合成树脂材料。

其他：蓄电池和连接线等。

一般工作步骤如下：

（1）由于隧道内工作环境较差，在洞内安装线圈支撑框架容易对其造成损坏，一般线圈支撑框架的组装在洞外进行。

（2）为避免洞内金属等低阻体干扰探测结果，一般地，将施工台车退离掌子面 30 m 之外，再连接仪器。

（3）把发射线圈和探头固定在线圈支撑框架之上，将框架紧贴在掌子面上，保证掌子面平整，使得框架和掌子面平行。

（4）开始探测，布置一条测线，从掌子面左侧移动到右侧，点距为 0.5 m，如图 2.50 所示。

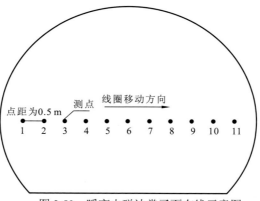

图 2.50　瞬变电磁法掌子面布线示意图

（5）如果金属等低阻干扰体离掌子面较近，可适当地减小测线长度。

（6）对于探测效果较差的掌子面可以进行加密观测。

（7）探测结束后，用 8 匝和 1 匝发射线圈进行测量，得到线圈的自感。在隧道中间（没有明显低阻体等干扰的环境中），垂直于隧道轴线布置测线，测量隧道的背景场。

（8）数据处理和解释。

# 2.3　直流电阻率法

直流电阻率法超前地质预报是基于岩石导电性的差异，通过观测、分析隧道附近电场的空间分布来预报隧道掌子面前方的地质情况。含水不良地质体（如断层、岩溶、暗河）的发育部位、规模、形态和含水量对岩体的导电性影响大，这对采用直流电阻率法预报掌子面前方的含水体具有独特优势。

诸多研究者对直流电阻率法超前地质预报进行了研究，岳建华和李志聘[33]等对矿井直流电阻率法进行了研究，并提出了均匀介质中的巷道影响校正公式，对煤矿陷落柱等不良地质体进行了预报实践。直流电阻率法超前地质预报主要采用定点源三极法，李学军[34]、李玉宝[35]、刘青雯[36]对其基本原理进行了研究，介绍了它的应用实例和效果，并分析了在实际预报工作中积水、金属等低阻体干扰，总结了实际应用工作经验。程久龙等[37]对巷道前方存在的含水断层的理论模型进行了研究，将含水断层理想化为无限大低阻板体。

黄俊革等[38]提出了一种在掌子面上设立环状电极组，使得探测电流具有聚焦功能的超前地质预报方法，该方法可以探测掌子面前方的异常体，但是由于探测距离短，尚不能进行实际应用。

### 1. 定点源三极法

定点源三极法[37]是近几年发展起来的以直流电阻率法为基本原理的物探技术，它对掘进的坑道的迎头进行超前地质预报，为"非接触式"探测。它可以对断层破碎带的富水性进行预报。

定点源三极法通过在测点上扩大供电电极距来预报地质体垂向上的变化特征。如图 2.51 所示，依据球壳理论，在装置沿巷道左移过程中，$O$、$A$（包括 $A_1$、$A_2$、$A_3$）距离渐渐增加，那么探测深度也在增加。对于点电源场，周边介质均匀，其具有球对称性。

图 2.51　定点源三极法超前探测布置示意图

$$U_M = \frac{I\rho}{2\pi}\left(\frac{1}{AM} - \frac{1}{BM}\right) \tag{2.88}$$

$$U_N = \frac{I\rho}{2\pi}\left(\frac{1}{AN} - \frac{1}{BN}\right) \tag{2.89}$$

$$\rho_s = K\frac{\Delta U_{MN}}{I} \tag{2.90}$$

式中：$U_M$ 为 $M$ 电极的电位；$U_N$ 为 $N$ 电极的电位；$\Delta U_{MN}$ 为 $M$、$N$ 电极之间的电位差；$\rho$ 为电荷密度；$K$ 为常数；$I$ 为电流。

在三维空间中，通过 $A$ 点进行供电，供电电流为 $I$，那么会形成以 $A$ 点为中心的电场（图 2.52）。它的电场强度的分布与探测点 $O$ 到供电点 $A$ 的距离密切相关。坑道探测中，当极距 $OA > 5$ m，即极距大于坑道高和宽时，坑道内的空气介质对电流密度的分布影响较小，此时可认为电流为全空间分布。当极距 $OA < 3$ m，即极距小于坑道高和宽时，坑道内的空气介质对电流密度的分布影响大，一般认为空气的电阻无穷大，此时的电流密度为半空间分布。极距 $OA$ 在 3～5 m 为过渡带。

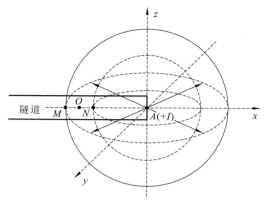

图 2.52　点电源空间示意图

因此，在理想均匀介质中，用测量极距 *MN* 对任意一点 *O* 探测，实际上是以 *A* 为球心，以 *AO* 为半径，对厚度为 *MN* 的球壳体积的介质电阻率进行观测。依据球对称原理，在 *MON* 处观测，等同于探测供电点前方结构体的电性变化，由此达到超前预报的目的。

## 2. 直流电阻率超前聚焦探测法

由于在坑道中使用直流电阻率法进行超前地质预报，其电流场的分布是向四周发散的，而超前地质预报主要是预报隧道掌子面前方的地质情况，这就要求电流向掌子面前方集中传播。聚焦探测方法是减小旁侧影响的有效方法，它采用屏蔽电极使得电流只向预报区域聚焦，减少旁侧影响的同时，增加了预报深度。如图 2.53 所示，目前它已经在电阻率测井中取得了很好的应用效果。如图 2.54 所示，在预报时，向供电电极或极环 *A* 供电，使得电流有效聚焦，观测掌子面上测量电极或电极环 *M* 的电位随开挖深度的变化情况。当掌子面前方无电阻异常体时，*M* 的电位不变，当掌子面前方存在低阻（或高阻）异常时，由于低阻（或高阻）异常对电流的吸引（或排斥）作用，*M* 的电位变小（或大），且掌子面离电阻异常体越近，电位变化越明显，从而达到预报前方不良地质体的目的。

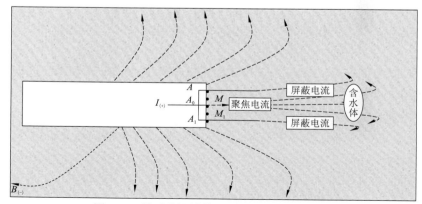

图 2.53　轴对称坑道模型聚焦探测方法示意图

*A* 和 $A_1$ 为屏蔽电极，$A_0$ 为聚焦电极，*B* 为无穷远极，*M* 和 $M_1$ 为测量电极

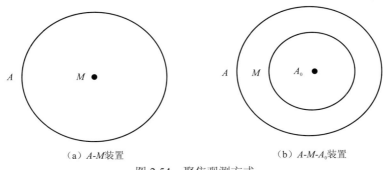

（a）*A-M*装置  （b）*A-M-A$_0$*装置

图 2.54 聚焦观测方式

# 2.4 TBM 施工隧道超前地质预报方法

## 2.4.1 TBM 施工隧道常用超前探测技术及其研究现状

经过多年发展,国内外对钻爆法施工超前地质预报技术已经取得了比较成熟的成果,地震波法、电磁类方法、直流电阻率法等都在钻爆法施工隧道中得到成功应用,并结合不同方法的特点形成了综合超前地质预报系统,对钻爆法隧道安全施工意义重大。

目前,盾构法施工隧道超前地质预报技术仍然是国内外公认的难题,其原因在于盾构法施工隧道环境的特殊性和复杂性[39-41]（图 2.55）:①电磁干扰严重;②探测空间狭小;③实时性要求更高。钻爆破广泛使用的常规地球物理探测手段需要加以适当的改进才能继续运用到盾构法施工隧道中。

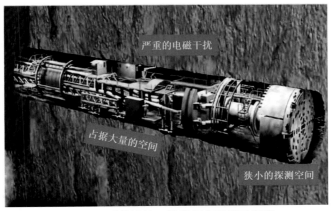

图 2.55 盾构法施工隧道复杂环境示意图

针对 TBM 强电磁干扰环境,孙怀凤等[42]采用数值模拟方法研究了瞬变电磁法的相应曲线特征和规律。TRT 法使用锤击震源,不会对 TBM 造成损坏,并且可以在隧道布置多点激发、多点接收的三维测线,可以适应 TBM 狭小的探测空间。山东大学还研发了具有三向偏移距的三维地震超前探测系统[43-45]。Li 等[46]、田明禛[47]提出了多同性阵列激发极化法，该方法的观测方式为沿护盾环向布置 2～3 圈屏蔽电极以供电，在盾构机刀盘上布置 10～20 个阵列式的测试电极，具备探测向前的聚焦和抗后方盾构设备的电磁干扰等特点。该方法充分利用盾构设备停机时间进行探测，测试过程中，通过液压系统将探测系统向外推出，以接触掌子面和围岩，探测结束后，再将系统收缩回刀盘中，实现了与盾构设备的集成搭载，能够对掌子面前方 30 m 以内的含水体进行实时探测，并在引汉济渭、吉林引松供水工程等多条盾构施工隧道（洞）成功应用。ISIS 是由德国开发的一种隧道超前预报技术，通过锤击激发震源，激发装置安装在后盾开孔处，冲击岩体表面产生地震波，其优点是占用盾构掘进时间少，数据处理方便，预报准确率较高，探测距离较长，并且可以生成直观的三维图像[48]。对于盾构法施工隧道，盾构机、TBM 等掘进装置旋转刀盘的滚刀在对岩石进行挤压、剪切过程中会形成振动，有专家提出将此信号作为震源，变废为宝，在隧道进出口、隧道上方地表布置三维多分量信号接收装置，实时、持续地接收隧道施工过程中的信号，采用地震干涉法对掌子面前方地质体进行成像[49-51]。

随着 TBM 的发展，实现隧道超前地质预报系统与 TBM 集成一体化和探测自动化是发展趋势及要求。目前，国内外已有专家提出了一些专门的 TBM 隧道超前预报技术。

（1）李术才等[52]将多同性阵列激发极化法在吉林引松供水工程 TBM 上成功搭载并应用。图 2.56 为多同性源聚焦型激发极化超前预报系统示意图。

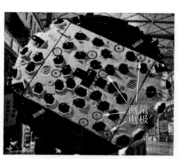

图 2.56　多同性源聚焦型激发极化超前预报系统示意图

（2）德国 GEOHYDRAULIK DATA 公司研发了可以用在 TBM 施工隧道中，预报掌子面前方含水情况的交流激发极化法 BEAM 技术，如图 2.57 所示，它将 TBM 的滚刀作为测量电极 $A_0$，将护盾或锚杆作为屏蔽电极 $A_1$，依据同性电极排斥的原理，使得电流呈放射状向隧道纵深传播，$B$ 是无穷远电极，与掌子面拉开距离。掌子面前方岩体引起含水量的差异，它们的电极和极化特性各不相同，频率也不同，BEAM 技术通过分析记录的视电阻率和 PFE 来进行地质预报，探测深度约为 20 m[53-54]。它的缺点是预报距离短，不能有效探测与隧道轴向方向平行或小角度相交（一般在 30°范围内）的地质构造，对不良地质体的含水性只能定性判断，不能定量估算[55-56]。

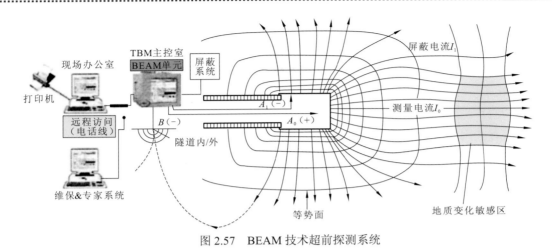

图 2.57　BEAM 技术超前探测系统

（3）德国研发了 ISIS 超前探测方法，ISIS 利用 TBM 停机养护时间进行探测，使用两个液压震源（震源距离刀头 30 m 左右）进行多次激震，三分量检波器则布置在刀盘后方 10m 左右的锚杆孔内，来接收激发的地震信号。ISIS 还采用了走时层析成像的方法，可以得到隧道掌子面前方及四周一定范围内的地质信息[57-58]。图 2.58 为 ISIS 超前探测方法示意图。

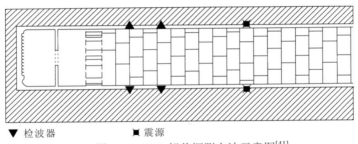

▼ 检波器　■ 震源

图 2.58　ISIS 超前探测方法示意图[41]

（4）对于在软土地层中使用的土压平衡盾构设备，Kneib 等[59]研发了 SSP 超前探测系统，如图 2.59 所示，它将高频声波震源（频率范围为 500～2 500 Hz）与检波器布置在刀盘上，在 TBM 刀盘施工转动过程中实时探测，它的缺点是受 TBM 工作噪声影响较大，采集的信号的信噪比较低，数据处理环节要注意压制噪声。另外，记录信号时要额外补偿高频声波信号在软土地层的衰减，速度估计环节，它采用

图 2.59　SSP 超前探测系统[60]

叠前深度偏移和自动剩余时差分析相互迭代的方法，可以得到掌子面前方 40 m 范围内的三维地质体分布情况[59]。

（5）现有的地震类超前地质预报方法中大多使用人工震源激发信号，有研究者提出了超前地质预报技术 TSWD，它将 TBM 掘进时的振动作为震源，变废为宝，变噪为源，能够较好地适应 TBM 施工环境，具有良好的研究价值和前景[61-62]。

TBM 一般配备一台超前水平钻机，但是受到 TBM 结构的限制，它一般安装在前盾体和后盾体的连接处，它的钻探方向与隧道轴线的夹角为 7°，不能向正前方钻探，因此它的探测范围有限，而且受"一孔之见"的局限，容易遗漏重大地质灾害[39]。

综上所述，由于 TBM 施工隧道的特殊环境，在钻爆法施工隧道中常用的物探方法要经过改进才能在 TBM 施工隧道中使用。TBM 施工隧道超前地质预报技术的今后发展趋势和要求是：注重与 TBM 的集成化和自动化；能实时探测信号。但是，目前大部分技术都是在 TBM 停机时进行探测，所以 TBM 施工隧道超前地质预报技术亟待发展。

## 2.4.2 激发极化法

激发极化法以不同介质之间的激电参数差异为基础，测量极化率、半衰时、电阻率和衰减度等参数，而电阻率参数对含水体敏感，激发极化衰减信息用半衰时参数表征，其他参数与含水量有关。早在 1920 年，法国科学家 Schlumberger[63]就在电法勘探的研究中发现了激发极化效应。激发极化法又可分为频率域激发极化法和时间域激发极化法。20 世纪 50 年代，我国从苏联引进了时间域激发极化法，60 年代又引进了频率域激发极化法。目前，频率域激发极化法主要用于金属矿产的勘探[64-65]，时间域激发极化法用于探测地下水[66]。本节主要介绍时间域激发极化法在隧道超前地质预报中的应用，特别是对含水体的预报。

### 1. 激发极化法电极布置方式及要求

电极 $A$：在护盾或边墙上布置至少 15 个供电电极线圈，每圈有 4～8 个同性供电电极，布置在隧道掌子面后方 80 m 范围内，掌子面上布置 1 个供电电极 $A_0$。

电极 $M$：测量电极数量不低于 12 个，均匀地分布在掌子面上。

电极 $B$、$N$：布置在掌子面后方，电极 $N$ 与掌子面的距离大于供电电极 $A$ 与测量电极 $M$ 之间距离的 10 倍。

电极要求：电极应为可以使用液压驱动，且具备柔性端头的接触式电极，TBM 施工隧道电极与 TBM 器械要绝缘，依据 TBM 的结构，相应地在 TBM 刀盘和护盾上设计开孔，并且安装好电极。

现场探测工作：在 TBM 停机养护阶段进行探测，记录此时刀盘上电极的位置，此时 TBM 刀盘应后退并远离掌子面，收起撑靴，远离边墙；探测时应清理或避开采集区域附近的金属等电磁干扰；不极化测量电极的极差应小于 1 mV；记录电位差、电流、视电阻率和半衰时等参数。

具体布置方式如图 2.60 所示。

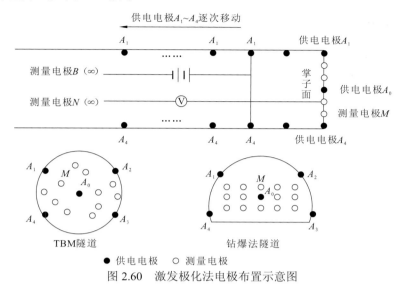

图 2.60　激发极化法电极布置示意图

## 2. 隧道激发极化超前预报研究现状

直流电阻率法最先被用于煤矿巷道迎头的超前地质预报，然后就是激发极化法。依据不同的观测方式，激发极化法和直流电阻率法都可以被分成定点源三极法与聚焦探测法。程久龙等[67]通过建立超前预报实际地电模型，使用定点源三极法研究了巷道前方低阻体的电阻率特征，而且在实际应用中取得了不错的效果。张平松等[68]提出了煤矿坑道立体电法，采用三维立体电阻率反演技术来预报掌子面前方电阻率的分布情况。黄俊革等[38,69]对煤矿坑道超前预报地质异常体的厚度、电性、位置和产状等参数进行了系统研究，得到了电阻率响应规律。李术才等[70]、刘斌[71]、刘斌等[72]使用激发极化定点源三极法在施工隧道中对多个含水体进行了系统的研究，而且在实际工程中得到了验证。聂利超等[73-74]在隧道激发极化法超前预报中研究了含水体的响应特征，并进行了工程应用。以上学者采用的定点源三极法是把测线布置在隧道边墙或底板上，使供电电极固定不动，测量电极在掌子面后方沿着测线采集数据，其缺点是难以屏蔽测线附近存在的旁侧干扰[75]，在较复杂的环境中难以提取有用的掌子面前方地质异常体的信息，而且该缺点一直没能克服。在这种背景下，许多学者开始探索新方法，聚焦探测法通过将屏蔽电极系统、供电电极和测量电极均匀布置在掌子面上，来屏蔽旁侧干扰，近年来备受学者的关注。德国 GEOHYDRAULIK DATA 公司研发的基于聚焦电法勘探的 BEAM 技术，是目前唯一用于隧道前方含水体预报的聚焦类激发极化法，它又可以分为单点聚焦法和多点聚焦法[76-77]。单点聚焦法只在掌子面上安装单个测量电极，在不同桩号段连续测量，从而定性地预报掌子面前方的含水情况，不能对其准确地定位；多点聚焦法可以对异常体二维成像，但也仅能定性预报掌子面前方一定范围内的含水情况，也不能准确定位。阮百尧等[78-79]、张力等[80]提出了一种坑道直流电阻率聚焦超前预报方法，它在掌子面上安装不同功能的换装电极组，使得一次场电流聚焦，并探讨了它的影响因素，对比了其观测方式，结果表明它可以有效地预报坑道前方的不良地质体。强建科等[81]通过研究三维坑道直流聚焦电极的不同组合，对比不同电极系的空间电位分布情况，得到了最佳的电极组合方式。总体来说，当前对聚焦探测法的研究仍处于起步阶段，它的预报距离较短，而且不能对异常体成像，也不能判断异常体的空间位置，目前也还没有实际工程应用案例。

综上，激发极化法超前预报的定点源三极法受背景场干扰较大，难以提取有效信息；聚焦探测法需要在掌子面上测量，工作效率低，且其探测方式是一维，不能实现三维成像，也无法对含水体位置进行准确预报。

# 2.5　其他方法

## 2.5.1　核磁共振方法

地面核磁共振探测技术是通过探测含水地质体中的氢核丰度从而找水的地球物理探测方法，相比于其他地球物理探测方法，它具有信息量丰富、解译唯一、高分辨率等优势[82-85]。基于地面核磁共振探测技术的这些优点，将其引入隧道等地下空间工程领域，提出了隧道核磁共振超前预报技术。本节主要介绍地面和隧道核磁共振探测技术的原理及两者的区别。两种探测技术均在天然地磁场中工作，但是其主要区别是工作空间的差别，地面核磁共振探测技术是在地面工作，是半空间正演和处理解释问题；而隧道核磁共振超前预报技术的工作空间在隧道中，为全空间正演和处理解释问题。

1. 核磁共振探水基本原理

自旋是原子核的 4 个基本物理性质之一，它有一定的角动量[86]。在静态磁场 $B_0$ 中，单个氢原子按照固定频率进行旋进运动，这种固定频率（$w_L$）称为 Larmor 频率：

$$w_L = \gamma \cdot |B_0| \tag{2.91}$$

式中：$\gamma$ 为原子核的磁旋比。在静态磁场 $B_0$ 中，氢原子核按照静态磁场的方向做旋进运动[87]。图 2.61 为氢原子核的自旋运动示意图。

每个原子核都会在静态磁场 $B_0$ 的作用下做自旋运动，它们的自旋运动都会产生一个低强度的宏观磁化强度 $M'$，它的幅度 $M_0$ 是每单位水在平衡状态下的净磁化强度，可表示为

$$M_0 = \frac{\gamma^2 h^2 \rho_w N_A}{k_B T M_{mol}} |B_0| \tag{2.92}$$

式中：$h$ 为普朗克常数；$N_A$ 为阿伏加德罗常数；$T$ 为热力学温度；$\rho_w$ 为水的密度；$M_{mol}$ 为水分子的摩尔质量；$k_B$ 为玻尔兹曼常量。

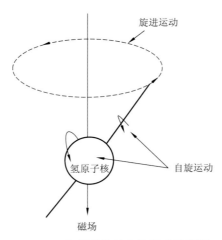

图 2.61　氢原子核的自旋运动示意图

核磁共振探水技术的过程可以描述为，施加一个激发电磁场 $B_1$，它的角频率为 $w_L$，持续时间为 $\tau_p$。在激发电磁场 $B_1$ 的作用下，宏观磁化强度 $M'$ 的旋转轴偏离原方向一个角度 $\theta$，宏观磁化强度垂直于 $B_0$ 方向的分量 $M_\perp$ 的表达式为

$$M_\perp = M_0 \cdot \sin\theta \tag{2.93}$$

其中，

$$\theta = |\gamma B_1^\perp \tau_p| \tag{2.94}$$

式中：$\theta$ 为扳倒角，它是由激发电磁场 $B_1$ 垂直于 $B_0$ 的分量 $B_1^\perp$ 和持续时间 $\tau_p$ 产生的。

在激发电磁场 $B_1$ 的一个激发脉冲形成后，$M_\perp$ 便按照 $w_L$ 的角频率做旋进运动，它随着时间不断衰减，最终达到原来静态磁场 $B_0$ 作用下的平衡状态，垂直于 $B_0$ 的衰减按时间常数 $T_2$ 的指数形式进行，称为弛豫过程，它是一个以 $T_2$ 为时间常数的指数衰减过程。

$$M_\perp = M_0 \cdot e^{-\frac{1}{T_2}} \cos(w_L t) \tag{2.95}$$

由式（2.95）可知，$M_\perp$ 的公式具有振荡特性，于是能使用灵敏的线圈感应它的电动势，它叫作自由感应衰减信号。$T_2$ 的计算较为复杂，但在磁场强度波动较小的情形下，可以采用弛豫时间 $T_2^*$ 代替 $T_2$ 进行计算，其中 $T_2^* < T_2$，于是减小了弛豫过程的计算工作量[88]。

核磁共振探水技术是磁共振测深（magnetic resonance sounding，MRS）技术的一种，相比于核磁共振法在其余领域的应用，MRS 技术可以看作一种单通道的核磁共振检测器[89]。

MRS 的原理如图 2.62 所示。在静态磁场 $B_0$ 中，单个氢原子核按照固定频率 $w_L$ 做旋进运动，如图 2.62（a）所示。当激发电磁场 $B_1$ 施加一个激发脉冲后，它使部分原子核的自旋方向偏离原方向一个角度，出现扳倒角 $\theta$，如图 2.62（b）所示。一个激发脉冲形成后，氢原子核按照 $w_L$ 的角频率做旋进运动，如图 2.62（c）所示。与此同时，原子核逐步恢复到原来静态磁场 $B_0$ 作用下的平衡状态，如图 2.62（d）所示。它会释放出自由感应衰减信号，采集信号并进行分析，就能知道氢原子核是否存在。在探测过程中，通过改变激发脉冲的幅度来调节扳倒角的分布。

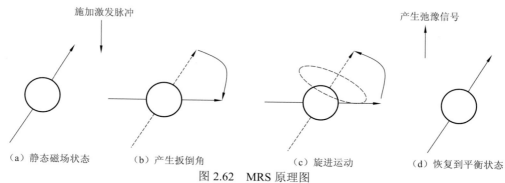

图 2.62　MRS 原理图

地面核磁共振探水试验的过程，是把地磁场当作静态磁场 $B_0$，Larmor 频率 $w_L$ 通常为 900～3 000 Hz，在这种情形下，地下水的宏观磁矩 $M_2$ 的方向即地磁场的方向。通常采用 100 m 左右的单面线圈来生产激发电磁场 $B_1$。激发脉冲通过在发射线圈中接入交变电流产生，激发脉冲矩 $q$ 是电流和激发时间 $\tau$ 的乘积，可以调节地下水的扳倒角 $\theta$。在激发电磁场 $B_1$ 的作用下，探测范围内每单位水的宏观净磁化强度 $M_0$ 都会做出贡献，因此探测的宏观净磁化强度 $M_0$ 可以反映探测区域的含水量 $w(w\in[0, 1])$。假如将同一线圈作为发射线圈和接收线圈，它的自由感应衰减信号可以表示为[90-91]

$$V(q,t) = -4w_L M_0 \int \sin\left|\gamma B_{1\perp}^+(r)\cdot q\right| \times \left|B_{1\perp}^-(r)\right| e^{i2\xi(r)} \cdot w(r,T_2^*) \cdot e^{-t/T_2^*} \cdot d^3r \cdot dT_2^* \qquad (2.96)$$

式中：$B_{1\perp}^-(r)$ 为激发电磁场 $B_1$ 垂直于静态磁场 $B_0$ 的分量的圆极化场的反向旋转分量幅度，$B_{1\perp}^+(r)$ 为激发电磁场 $B_1$ 垂直于静态磁场 $B_0$ 的分量的圆极化场的同向旋转分量幅度，通过这两个值确定接收线圈的灵敏度[92]；$\xi$ 为相位参数；$w(r, T_2^*)$ 为在某一弛豫时间 $T_2^*$ 下的含水量，该位置处的总含水量是将所有弛豫时间 $T_2^*$ 下的部分含水量求和得到的。使用弛豫时间 $T_2^*$ 和含水量 $w$ 的积分来表示每个单位体积单元。

地下任意一点的宏观磁化强度 $M_1$ 可用水的宏观净磁化强度 $M_0$ 和含水量 $w(r)$ 的乘积表示：

$$M_1(r) = M_0 \cdot w(r) \qquad (2.97)$$

由式（2.96）可知，地下水的含水量和核磁共振信号呈线性关系[93]，可以表达含水量 $w$ 的函数形式为

$$V = \int K(q,r) \cdot w(r) d^3r \qquad (2.98)$$

式中：$K(q, r)$ 为 MRS 响应核函数，

$$K(q,r) = w_L M_1 \sin\left[-\gamma_p \frac{q}{I_0}\left|B_T^+(r,w_L)\right|\right] \times \frac{2}{I_0}\left|B_R^-(r,w_L)\right| \cdot e^{i[\xi_T(r,w_L)+\xi_R(r,w_L)]}$$

$$\times \left\{\hat{\boldsymbol{b}}_R(r,w_L) \cdot \hat{\boldsymbol{b}}_T(r,w_L) + i\hat{\boldsymbol{b}}_0 \cdot [\hat{\boldsymbol{b}}_R(r,w_L) \times \hat{\boldsymbol{b}}_T(r,w_L)]\right\} \qquad (2.99)$$

其中：$I_0$ 为发射电流强度；$\gamma_p$ 为原子核磁旋比；$B_T^+$ 为发射线圈的椭圆激化场顺时针分量；

$B_R^-$ 为接收线圈的椭圆激化场逆时针分量；$\xi_T$、$\xi_R$ 分别为发射线圈、接收线圈椭圆激化场的相位；$\hat{\boldsymbol{b}}_R$、$\hat{\boldsymbol{b}}_T$ 分别为接收线圈、发射线圈感应磁场的方向向量；$\hat{\boldsymbol{b}}_0$ 为地磁场方向向量。

$K(q, r)$ 包含了除含水量以外的信息，在相同情形下，该函数应该相同，当测量参数不同时，应该对该函数进行计算[94]。一维情形下，$K$ 可以用深度变量 $z$ 取代空间位置 $r$，于是核函数 $K$ 可以用 $q$ 和 $z$ 来表示。

反演自由感应衰减信号的初始振幅，即当 $t = 0$ 时的值，可得地下水和深度变量 $z$ 的关系[95]。反演所有自由感应衰减信号数据，可得有关单弛豫时间[96]或多弛豫时间[97]的水量情况，通过弛豫时间 $T_2^*$ 和水量就可以解译出不同的水文地质情况[98]，如地质体围岩的孔隙率、地下水分布情况等。

### 2. 隧道核磁共振超前预报基本原理

隧道核磁共振超前预报技术的基本理论基于含水地质体中氢核的核磁共振效应原理。在静态磁场 $B_0$ 中，含水地质体中的氢质子沿着磁场方向旋转，处于一定能级 $N_1$。在 Larmor 频率 $w_L$ 的外加磁场 $B_T$ 的作用下，具有一定磁矩的氢核偏离静态磁场方向，其自旋角动量在外力作用下运动，如图 2.63 所示。当其能级由 $N_1$ 跃迁为 $N_2$ 时，它的 Larmor 频率 $w_L$ 可以表示为

$$f_1 = \frac{\gamma B_0}{2\pi} = \frac{w_L}{2\pi} \tag{2.100}$$

其中，$w_L$ 为 Larmor 频率，$\gamma = 2.675\,221\,28 \times 10^{8} \mathrm{S}^{-1}\mathrm{T}^{-1}$，即 $f_1 = 0.042\,58 B_0$。

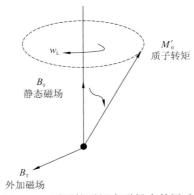

图 2.63　原子核磁矩在磁场中的运动

在隧道核磁共振超前预报中，如图 2.64 所示，观测模式为重叠回线方式，它是将多匝小线圈作为发射线圈和接收线圈，将其紧贴在隧道掌子面上，垂直于隧道掌子面的法线方向，在发射线圈中通入 Larmor 频率为 $w_L$ 的交变电流 $I_0$，故

$$I(t) = I_0 \cos(w_L t) \tag{2.101}$$

式中：$t$ 为时间；$I_0$ 为电流强度。

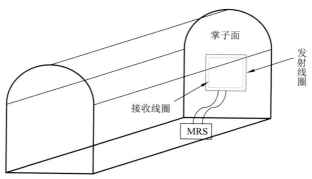

图 2.64　隧道核磁共振超前预报方式

电流强度 $I_0$ 与激发时间 $\tau$ 的乘积为激发脉冲矩 $q$，即

$$q = I_0 \cdot \tau \tag{2.102}$$

激发脉冲矩 $q$ 越大，探测深度越大。

在重叠回线观测方式中，接收线圈中的隧道核磁共振信号幅度与匝数成正比，即线圈匝数越多，信号幅度越大；对于发射线圈而言，由于多匝线圈的互感效应，匝数达到一定数目后，探测深度不再随着发射线圈匝数的增加而变大。边长分别为 6 m、4 m、2 m 的正方形探测线圈分别以 8 匝、12 匝与 18 匝为最佳，线圈匝数大于最优匝数时，探测深度增加很慢，基本上不变。此时，它们对应的预报深度分别为 32.5 m、28.5 m 与 20 m。

静态磁场 $B_0$ 的垂直分量 $B_{1\perp}$ 使质子的磁化强度偏离地磁场方向形成一个角度 $\theta$，称为扳倒角[99]，它可以表示为

$$\theta = \frac{1}{2}\gamma_p B_\perp q \tag{2.103}$$

在发射线圈撤去交变电流后，外加磁场 $B_T$ 消失，氢质子的磁矩会慢慢恢复到静态磁场的方向，产生一个旋进运动，氢质子能级由 $N_2$ 又降回到 $N_1$，形成电压衰减信号，此信号即隧道核磁共振信号，该信号被接收线圈接收，通过数据处理，确定含水地质体的含水量和位置。核磁共振信号表示为

$$E(t) = E_0 \exp\left(-\frac{t}{T_2^*}\right)\cos(w_L t + \varphi_0) \tag{2.104}$$

式中：$T_2^*$ 为弛豫时间；$\varphi_0$ 为初始相位；$E_0$ 为初始振幅。隧道中含水地质体的含水量与核磁共振信号初始振幅 $E_0$ 的大小成正比，$T_2^*$ 的大小可以表征隧道含水地质体的类型和平均孔隙度等信息，初始相位 $\varphi_0$ 是指发射线圈的激发电流和接收线圈的衰减电压的相位差，它表征了隧道围岩的导电性。核磁共振信号幅度表征氢质子的宏观数量，通过反演可得隧道含水地质体的含水量、厚度、位置等信息。隧道核磁共振响应参数与水文地质参数的对应关系见表 2.2。

表 2.2　隧道核磁共振响应参数与水文地质参数对应表

| MRS 信号的特征参数 | 对应的隧道围岩水文地质参数 |
| --- | --- |
| MRS 信号初始振幅 $E_0$/nV | 围岩含水量（有效孔隙度） |
| MRS 信号弛豫时间 $T_2^*$/ms | 围岩孔隙度（渗透性） |
| MRS 信号初始相位 $\varphi_0$/（°） | 含水层的导电性（电阻率） |

核磁共振信号的初始振幅 $E_0$ 与含水量成正比，它可以表示为

$$E_0(q) = \int_0^I K(q,z)w(z)\mathrm{d}z \qquad (2.105)$$

式中：$w$ 为含水地质体的含水量；$z$ 为含水层的深度；$K$ 为核磁共振核函数[100]。

将核磁共振技术应用在隧道超前地质预报中，为全空间模型。在隧道超前地质预报观测系统中，将探测线圈垂直布置，设探测线圈的法线方向是 $x$ 轴。设此坐标系的隧道轴线为 $x$ 轴，隧道开挖方向是 $x$ 轴的负方向，掌子面的位置设为坐标原点。对于隧道核磁共振核函数 $K_{3D}(q,r)$，先分别考虑 $y$ 轴和 $z$ 轴的 $(-\infty,\infty)$ 范围，再在 $x$ 轴的 $(-\infty,\infty)$ 范围内计算核函数的值。隧道核磁共振信号可以表示为

$$K_{1D}(q,x) = \int_{-\infty}^{\infty}\int_{-\infty}^{\infty} K_{3D}(q,x,y,z)\mathrm{d}y\mathrm{d}z \qquad (2.106)$$

$$E_0(q) = \int_{-\infty}^{\infty} K_{1D}(q,x)n(x)\mathrm{d}x \qquad (2.107)$$

其中，$K_{1D}$、$K_{3D}$ 分别表示一维和三维情形下的隧道核磁共振函数，$n(x)$ 为 $x$ 轴方向地层的含水量。

### 3. 隧道核磁共振超前预报过程

隧道核磁共振超前预报工作流程主要包括背景场测量、线圈布置、现场数据采集、数据处理及解释等几个步骤。

（1）背景场测量。主要测量隧道无干扰环境中的地磁场强度和隧道轴线走向等参数。

（2）线圈布置。因为隧道内工作空间的限制，以及探测目的的要求，地面核磁共振发射线圈的布置方式不能直接应用在隧道核磁共振的超前预报中。在隧道内，核磁共振发射线圈的尺寸会受到限制，地面核磁共振采用的同一回线模式和单匝 100 m 正方形线圈不能满足隧道核磁共振超前预报工作的要求。隧道核磁共振超前预报技术通常采用重叠回线观测方式，它是将多匝小线圈作为发射线圈，将其紧贴在隧道掌子面上，垂直于隧道掌子面的法线方向，在发射线圈中通入交变电流，用接收线圈来接收核磁共振信号。

（3）现场数据采集。当以上两个步骤完成后，即可开始核磁共振超前预报数据采集工作，隧道施工环境中的开挖掘进器械、供电设备和支护设备（钢拱架、钢筋网等）会产生较强的电磁干扰，它会使核磁共振信号的信噪比降低，不能反演出可信度高的结果。目前，有一套从软、硬件和工作方式上降低干扰的数据采集方案：①从硬件出发，在隧道灾害水源双波场超前探测仪中加入电磁屏蔽结构，可以一定程度地屏蔽环境中的电磁干扰；采用频带范围为 1.2～2.6 kHz 的窄带滤波器对干扰信号进行滤除，采集信噪比高的核磁共振信号。②从软件出发，采用阈值或差阈值等更为先进的滤波方式，代替传统

的叠加法滤波，可以从较强的奇异性噪声中采集高信噪比的隧道核磁共振信号。③在工作方式上，通过在距离隧道掌子面20m以外的位置布置参考线圈来获得隧道环境干扰信号，将其与主通道上采集的有环境干扰的隧道核磁共振信号在时间域上相减，以此来消除环境干扰信号，从而提高采集信号的信噪比。通过以上三种方法，即可采集到高信噪比的隧道核磁共振信号。

（4）数据处理及解释。对采集的隧道核磁共振信号进行叠加、去尖峰、去工频谐波等处理，从数据处理的角度来提高采集数据的信噪比，以此降低隧道噪声信号对核磁共振结果的干扰。进一步对核磁共振信号进行反演，利用获得的水文地质参数（如含水量、平均孔隙度、含水地质体的位置等）来进行解释工作。

## 2.5.2　红外探水方法

### 1. 红外探水方法基本理论

物质是由分子组成的，分子无休止地运动，每个物体都会不停地向外辐射红外线，形成红外辐射场，不同物体释放的红外场的强度不同。红外探水方法[101]是指，探测一定范围（隧道中）内红外辐射场强度值的变化，对采集数据进行对比分析，从而预报隧道前方的含水体。依据红外探水曲线的变化趋势，定义了正常场和异常场。正常场为隧道掌子面前方无含水体，红外探水曲线接近为一条直线；异常场为隧道掌子面前方有含水体，受到含水体影响，某些红外辐射场的强度值发生突变，红外探水曲线偏离正常趋势。

### 2. 红外探水方法的判定依据

对于隧道突水、涌水地质灾害的超前预报，探明含水体的空间位置和含水量是其主要目的，据此来评定突水、涌水的灾害量级，并预防灾害。其中，对于预报含水量，目前常用的物探方法和地质分析法只是对含水量进行定性判断，不能定量预报，而核磁共振法和红外探水方法是可以定量探水的方法。

一般地，红外探水方法有两种常见的观测方式及其对应的分析方式。

（1）掌子面探测分析法：在掌子面布置4行测点（行间距为1.8 m），每行布置6个测点（列间距为1.5 m），如图2.65所示。通过处理红外探测结果，找到每列数据和每行数据的最大场强差值，与场强安全值相比，来预报掌子面前方含水体的发育情况。一般地，当掌子面行、列场强最大差值大于 $10~\mu W/cm^2$（场强安全值）时，认为掌子面前方有含水体，否则认为掌子面前方无含水体。

（2）隧道周围探测分析法：在掌子面后方，沿着隧道走向在隧道边墙布置测点，沿隧道掌子面到隧道洞口方向分别在右边墙、右边墙脚、拱顶、左边墙脚、左边墙和隧道底板中心位置每间隔5 m布置一个探测断面，要求探测断面至少为12个，那么红外探水的探测距离要达到60 m，具体如图2.66、图2.67所示。处理红外探测数据，对比找到每列数据和每行数据的最大场强差值，与场强安全值相比，来预报掌子面前方含水体的发育情况。一般地，当掌子面行、列场强最大差值大于 $10~\mu W/cm^2$（场强安全值）时，认为掌子面前方有含水体, 否则认为掌子面前方无含水体。

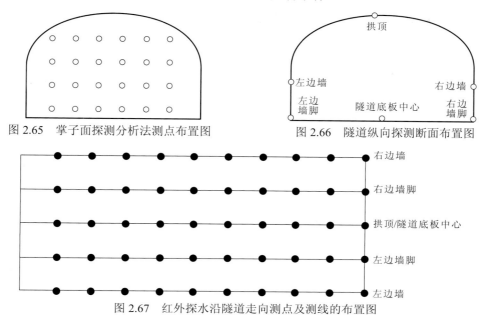

图 2.65　掌子面探测分析法测点布置图　　图 2.66　隧道纵向探测断面布置图

图 2.67　红外探水沿隧道走向测点及测线的布置图

# 参 考 文 献

[1] 雷宛, 肖宏跃, 邓一谦. 工程与环境物探教程[M]. 北京: 地质出版社, 2006.

[2] 曾昭璜. 隧道地震反射法超前预报[J]. 地球物理学报, 1994, 37(2): 268-271.

[3] 周庆国. TSP-203 系统与 ProEx 地质雷达在超前地质预报中的应用[D]. 北京: 中国地质大学(北京), 2010.

[4] 范小龙. 秀宁隧道施工地质灾害超前预报技术及方法研究[D]. 北京: 北京交通大学, 2013.

[5] 何刚, 沙椿, 丁陈奉. TSP203 系统数据采集的改进方案[J]. 地球物理学进展, 2006, 21(4): 1332-1337.

[6] 杨耀. 地震负视速度法在隧道超前地质预报中的应用[J]. 工程地球物理学报, 2009, 6: 754-758.

[7] 侯伟, 杨正华. 负视速度超前预报倾斜界面位置确定[J]. 物探与化探, 2015, 39(5): 1090-1093.

[8] 沈鸿雁. 反射波法隧道、井巷地震超前预报研究[D]. 西安: 长安大学, 2006.

[9] 沈鸿雁, 李庆春, 冯宏, 等. 反射波法隧道、井巷地震超前探测中波场分离与成像技术研究[C]//中国地球物理学会第 22 届年会论文集. 成都: 四川科学技术出版社, 2006: 672-673.

[10] 赵鸿儒, 孙进忠, 唐文榜, 等. 全波震相分析[M]. 北京: 地震出版社, 1991.

[11] 谷婷, 丁建芳, 李苍松. HSP 声波反射法在公路隧道动态设计及信息化施工技术中的应用[J]. 声学技术, 2009, 28(4): 270-273.

[12] 刘杰, 廖春木. TRT 技术在隧道地质超前预报中的应用[J]. 铁道建筑, 2011(4): 77-79.

[13] 刘云祯. TGP 隧道地震预报系统与预报技术探讨[J]. 铁道建筑技术, 2008(S1): 497-502.

[14] 刘云祯. TGP 隧道地震波预报系统与技术[J]. 物探与化探, 2009, 33(2): 170-177.

[15] 刘云祯. TGP206 与 TSP203 地质预报系统优势对比分析[J]. 隧道建设, 2014, 34(3): 198-204.

[16] 钟世航. 陆地声纳法及其应用效果[J]. 物探与化探, 1997(3): 172-179.

[17] HARRY M JOL. 探地雷达理论与应用[M]. 雷文太, 童孝忠, 周旸, 等, 译. 北京: 电子工业出版社, 2011.

[18] 范占锋, 李天斌, 孟陆波. 探地雷达在公路隧道超前地质预报中的应用[J]. 物探与化探, 2010, 34(1): 119-122.

[19] 杨显清, 赵家升, 王园. 电磁场与电磁波[M]. 北京: 国防工业出版社, 2003.

[20] 曾昭发, 刘四新, 王者江, 等. 探地雷达方法原理及应用[M]. 北京: 科学出版社, 2006.

[21] 王连成, 王应富, 蒋树屏, 等. 地质雷达技术在公路隧道工程中的应用[J]. 公路隧道, 2005 (2): 32-36.

[22] 粟毅, 黄春琳, 雷文太. 探地雷达理论与应用[M]. 北京: 科学出版社, 2006.

[23] 蒋邦远. 实用近区磁源瞬变电磁法勘探[M]. 北京: 地质出版社, 1998.

[24] 武军杰. 瞬变电磁新技术在隧道超前地质预报中的应用研究[D]. 西安: 长安大学, 2005.

[25] 陈文斌. 瞬变电磁信号采集技术研究[D]. 重庆: 重庆大学, 2010.

[26] SPIES B R. Depth of investigation in electromagnetic sounding methods[J]. Geophysics, 1989, 54(7): 872-888.

[27] 静恩杰, 李志称. 瞬变电磁法基本原理[J]. 中国煤田地质, 1995, 7(2): 83-87.

[28] 赵博, 张洪亮. Ansoft12 在工程电磁场中的应用[M]. 北京: 中国水利水电出版社, 2010.

[29] 彭仲秋. 瞬变电磁场[M]. 北京: 高等教育出版社, 1989.

[30] 方文藻, 李貅, 冯兵. 瞬变电磁测深法的横向分辨能力[C]//1995 年中国地球物理学会第十一届学术年会论文集. 北京: 中国地球物理学会, 1995: 338.

[31] SMITH J T, MORRISON H F. Estimating equivalent dipole polarizabilities for the inductive response of isolated conductive bodies[J]. IEEE transactions on geoscience and remote sensing, 2004, 42(6): 1208-1214.

[32] 张保祥, 刘春华, 汪家权. 瞬变电磁法在地下水勘查中的应用[J]. 水利水电科技进展, 2002, 22(4): 23-29.

[33] 岳建华, 李志聘. 矿井直流电法勘探中的巷道影响[J]. 煤炭学报, 1999, 24(1): 7-10.

[34] 李学军. 煤矿井下定点源梯度法超前探测试验研究[J]. 煤田地质与勘探, 1992, 20(4): 59-63.

[35] 李玉宝. 矿井电法超前探测技术[J]. 煤炭科学技术, 2002, 30(2): 1-3.

[36] 刘青雯. 井下电法超前探测方法及其应用[J]. 煤田地质与勘探, 2001, 29(5): 60-62.

[37] 程久龙, 王玉和, 于师建, 等. 巷道掘进中电阻率法超前探测原理与应用[J]. 煤田地质与勘探, 2000, 28(4): 60-62.

[38] 黄俊革, 阮百尧, 王家林. 坑道直流电阻率法超前探测的快速反演[J]. 地球物理学报, 2007, 50(2): 619-624.

[39] 李术才. 隧道突水突泥灾害源超前地质预报理论与方法[M]. 北京: 科学出版社, 2015.

[40] 李术才, 刘斌, 孙怀凤, 等. 隧道施工超前地质预报研究现状及发展趋势[J]. 岩石力学与工程学报, 2014, 33(6): 1090-1113.

[41] LU S, LIU B, XU X, et al. An overview of ahead geological prospecting in tunneling[J]. Tunnelling and underground space technology, 2017, 63: 69-94.

[42] 孙怀凤, 李貅, 卢绪山, 等. 隧道强干扰环境瞬变电磁响应规律与校正方法: 以 TBM 为例[J]. 地球物理学报, 2016, 59(12): 4720-4732.

[43] 宋杰. 隧道施工不良地质三维地震波超前探测方法及其工程应用[D]. 济南: 山东大学, 2016.

[44] LI S C, SONG J, ZHANG J, et al. A new comprehensive geological prediction method based on constrained inversion and integrated interpretation for water-bearing tunnel structures[J]. European journal of environmental and civil engineering, 2017, 21(12): 1441-1465.

[45] LI S, LIU B, NIE L, et al. Three-dimensional focusing induced polarization equipment for advanced geological prediction of water inrush disaster source in underground engineering: US201314235332[P]. 2016-02-09.

[46] LI S, LIU B, NIE L, et al. Comprehensive advanced geological detection system carried on tunnel boring machine: US9500077B2[P]. 2016-11-22.

[47] 田明禛. TBM 机载激发极化超前地质预报仪的研制与工程应用[D]. 济南: 山东大学, 2016.

[48] 杨继华, 闫长斌, 苗栋, 等. 双护盾 TBM 施工隧洞综合超前地质预报方法研究[J]. 工程地质学报, 2019, 27(2): 250-259.

[49] THOMAS D, MENDEZ J H, KRIPAL C, et al. Advanced seismic investigations during construction of hydro tunnels[C]//Recent Advances in Rock Engineering (RARE 2016). Paris: Atlantis Press, 2016: 149-157.

[50] 汪旭, 孟露, 杨刚, 等. 隧道超前地质预报多源地震干涉法成像结果影响因素研究[J]. 现代隧道技术, 2019, 56(5): 58-66.

[51] LIU B, CHEN L, LI S, et al. Three-dimensional seismic ahead-prospecting method and application in TBM tunneling[J]. Journal of geotechnical and geoenvironmental engineering, 2017, 143(12): 04017090.

[52] 李术才, 聂利超, 刘斌, 等. 多同性源阵列电阻率法隧道超前探测方法与物理模拟试验研究[J]. 地球物理学报, 2015, 58(4): 1434-1446.

[53] MOONEY M A, WALTER B, FRENZEL C. Real-time tunnel boring machine monitoring: A state-of-the-art review[C]//North American Tunnelling 2012 Proceedings. Englewood: SME, 2012: 73-81.

[54] KAUS A, BOENING W. BEAM-geoelectrical ahead monitoring for TBM-drives[J]. Geomechanics and tunnelling, 2008, 1(5): 442-449.

[55] 李国勇. BEAM 超前地质预报技术在锦屏二级水电站中的应用[J]. 建设机械技术与管理, 2010(3):

77-80.

[56] 杨卫国, 王立华, 王力民. BEAM 法地质预报系统在中国 TBM 施工中应用[J]. 辽宁工程技术大学学报(自然科学版), 2006, 25(S2): 161-162.

[57] LÜTH S, GIESE R, RECHLIN A, et al. A seismic exploration system around and ahead of tunnel excavation-OnSITE[C]// Proceedings of the World Tunnel Congress and the 34th Ita-Aites General Assembly. Agra: World Tunnel Congress, 2008: 1-10.

[58] RECHLIN A J, LÜTH S, GIESE R. OnSITE: Integrated seismic imaging system and interpretation for tunnel excavation[C]//International Conference on Rock Joints and Jointed Rock Masses. Tucson: [s.n.], 2009: 1-10.

[59] KNEIB G, KASSEL A, LORENZ K. Automatic seismic prediction ahead of the tunnel boring machine[J]. First break, 2000, 18(7): 295-302.

[60] POLETTO F, PETRONIO L. Seismic interferometry with a TBM source of transmitted and reflected waves[J]. Geophysics, 2006, 71(4): S185-S193.

[61] PETRONIO L, POLETTO F. Seismic-while-drilling by using tunnel boring machine noise[J]. Geophysics, 2002, 67(6): 1798-1809.

[62] PETRONIO L, POLETTO F, SCHLEIFER A. Interface prediction ahead of the excavation front by the tunnel-seismic-while-drilling (TSWD) method[J]. Geophysics, 2007, 72(4): G39-G44.

[63] SCHLUMBERGER C. Etude sur la prospection electrique du sous-sol [M]. Paris: Gauthier- Villars, 1920.

[64] 张赛珍, 石昆法, 周季平, 等. 激发极化法勘查油气藏的应用基础和应用实例[J]. 物探与化探, 1989, 13(5): 392-400.

[65] 何继善. 双频激电法[M]. 北京: 高等教育出版社, 2006.

[66] 傅良魁. 激发极化法[M]. 北京: 地质出版社, 1982.

[67] 程久龙, 李飞, 彭苏萍, 等. 矿井巷道地球物理方法超前探测研究进展与展望[J]. 煤炭学报, 2014 (8): 1742-1750.

[68] 张平松, 刘盛东, 曹煌. 坑道掘进立体电法超前预报技术研究[J]. 中国煤炭地质, 2009, 21(2): 50-53.

[69] 黄俊革, 王家林, 阮百尧. 坑道直流电阻率法超前探测研究[J]. 地球物理学报, 2006, 49(5): 1529-1538.

[70] 李术才, 刘斌, 李树忱, 等. 基于激发极化法的隧道含水地质构造超前探测研究[J]. 岩石力学与工程学报, 2011, 30(7): 1297-1309.

[71] 刘斌. 基于电阻率法与激电法的隧道含水地质构造超前探测与突水灾害实时监测研究[D]. 济南: 山东大学, 2010.

[72] 刘斌, 李术才, 李树忱, 等. 隧道含水构造直流电阻率法超前探测研究[J]. 岩土力学, 2009, 30(10): 3093-3101.

[73] 聂利超, 李术才, 刘斌, 等. 隧道激发极化法超前探测快速反演研究[J]. 岩土工程学报, 2012, 34(2): 222-229.

[74] 聂利超, 李术才, 刘斌, 等. 隧道含水构造频域激发极化法超前探测研究[J]. 岩土力学, 2012, 33(4): 1151-1160.

[75] 强建科, 阮百尧, 周俊杰, 等. 煤矿巷道直流三极法超前探测的可行性[J]. 地球物理学进展, 2011, 26(1): 320-326.

[76] 高振宅. Beam 地质超前预报系统在锦屏引水隧洞 TBM 施工中的应用[J]. 铁道建筑技术, 2009, 11: 65-67.

[77] 朱劲, 李天斌, 李永林, 等. Beam 超前地质预报技术在铜锣山隧道中的应用[J]. 工程地质学报, 2007, 15(2): 258-262.

[78] 阮百尧, 邓小康, 刘海飞, 等. 坑道直流电阻率超前聚焦探测新方法研究[J]. 地球物理学报, 2009, 52(1): 289-296.

[79] 阮百尧, 邓小康, 刘海飞, 等. 坑道直流电阻率超前聚焦探测的影响因素及最佳观测方式[J]. 地球物理学进展, 2010, 25(4): 1380-1386.

[80] 张力, 阮百尧, 吕玉增, 等. 坑道全空间直流聚焦超前探测模拟研究[J]. 地球物理学报, 2011, 55(4): 1130-1139.

[81] 强建科, 阮百尧, 周俊杰. 三维坑道直流聚焦法超前探测的电极组合研究[J]. 地球物理学报, 2010, 53(3): 695-699.

[82] YARAMANCI U, LANGE G, HERTRICH M. Aquifer characterisation using surface NMR jointly with other geophysical techniques at the Nauen/Berlin test site[J]. Journal of applied geophysics, 2002, 50(1/2): 47-65.

[83] VOUILLAMOZ J, DESCLOITRES M, BERNARD J, et al. Application of integrated magnetic resonance sounding and resistivity methods for borehole implementation. A case study in Cambodia[J]. Journal of applied geophysics, 2002, 50(1/2): 67-81.

[84] LEGCHENKO A V, VALLA P. A review of the basic principles for proton magnetic resonance sounding measurements[J]. Journal of applied geophysics, 2002, 50(1/2): 3-19.

[85] SCHIROV M, LEGCHENKO A, CREER G. A new direct non-invasive groundwater detection technology for Australia[J]. Exploration geophysics, 1991, 22(2): 333-338.

[86] LEVITT M H. Spin dynamics: Basics of nuclear magnetic resonance[M]. New York: John Wiley & Sons, 2013.

[87] CALLAGHAN P T. Principles of nuclear magnetic resonance microscopy[M]. Oxford: Oxford University Press, 1993.

[88] GRUNEWALD E, KNIGHT R. The effect of pore size and magnetic susceptibility on the surface NMR relaxation parameter[J]. Near surface geophysics, 2011, 9(2): 169-178.

[89] BLÜMICH B, PERLO J, CASANOVA F. Mobile single-sided NMR[J]. Progress in nuclear magnetic resonance spectroscopy, 2008, 52(4): 197-269.

[90] WEICHMAN P B, LAVELY E M, RITZWOLLER M H. Theory of surface nuclear magnetic resonance

with applications to geophysical imaging problems[J]. Physical review E, 2000, 62(1): 1290.

[91] HERTRICH M. Imaging of groundwater with nuclear magnetic resonance[J]. Progress in nuclear magnetic resonance spectroscopy, 2008, 53(4): 227-248.

[92] HOULT D I. The principle of reciprocity in signal strength calculations: A mathematical guide [J]. Concepts in magnetic resonance, 2000, 12(4): 173-187.

[93] GUILLEN A, LEGCHENKO A. Inversion of surface nuclear magnetic resonance data by an adapted Monte Carlo method applied to water resource characterization[J]. Journal of applied geophysics, 2002, 50(1/2): 193-205.

[94] 蒋川东. 核磁共振 2D/3D 地下水成像方法及其阵列式地面探测系统研究[D]. 吉林: 吉林大学, 2013.

[95] LEGCHENKO A V, SHUSHAKOV O A. Inversion of surface NMR data[J]. Geophysics, 1998, 63(1): 75-84.

[96] GÜNTHER T, MÜLLER-PETKE M. Hydraulic properties at the North Sea island of Borkum derived from joint inversion of magnetic resonance and electrical resistivity soundings [J]. Hydrology and earth system sciences, 2012, 16(9): 3279-3291.

[97] MÜELLER-PETKE M, YARAMANCI U. QT inversion: Comprehensive use of the complete surface NMR data set[J]. Geophysics, 2010, 75(4): 199-209.

[98] NIELSEN M R, HAGENSEN T F, CHALIKAKIS K, et al. Comparison of transmissivities from MRS and pumping tests in Denmark[J]. Near surface geophysics, 2011, 9(2): 211-224.

[99] 董浩斌, 袁照令, 李振宁, 等. 核磁共振找水方法在河南某地区的试验结果[J]. 物探与化探, 1998, 22(5): 343-347.

[100] 蒋川东, 林君, 秦胜武, 等. 磁共振方法在堤坝渗漏探测中的实验[J]. 吉林大学学报(地球科学版), 2012, 42(3): 858-863.

[101] 赵永贵. 围岩含水性的超前预报技术[J]. 地球与环境, 2005, 33(3): 29-35.

# 第3章

## 数值模拟

# 3.1 隧道空间地震波正演

有限差分法的基本思想是按 Taylor 展开方法将函数在相应点展开，用来近似代替偏导数，正向和反向时间导数的差分近似导致了有限差分法分为显式和隐式两种方法，显式是由以前的波场值计算现在的波场值，而隐式是现在的波场值的计算依赖于过去和未来的波场值。下面介绍常规有限差分法原理[1-4]。

一元函数 $u(x)$ 的导数通常定义为

$$\partial_x u = \lim_{dx \to 0} \frac{u(x+dx)-u(x)}{dx}$$

$$\partial_x u = \lim_{dx \to 0} \frac{u(x)-u(x-dx)}{dx}$$

$$\partial_x u = \lim_{dx \to 0} \frac{u(x+dx)-u(x-dx)}{2dx}$$

其在 $dx \to 0$ 时成立。但计算过程中 $dx$ 取有限值，于是可利用 Taylor 级数展开原理通过有限的 $dx$ 来表示上述导数。利用 Taylor 级数展开原理可得

$$u(x+dx) = u(x)+u'(x)\,dx+\frac{dx^2}{2!}u''(x)+\frac{dx^3}{3!}u'''(x)+\frac{dx^4}{4!}u^{(4)}(x)+\cdots \qquad (3.1)$$

$$u(x-dx) = u(x)-u'(x)\,dx+\frac{dx^2}{2!}u''(x)-\frac{dx^3}{3!}u''(x)+\frac{dx^4}{4!}u^{(4)}(x)-\cdots \qquad (3.2)$$

结合式（3.1）和式（3.2）导出以下差分。

一阶向前差分为

$$\partial_x^+ u = \lim_{dx \to 0} \frac{u(x+dx)-u(x)}{dx} = \frac{1}{dx}\left[dxu'(x)-\frac{dx^2}{2!}u''(x)+\frac{dx^3}{3!}u'''(x)-\cdots\right]$$
$$= u'(x)+O(dx)$$

一阶中心差分为

$$\bar{\partial}_x u = \lim_{dx \to 0} \frac{u(x+dx)-u(x-dx)}{2dx} = \frac{1}{2dx}\left[2dxu'(x)+2\frac{dx^3}{3!}u'''(x)+\cdots\right]$$
$$= u'(x)+O(dx^2)$$

二阶差分为

$$\partial_x^2 u = \frac{1}{dx^2}[u(x+dx)-2u(x)+u(x-dx)] = u''(x)+O(dx^2)$$

同样，利用 Taylor 级数展开原理可以导出二元函数 $u(x, t)$ 的差分格式，为

$$u_{i+1,j} = u[(i+1)dx, jdt] = u(x_i+dx, t_j)$$
$$= u_{i,j}+dx\left(\frac{\partial u}{\partial x}\right)_{i,j}+\frac{dx^2}{2!}\left(\frac{\partial^2 u}{\partial x^2}\right)_{i,j}+\frac{dx^3}{3!}\left(\frac{\partial^3 u}{\partial x^3}\right)_{i,j}+\cdots \qquad (3.3)$$

$$u_{i-1,j} = u[(i-1)\mathrm{d}x, j\mathrm{d}t] = u(x_i - \mathrm{d}x, t_j)$$

$$= u_{i,j} - \mathrm{d}x\left(\frac{\partial u}{\partial x}\right)_{i,j} + \frac{\mathrm{d}x^2}{2!}\left(\frac{\partial^2 u}{\partial x^2}\right)_{i,j} - \frac{\mathrm{d}x^3}{3!}\left(\frac{\partial^3 u}{\partial x^3}\right)_{i,j} + \cdots \tag{3.4}$$

由式（3.3）和式（3.4）可得出对 $x$ 的一阶和二阶差分，为

$$\partial_x^+ u = \frac{1}{\mathrm{d}x}(u_{i+1,j} - u_{i,j}) = \frac{\partial u}{\partial x} + O(\mathrm{d}x)$$

$$\partial_x^- u = \frac{1}{\mathrm{d}x}(u_{i,j} - u_{i,j-1}) = \frac{\partial u}{\partial x} + O(\mathrm{d}x)$$

$$\overline{\partial}_x u = \frac{1}{2\mathrm{d}x}(u_{i+1,j} - u_{i-1,j}) = \frac{\partial u}{\partial x} + O(\mathrm{d}x^2)$$

$$\partial_x^2 u = \frac{1}{\mathrm{d}x^2}(u_{i+1,j} - 2u_{i,j} + u_{i-1,j}) = \frac{\partial^2 u}{\partial x^2} + O(\mathrm{d}x^2)$$

同理，可求出对 $t$ 的一阶和二阶差分，为

$$\partial_t^+ u = \frac{1}{\mathrm{d}t}(u_{i,j+1} - u_{i,j}) = \frac{\partial u}{\partial t} + O(\mathrm{d}t)$$

$$\partial_t^- u = \frac{1}{\mathrm{d}t}(u_{i,j} - u_{i,j-1}) = \frac{\partial u}{\partial t} + O(\mathrm{d}t)$$

$$\overline{\partial}_t u = \frac{1}{2\mathrm{d}t}(u_{i,j+1} - u_{i,j-1}) = \frac{\partial u}{\partial t} + O(\mathrm{d}t^2)$$

$$\partial_t^2 u = \frac{1}{\mathrm{d}t^2}(u_{i,j+1} - 2u_{i,j} + u_{i,j-1}) = \frac{\partial^2 u}{\partial t^2} + O(\mathrm{d}t^2)$$

依此类推，可得到多元函数的差分。

根据弹性介质中位移、应力和应变的关系推导出各向同性介质中的弹性波方程。建立波动方程要利用弹性力学中的基本问题，即在已知物体本身的形状、位置、弹性常数及外力分布的情况下求物体的位移、应变和应力的分布状态。这些基本问题可归结为 15 个方程。

### 1. 平衡微分方程

根据弹性波理论，介质的位移与应力的运动平衡微分方程为

$$\begin{cases} \dfrac{\partial \sigma_{xx}}{\partial x} + \dfrac{\partial \sigma_{xy}}{\partial y} + \dfrac{\partial \sigma_{xz}}{\partial z} + f_x = \rho \dfrac{\partial^2 u}{\partial t^2} \\[2mm] \dfrac{\partial \sigma_{yx}}{\partial x} + \dfrac{\partial \sigma_{yy}}{\partial y} + \dfrac{\partial \sigma_{yz}}{\partial z} + f_y = \rho \dfrac{\partial^2 v}{\partial t^2} \\[2mm] \dfrac{\partial \sigma_{zx}}{\partial x} + \dfrac{\partial \sigma_{zy}}{\partial y} + \dfrac{\partial \sigma_{zz}}{\partial z} + f_z = \rho \dfrac{\partial^2 w}{\partial t^2} \end{cases} \tag{3.5}$$

式中：$\sigma_{ij}(i,j=x,y,z)$ 为应力分量；$\rho$ 为介质的密度；$f_i(i=x,y,z)$ 为体力（或外力）；$u$、$v$、$w$ 为位移分量。

一般情况下，只考虑体力为 0 时弹性波的运动情况，即

$$\begin{cases} \dfrac{\partial \sigma_{xx}}{\partial x} + \dfrac{\partial \sigma_{xy}}{\partial y} + \dfrac{\partial \sigma_{xz}}{\partial z} = \rho \dfrac{\partial^2 u}{\partial t^2} \\[2mm] \dfrac{\partial \sigma_{yx}}{\partial x} + \dfrac{\partial \sigma_{yy}}{\partial y} + \dfrac{\partial \sigma_{yz}}{\partial z} = \rho \dfrac{\partial^2 v}{\partial t^2} \\[2mm] \dfrac{\partial \sigma_{zx}}{\partial x} + \dfrac{\partial \sigma_{zy}}{\partial y} + \dfrac{\partial \sigma_{zz}}{\partial z} = \rho \dfrac{\partial^2 w}{\partial t^2} \end{cases} \tag{3.6}$$

### 2. 几何方程

柯西方程是表示应力与位移关系的几何方程：

$$\begin{cases} \varepsilon_{xx} = \dfrac{\partial u}{\partial x} \\[2mm] \varepsilon_{yy} = \dfrac{\partial v}{\partial y} \\[2mm] \varepsilon_{zz} = \dfrac{\partial w}{\partial z} \\[2mm] \varepsilon_{xy} = \dfrac{1}{2}\left(\dfrac{\partial v}{\partial x} + \dfrac{\partial u}{\partial y}\right) \\[2mm] \varepsilon_{yz} = \dfrac{1}{2}\left(\dfrac{\partial v}{\partial z} + \dfrac{\partial w}{\partial y}\right) \\[2mm] \varepsilon_{xz} = \dfrac{1}{2}\left(\dfrac{\partial w}{\partial x} + \dfrac{\partial u}{\partial z}\right) \end{cases} \tag{3.7}$$

式中：$\varepsilon_{ij}(i,j=x,y,z)$为应变分量；$u$、$v$、$w$为位移分量。

### 3. 本构方程

$$\begin{bmatrix} \sigma_{xx} \\ \sigma_{yy} \\ \sigma_{zz} \\ \sigma_{yz} \\ \sigma_{xz} \\ \sigma_{xy} \end{bmatrix} = \begin{bmatrix} C_{11} & C_{12} & C_{13} & C_{14} & C_{15} & C_{16} \\ C_{21} & C_{22} & C_{23} & C_{24} & C_{25} & C_{26} \\ C_{31} & C_{32} & C_{33} & C_{34} & C_{35} & C_{36} \\ C_{41} & C_{42} & C_{43} & C_{44} & C_{45} & C_{46} \\ C_{51} & C_{52} & C_{53} & C_{54} & C_{55} & C_{56} \\ C_{61} & C_{62} & C_{63} & C_{64} & C_{65} & C_{66} \end{bmatrix} \cdot \begin{bmatrix} \varepsilon_{xx} \\ \varepsilon_{yy} \\ \varepsilon_{zz} \\ \varepsilon_{yz} \\ \varepsilon_{xz} \\ \varepsilon_{xy} \end{bmatrix} \tag{3.8}$$

式中：$C_{ij}(i,j=1,2,\cdots,6)$为弹性系数，共36个，每个弹性系数表示该点上弹性体的性质。因为弹性能量是应变的单值函数，所以$C_{ij}$必须等于$C_{ji}$。这时可将弹性系数减少15，即变为21个弹性系数，当弹性介质具有对称性时，弹性系数可进一步化简。对于各向同性介质而言，其本构方程可写为如下形式：

$$\begin{bmatrix} \sigma_{xx} \\ \sigma_{yy} \\ \sigma_{zz} \\ \sigma_{yz} \\ \sigma_{xz} \\ \sigma_{xy} \end{bmatrix} = \begin{bmatrix} C_{11} & C_{12} & C_{12} & 0 & 0 & 0 \\ C_{12} & C_{11} & C_{12} & 0 & 0 & 0 \\ C_{12} & C_{12} & C_{11} & 0 & 0 & 0 \\ 0 & 0 & 0 & C_{44} & 0 & 0 \\ 0 & 0 & 0 & 0 & C_{44} & 0 \\ 0 & 0 & 0 & 0 & 0 & C_{44} \end{bmatrix} \cdot \begin{bmatrix} \varepsilon_{xx} \\ \varepsilon_{yy} \\ \varepsilon_{zz} \\ \varepsilon_{yz} \\ \varepsilon_{xz} \\ \varepsilon_{xy} \end{bmatrix} \tag{3.9}$$

其中，$C_{11}=\lambda+2\mu$，$C_{44}=\mu$，$C_{12}=C_{11}-2C_{44}=\lambda$，$\lambda$ 和 $\mu$ 为拉梅常量（$\lambda=\rho v_P^2-2\rho v_S^2$，$\mu=\rho v_S^2$，$\rho$ 为介质的密度，$v_P$、$v_S$ 分别为介质的纵、横波速度）。弹性系数中只有两个是独立的。由此可得各向同性的完全弹性介质的应力与应变关系，为

$$\begin{cases} \sigma_{xx} = \lambda\theta + 2\mu\varepsilon_{xx} \\ \sigma_{yy} = \lambda\theta + 2\mu\varepsilon_{yy} \\ \sigma_{zz} = \lambda\theta + 2\mu\varepsilon_{zz} \\ \sigma_{xy} = 2\mu\varepsilon_{xy} \\ \sigma_{yz} = 2\mu\varepsilon_{yz} \\ \sigma_{zx} = 2\mu\varepsilon_{zx} \end{cases} \tag{3.10}$$

式中：$\theta$ 为体应变，具体形式为

$$\theta = \frac{\partial u}{\partial x} + \frac{\partial v}{\partial y} + \frac{\partial w}{\partial z} \tag{3.11}$$

## 3.1.1 地震波场正演模拟

设 $x$ 正方向水平向右，$z$ 正方向垂直向下。在 $x$ 与 $z$ 的二维空间中，假设介质分布各向同性，且为线弹性，当体力和外力的作用为 0 时，弹性波运动平衡微分方程为

$$\begin{cases} \dfrac{\partial u_x}{\partial t} = \dfrac{1}{\rho}\dfrac{\partial \tau_{xx}}{\partial x} + \dfrac{1}{\rho}\dfrac{\partial \tau_{xz}}{\partial z} \\[2mm] \dfrac{\partial w_z}{\partial t} = \dfrac{1}{\rho}\dfrac{\partial \tau_{xz}}{\partial x} + \dfrac{1}{\rho}\dfrac{\partial \tau_{zz}}{\partial z} \\[2mm] \dfrac{\partial \tau_{xx}}{\partial t} = C_{11}\dfrac{\partial u_x}{\partial x} + C_{13}\dfrac{\partial w_z}{\partial z} \\[2mm] \dfrac{\partial \tau_{zz}}{\partial t} = C_{33}\dfrac{\partial w_z}{\partial z} + C_{13}\dfrac{\partial u_x}{\partial x} \\[2mm] \dfrac{\partial \tau_{xz}}{\partial t} = C_{44}\dfrac{\partial u_x}{\partial z} + C_{44}\dfrac{\partial w_z}{\partial x} \end{cases} \tag{3.12}$$

式中：$\rho$ 为密度；$u_x$ 为质点的水平位移速度；$w_z$ 为质点的垂直位移速度；$\tau_{zz}$ 和 $\tau_{xx}$ 为正应力；$\tau_{xz}$ 为剪切应力。

## 3.1.2 二维波动方程的高阶差分近似

二维波动方程使用的是应力-速度方程，将速度（应力）对时间的奇数阶高阶导数转化为应力（速度）对空间的导数，运用高阶交错网格有限差分法来模拟地震波在介质中的传播，其特点是在时间和空间上的差分精度都可以达到任意阶，具体推导步骤如下。

### 1. 交错网格时间上 2M 阶差分近似

速度（$u_x$ 和 $w_z$）和应力（$\tau_{xx}$、$\tau_{zz}$ 和 $\tau_{xz}$）在利用高阶交错网格方法数值求解一阶弹性波动方程时，其计算时刻分别是 $t+\Delta t/2$ 和 $t-\Delta t/2$，也就是 $u_x$ 和 $w_z$ 在半节点处求取的值，但 $\tau_{xx}$、$\tau_{zz}$ 和 $\tau_{xz}$ 是在节点处求取的。为提高计算的精度，利用 Taylor 展开公式分别将 $u_x(t+\Delta t/2)$ 和 $u_x(t-\Delta t/2)$ 在 $t$ 时刻展开，可得

$$u_x\left(t+\frac{\Delta t}{2}\right)=u_x\left(t-\frac{\Delta t}{2}\right)+2\sum_{m=1}^{M}\frac{1}{(2m-1)!}\left(\frac{\Delta t}{2}\right)^{2m-1}\frac{\partial^{2m-1}}{\partial t^{2m-1}}u_x+O(\Delta t^{2M}) \tag{3.13}$$

式中：$\Delta t$ 为时间步长。

利用式（3.12）将速度对时间的任意奇数阶高阶导数转换到应力对空间的导数上去，将应力对时间的任意奇数阶高阶导数转换到速度对空间的导数上去。此刻，如果要计算某一时间层上的速度（应力）场，只需要知道前一个时间层的速度（应力）场和其间的应力（速度）场，并不需要有太多时间层。

令 2M=4，式（3.13）变为

$$u_x\left(t+\frac{\Delta t}{2}\right)=u_x\left(t-\frac{\Delta t}{2}\right)+\frac{\Delta t}{\rho}\left(\frac{\partial\tau_{xx}}{\partial x}+\frac{\partial\tau_{xz}}{\partial z}\right)+\frac{\Delta t^3}{24\rho^2}\left[C_{11}\frac{\partial^3\tau_{xx}}{\partial x^3}\right.$$
$$\left.+(C_{11}+C_{13}+C_{44})\frac{\partial^3\tau_{xz}}{\partial x^2\partial z}+(C_{13}+C_{44})\frac{\partial^3\tau_{zz}}{\partial x\partial z^2}+C_{44}\frac{\partial^3\tau_{xx}}{\partial x\partial z^2}+C_{44}\frac{\partial^3\tau_{xz}}{\partial z^3}\right] \tag{3.14}$$

使用同样的算法可以得到式（3.12）中另外 4 个方程的 4 阶时间差分精度近似，即

$$w_z\left(t+\frac{\Delta t}{2}\right)=w_z\left(t-\frac{\Delta t}{2}\right)+\frac{\Delta t}{\rho}\left(\frac{\partial\tau_{xz}}{\partial x}+\frac{\partial\tau_{zz}}{\partial z}\right)+\frac{\Delta t^3}{24\rho^2}\left[C_{44}\frac{\partial^3\tau_{xz}}{\partial x^3}\right.$$
$$\left.+(C_{13}+C_{33}+C_{44})\frac{\partial^3\tau_{xz}}{\partial x\partial z^2}+(C_{13}+C_{44})\frac{\partial^3\tau_{xx}}{\partial x^2\partial z}+C_{44}\frac{\partial^3\tau_{zz}}{\partial x^2\partial z}+C_{33}\frac{\partial^3\tau_{zz}}{\partial z^3}\right] \tag{3.15}$$

$$\tau_{xx}(t+\Delta t)=\tau_{xx}(t)+\Delta t\left(C_{11}\frac{\partial u_x}{\partial x}+C_{13}\frac{\partial w_z}{\partial z}\right)+\frac{\Delta t^3}{24\rho^2}\left[C_{11}^2\frac{\partial^3 u_x}{\partial x^3}+C_{13}C_{33}\frac{\partial^3 w_z}{\partial z^3}\right.$$
$$\left.+(C_{11}C_{13}+C_{11}C_{44}+C_{13}C_{44})\frac{\partial^3 w_z}{\partial x^2\partial z}+(C_{13}^2+C_{11}C_{44}+C_{13}C_{44})\frac{\partial^3 u_x}{\partial x\partial z^2}\right] \tag{3.16}$$

$$\tau_{zz}(t+\Delta t)=\tau_{zz}(t)+\Delta t\left(C_{13}\frac{\partial u_x}{\partial x}+C_{33}\frac{\partial w_z}{\partial z}\right)+\frac{\Delta t^3}{24\rho^2}\left[C_{11}C_{13}\frac{\partial^3 u_x}{\partial x^3}+C_{33}^2\frac{\partial^3 w_z}{\partial z^3}\right.$$
$$\left.+(C_{13}^2+C_{33}C_{44}+C_{13}C_{44})\frac{\partial^3 w_z}{\partial x^2\partial z}+(C_{13}C_{33}+C_{33}C_{44}+C_{13}C_{44})\frac{\partial^3 u_x}{\partial x\partial z^2}\right] \tag{3.17}$$

$$\tau_{xz}(t+\Delta t) = \tau_{xz}(t) + \Delta t\left(C_{44}\frac{\partial u_x}{\partial z} + C_{44}\frac{\partial w_z}{\partial x}\right) + \frac{\Delta t^3}{24\rho^2}\left[C_{44}^2\frac{\partial^3 w_z}{\partial x^3} + C_{44}^2\frac{\partial^3 u_x}{\partial z^3}\right.$$
$$\left. + (C_{44}^2 + C_{11}C_{44} + C_{13}C_{44})\frac{\partial^3 u_x}{\partial x^2 \partial z} + C_{44}(C_{13} + C_{33} + C_{44})\frac{\partial^3 w_z}{\partial x \partial z^2}\right] \tag{3.18}$$

**2. 空间导数 $2N$ 阶差分精度的展开式**

令函数 $f(x)$ 连续且具有 $2N+1$ 阶导数，利用 Taylor 展开公式，$f(x)$ 的一阶空间导数表示为

$$\frac{\partial f}{\partial x} = \frac{1}{\Delta x}\sum_{n=1}^{N} C_n^N\left\{f\left[x + \frac{\Delta x}{2}(2n-1)\right] - f\left[x - \frac{\Delta x}{2}(2n-1)\right]\right\} + O(\Delta x^{2N}) \tag{3.19}$$

用式（3.19）计算式（3.14）～式（3.18）中的一阶空间导数。式（3.19）中准确求取待定系数 $C_n^N$ 成为确保一阶空间导数的 $2N$ 阶差分精度的关键。将 $f[x+\Delta x(2n-1)/2]$ 和 $f[x-\Delta x(2n-1)/2]$ 在 $x$ 处用 Taylor 公式展开后，通过求解式（3.20）就可以求出待定系数 $C_n^N$。由此列出几种空间差分精度的差分系数（表 3.1）。

$$\begin{bmatrix} 1 & 3 & 5 & \cdots & 2N-1 \\ 1^3 & 3^3 & 5^3 & \cdots & (2N-1)^3 \\ 1^5 & 3^5 & 5^5 & \cdots & (2N-1)^5 \\ \vdots & \vdots & \vdots & & \vdots \\ 1^{2N-1} & 3^{2N-1} & 5^{2N-1} & \cdots & (2N-1)^{2N-1} \end{bmatrix}\begin{bmatrix} C_1^N \\ C_2^N \\ C_3^N \\ \vdots \\ C_N^N \end{bmatrix} = \begin{bmatrix} 1 \\ 0 \\ 0 \\ \vdots \\ 0 \end{bmatrix} \tag{3.20}$$

**表 3.1  不同空间阶数的差分系数**

| 空间阶数 | $n=1$ | $n=2$ | $n=3$ | $n=4$ | $n=5$ |
|---|---|---|---|---|---|
| $2N=2$ | 1 | | | | |
| $2N=4$ | 1.125 | 0.042 | | | |
| $2N=6$ | 1.172 | 0.065 | 0.046 | | |
| $2N=8$ | 1.196 | 0.079 | 0.096 | 0.000 7 | |
| $2N=10$ | 1.211 | 0.089 | 0.001 4 | 0.001 8 | 0.000 12 |

## 3.1.3  交错网格的差分格式

令 $U_{i,j}^{k+1/2}$、$V_{i+1/2,j+1/2}^{k+1/2}$、$R_{i+1/2,j}^{k+1/2}$、$T_{i+1/2,j}^{k+1/2}$ 和 $H_{i,j+1/2}^{k+1/2}$ 分别为速度 $u_x$、$w_z$ 和应力 $\tau_{xx}$、$\tau_{zz}$、$\tau_{xz}$ 的离散值。交错网格示意图见图 3.1，图中符号■和●表示 $(k+1/2)\Delta t$ 时刻应力分量（正应力和剪切应力）的值，符号△和▽分别表示在 $(k+1/2)\Delta t$ 时刻速度分量（水平分量和垂直分量）的值。

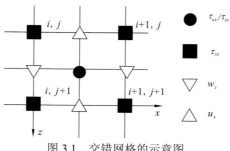

图 3.1　交错网格的示意图

利用交错网格，对一阶弹性波方程进行 4 阶的高精度时间差分，给出 $2N$ 阶空间差分精度的差分格式：

$$U_{i,j}^{k+1/2} = U_{i,j}^{k-1/2} + \frac{(\Delta t)^3}{24\rho_{i,j}^2}p + \frac{\Delta t}{\rho_{i,j}}\left\{\frac{1}{\Delta x}\left[\sum_{n=1}^{N}C_n^N\left(R_{i+\frac{2n-1}{2},j}^k - R_{i-\frac{2n-1}{2},j}^k\right)\right]\right.$$
$$\left. + \frac{1}{\Delta z}\left[\sum_{n=1}^{N}C_n^N\left(H_{i,j+\frac{2n-1}{2}}^k - H_{i,j-\frac{2n-1}{2}}^k\right)\right]\right\} \quad (3.21)$$

其中，$\rho_{i,j}$ 为密度，

$$p = p_1 + p_2 + p_3 + p_4 + p_5$$

$$p_1 = C_{11}\frac{1}{(\Delta x)^3}\left[\left(R_{i+\frac{3}{2},j}^k - R_{i-\frac{3}{2},j}^k\right) - 3\left(R_{i+\frac{1}{2},j}^k - R_{i-\frac{1}{2},j}^k\right)\right]$$

$$p_2 = (C_{11}+C_{13}+C_{44})\frac{1}{(\Delta x)^2\Delta z}\left[\left(H_{i+1,j+\frac{1}{2}}^k - H_{i+1,j-\frac{1}{2}}^k\right) - 2\left(H_{i,j+\frac{1}{2}}^k - H_{i,j-\frac{1}{2}}^k\right) + \left(H_{i-1,j+\frac{1}{2}}^k - H_{i-1,j-\frac{1}{2}}^k\right)\right]$$

$$p_3 = (C_{13}+C_{44})\frac{1}{\Delta x(\Delta z)^2}\left[\left(T_{i+\frac{1}{2},j+1}^k - T_{i-\frac{1}{2},j+1}^k\right) - 2\left(T_{i+\frac{1}{2},j}^k - T_{i-\frac{1}{2},j}^k\right) + \left(T_{i+\frac{1}{2},j-1}^k - T_{i-\frac{1}{2},j-1}^k\right)\right]$$

$$p_4 = C_{44}\frac{1}{\Delta x(\Delta z)^2}\left[\left(R_{i+\frac{1}{2},j+1}^k - R_{i-\frac{1}{2},j+1}^k\right) - 2\left(R_{i+\frac{1}{2},j}^k - R_{i-\frac{1}{2},j}^k\right) + \left(R_{i+\frac{1}{2},j-1}^k - R_{i-\frac{1}{2},j-1}^k\right)\right]$$

$$p_5 = C_{44}\frac{1}{(\Delta z)^3}\left[\left(H_{i,j+\frac{3}{2}}^k - H_{i,j-\frac{3}{2}}^k\right) - 3\left(H_{i,j+\frac{1}{2}}^k - H_{i,j-\frac{1}{2}}^k\right)\right]$$

采用同样的办法求取其他 4 个方程的差分格式，为

$$V_{i+\frac{1}{2},j+\frac{1}{2}}^{k+\frac{1}{2}} = V_{i+\frac{1}{2},j+\frac{1}{2}}^{k-\frac{1}{2}} + \frac{1}{24\rho_{i,j}^2}(\Delta t)^3 Q + \frac{\Delta t}{\rho_{i,j}}\left\{\frac{1}{\Delta x}\left[\sum_{n=1}^{N}C_n^N\left(H_{i+n,j+\frac{1}{2}}^k - H_{i-n+1,j+\frac{1}{2}}^k\right)\right]\right.$$
$$\left. + \frac{1}{\Delta x}\left[\sum_{n=1}^{N}C_n^N\left(T_{i+\frac{1}{2},j+n}^k - T_{i+\frac{1}{2},j-n+1}^k\right)\right]\right\} \quad (3.22)$$

$$Q = Q_1 + Q_2 + Q_3 + Q_4 + Q_5$$

$$Q_1 = C_{44}\frac{1}{\Delta x^3}\left(H_{i+2,j+\frac{1}{2}}^k - 3H_{i+1,j+\frac{1}{2}}^k + 3H_{i,j+\frac{1}{2}}^k - H_{i-1,j+\frac{1}{2}}^k\right)$$

$$Q_2 = (C_{13} + C_{33} + C_{44}) \frac{1}{\Delta x(\Delta z)^2} \left( H^k_{i+1,j+\frac{3}{2}} - H^k_{i,j+\frac{3}{2}} + H^k_{i+1,j-\frac{1}{2}} - H^k_{i,j-\frac{1}{2}} - 2H^k_{i+1,j+\frac{1}{2}} + 2H^k_{i,j+\frac{1}{2}} \right)$$

$$Q_3 = (C_{13} + C_{44}) \frac{1}{\Delta z(\Delta x)^2} \left( R^k_{i+\frac{3}{2},j+1} - R^k_{i+\frac{3}{2},j} + R^k_{i-\frac{1}{2},j+1} - R^k_{i-\frac{1}{2},j} - 2R^k_{i+\frac{1}{2},j+1} + 2R^k_{i+\frac{1}{2},j} \right)$$

$$Q_4 = C_{44} \frac{1}{\Delta z(\Delta x)^2} \left( T^k_{i+\frac{3}{2},j+1} - T^k_{i+\frac{3}{2},j} + T^k_{i-\frac{1}{2},j+1} - T^k_{i-\frac{1}{2},j} - 2T^k_{i+\frac{1}{2},j+1} + 2T^k_{i+\frac{1}{2},j} \right)$$

$$Q_5 = C_{33} \frac{1}{\Delta z^3} \left( T^k_{i+\frac{1}{2},j+2} - 3T^k_{i+\frac{1}{2},j+1} + 3T^k_{i+\frac{1}{2},j} - T^k_{i+\frac{1}{2},j-1} \right)$$

$$R^{k+\frac{1}{2}}_{i+\frac{1}{2},j} = R^{k-\frac{1}{2}}_{i+\frac{1}{2},j} + \frac{(\Delta t)^3}{24\rho_{i,j}} L + \Delta t \left\{ \frac{C_{11}}{\Delta x} \left[ \sum_{n=1}^{N} C_n^N \left( U^k_{i+n,j} - U^k_{i-n+1,j} \right) \right] \right.$$

$$\left. + \frac{C_{13}}{\Delta z} \left[ \sum_{n=1}^{N} C_n^N \left( V^k_{i+\frac{1}{2},j+\frac{2n-1}{2}} - V^k_{i+\frac{1}{2},j-\frac{2n-1}{2}} \right) \right] \right\} \qquad （3.23）$$

$$L = L_1 + L_2 + L_3 + L_4$$

$$L_1 = C_{11}^2 \frac{1}{(\Delta x)^3} \left( U^k_{i+2,j} - 3U^k_{i+1,j} + 3U^k_{i,j} - U^k_{i-1,j} \right)$$

$$L_2 = (C_{11}C_{13} + C_{11}C_{44} + C_{13}C_{44}) \frac{1}{(\Delta x)^2 \Delta z} \left( V^k_{i+\frac{3}{2},j+\frac{1}{2}} - V^k_{i+\frac{3}{2},j-\frac{1}{2}} \right.$$

$$\left. + V^k_{i-\frac{1}{2},j+\frac{1}{2}} - V^k_{i-\frac{1}{2},j-\frac{1}{2}} - 2V^k_{i+\frac{1}{2},j+\frac{1}{2}} + 2V^k_{i+\frac{1}{2},j-\frac{1}{2}} \right)$$

$$L_3 = (C_{13}^2 + C_{11}C_{44} + C_{13}C_{44}) \frac{1}{(\Delta z)^2 \Delta x} \left( U^k_{i+1,j+1} - U^k_{i,j+1} + U^k_{i+1,j-1} \right.$$

$$\left. - U^k_{i,j-1} - 2U^k_{i+1,j} + 2U^k_{i,j} \right)$$

$$L_4 = C_{13}C_{33} \frac{1}{(\Delta z)^3} \left( V^k_{i+\frac{1}{2},j+\frac{3}{2}} - 3V^k_{i+\frac{1}{2},j+\frac{1}{2}} + 3V^k_{i+\frac{1}{2},j-\frac{1}{2}} - V^k_{i+\frac{1}{2},j-\frac{3}{2}} \right)$$

$$T^{k+\frac{1}{2}}_{i+\frac{1}{2},j} = T^{k-\frac{1}{2}}_{i+\frac{1}{2},j} + \frac{(\Delta t)^3}{24\rho_{i,j}} M' + \Delta t \left\{ \frac{C_{13}}{\Delta x} \left[ \sum_{n=1}^{N} C_n^N \left( U^k_{i+n,j} - U^k_{i-n+1,j} \right) \right] \right.$$

$$\left. + \frac{C_{33}}{\Delta z} \left[ \sum_{n=1}^{N} C_n^N \left( V^k_{i+\frac{1}{2},j+\frac{2n-1}{2}} - V^k_{i+\frac{1}{2},j-\frac{2n-1}{2}} \right) \right] \right\} \qquad （3.24）$$

$$M' = M_1 + M_2 + M_3 + M_4$$

$$M_1 = C_{11}C_{33} \frac{1}{(\Delta x)^3} \left( U^k_{i+2,j} - 3U^k_{i+1,j} + 3U^k_{i,j} - U^k_{i-1,j} \right)$$

$$M_2 = (C_{13}^2 + C_{13}C_{44} + C_{33}C_{44}) \frac{1}{(\Delta x)^2 \Delta z} \left( V^k_{i+\frac{3}{2},j+\frac{1}{2}} - V^k_{i+\frac{3}{2},j-\frac{1}{2}} + V^k_{i-\frac{1}{2},j+\frac{1}{2}} - V^k_{i-\frac{1}{2},j-\frac{1}{2}} - 2V^k_{i+\frac{1}{2},j+\frac{1}{2}} + 2V^k_{i+\frac{1}{2},j-\frac{1}{2}} \right)$$

$$M_3 = (C_{13}C_{33} + C_{11}C_{44} + C_{13}C_{44}) \frac{1}{(\Delta z)^2 \Delta x} \left( U^k_{i+1,j+1} - U^k_{i,j+1} + U^k_{i+1,j-1} - U^k_{i,j-1} - 2U^k_{i+1,j} + 2U^k_{i,j} \right)$$

$$M_4 = C_{33}^2 \frac{1}{(\Delta z)^3} \left( V^k_{i+\frac{1}{2},j+\frac{3}{2}} - 3V^k_{i+\frac{1}{2},j+\frac{1}{2}} + 3V^k_{i+\frac{1}{2},j-\frac{1}{2}} - V^k_{i+\frac{1}{2},j-\frac{3}{2}} \right)$$

$$H_{i,j+\frac{1}{2}}^{k+\frac{1}{2}} = H_{i,j+\frac{1}{2}}^{k-\frac{1}{2}} + \frac{(\Delta t)^3}{24\rho_{i,j}}N' + \Delta t\left\{\frac{C_{44}}{\Delta t}\left[\sum_{n=1}^{N}C_n^N\left(V_{i+\frac{2n-1}{2},j+\frac{1}{2}}^k - V_{i-\frac{2n-1}{2},j+\frac{1}{2}}^k\right)\right]\right.$$

$$\left. + \frac{C_{44}}{\Delta z}\left[\sum_{n=1}^{N}C_n^N\left(U_{i,j+n}^k - U_{i,j-n+1}^k\right)\right]\right\}$$
（3.25）

$$N' = N_1 + N_2 + N_3 + N_4$$

$$N_1 = C_{44}^2\frac{1}{(\Delta x)^3}\left(V_{i+\frac{3}{2},j+\frac{1}{2}}^k - 3V_{i+\frac{1}{2},j+\frac{1}{2}}^k + 3V_{i-\frac{1}{2},j+\frac{1}{2}}^k - V_{i-\frac{3}{2},j+\frac{1}{2}}^k\right)$$

$$N_2 = C_{44}(C_{11}+C_{33}+C_{44})\frac{1}{(\Delta x)^2\Delta z}\left(U_{i+1,j+1}^k - U_{i+1,j}^k + U_{i-1,j+1}^k - U_{i-1,j}^k - 2U_{i,j+1}^k + 2U_{i,j}^k\right)$$

$$N_3 = C_{44}(C_{13}+C_{33}+C_{44})\frac{1}{(\Delta z)^2\Delta x}\left(V_{i+\frac{1}{2},j+\frac{3}{2}}^k - V_{i-\frac{1}{2},j+\frac{3}{2}}^k + V_{i+\frac{1}{2},j-\frac{1}{2}}^k - V_{i-\frac{1}{2},j-\frac{1}{2}}^k - 2V_{i+\frac{1}{2},j+\frac{1}{2}}^k + 2V_{i-\frac{1}{2},j+\frac{1}{2}}^k\right)$$

$$N_4 = C_{44}^2\frac{1}{(\Delta z)^2}\left(U_{i,j+2}^k - 3U_{i,j+1}^k + 3U_{i,j}^k - U_{i,j-1}^k\right)$$

## 3.1.4 边界条件

边界条件包括初始条件、自由表面条件和吸收边界条件，它们是地震法超前地质探测和地震波场数值模拟中的关键问题。

### 1. 初始条件

假设在震源开始振动之前地下介质的所有质点此刻都处于静止状态，也就是质点的振动初始速度为 0，质点所受的初始应力也为 0。当时间开始大于 0 时，震源开始振动，导致介质内部的质点之间开始发生相互的扰动，取得如下初始条件：

$$\begin{cases} u_x(x,z,t)=0 \\ w_z(x,z,t)=0 \\ \tau_{xx}(x,z,t)=0, \quad t\leqslant 0 \\ \tau_{xz}(x,z,t)=0 \\ \tau_{zz}(x,z,t)=0 \end{cases}$$
（3.26）

### 2. 自由表面条件

用 $O(\Delta t^4+\Delta x^{10})$ 差分法进行模拟，自由表面问题应用到高阶交错网格的有限差分法传统算法上是假定地表以上有 5 条虚设的网格线[4]，如图 3.2 所示。

进行中心差分时，将之前使用的 5 个网格的应力和速度，用于以自由表面为中心的空间 10 阶差分，因此会有 5 条假定的网格线。因为交错网格的中心差分方法的采用，提高了计算精度，对于泊松比变化较大的介质，通过调整空间、时间步长和网格间距进行适当的变化，也可以获取较好的效果。

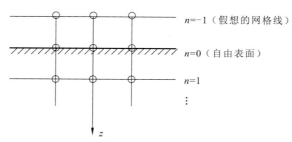

图 3.2 自由表面条件的示意图

在二维情况下，弹性自由表面 $z=0$ 处，满足下列镜像自由边界条件。

$$
\begin{cases}
\tau_{xz}(i,j,t) = 0 \\
\tau_{xz}(i,j-1,t) = -\tau_{xz}(i,j+1,t) \\
\tau_{xz}(i,j-2,t) = -\tau_{xz}(i,j+2,t) \\
\tau_{xz}(i,j-3,t) = -\tau_{xz}(i,j+3,t) \\
\tau_{xz}(i,j-4,t) = -\tau_{xz}(i,j+4,t) \\
\tau_{xz}(i,j-5,t) = -\tau_{xz}(i,j+5,t) \\
\tau_{zz}(i,j-1,t) = -\tau_{zz}(i,j+1,t) \\
\tau_{zz}(i,j-2,t) = -\tau_{zz}(i,j+2,t) \\
\tau_{zz}(i,j-3,t) = -\tau_{zz}(i,j+3,t) \\
\tau_{zz}(i,j-4,t) = -\tau_{zz}(i,j+4,t) \\
\tau_{zz}(i,j-5,t) = -\tau_{zz}(i,j+5,t)
\end{cases}
\tag{3.27}
$$

### 3. 吸收边界条件

当人为划定模拟区域进行模拟计算时，会造成人为的计算边界，同时产生一些假象。可以采用吸收边界或透射边界避免上述情况发生。有多种计算吸收边界的方法，通常可以用质点的应力和速度乘以一个小于 1 的因子来平滑衰减网格周围的耗散；另外，可以在网格周围使用较低的 $Q$ 值来完成吸收作用，但是吸收效果后者不如前者好，故采用前者。

地震波场数值模拟中的吸收边界 $G$ 使用 Cerjan 等[5]建议的吸收边界，为

$$
G = \mathrm{e}^{-\alpha^2(I-i)^2}, \quad 1 \leqslant i \leqslant I
$$

式中：$i$ 为节点号；$I$ 为吸收边界带宽度给定的节点数；$\alpha$ 为衰减系数，要注意到 $\alpha$ 的选取和 $I$ 的大小密切相关，而且对吸收效果有较大的影响。本节中选用 $\alpha=0.006\,1$，$I=50$。对该方法的吸收效果的检验可以通过均匀介质中的波场快照来完成。

从图 3.3 中可以看出，在未加边界条件的时候，波在上、下、左、右各侧都产生了强烈的反射，这些伪反射在模拟中造成干扰，使得结果混乱，降低模拟效果。相反，加了吸收边界条件以后，每一侧的伪反射能量几乎都被吸收，边界反射消失，效果理想。

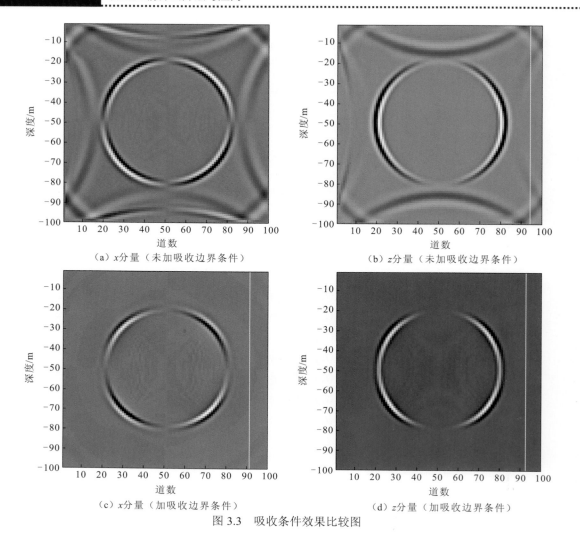

（a）x分量（未加吸收边界条件）　　　　　　（b）z分量（未加吸收边界条件）

（c）x分量（加吸收边界条件）　　　　　　　（d）z分量（加吸收边界条件）

图 3.3　吸收条件效果比较图

## 3.1.5　稳定性条件

本节采用的稳定性条件为

$$
\begin{cases}
0 \leqslant \displaystyle\sum_{m=1}^{M} \frac{(-1)^{m-1}}{(2m-1)!} L_x^{2m} d^{2m} \leqslant 1 \\[3mm]
0 \leqslant \displaystyle\sum_{m=1}^{M} \frac{(-1)^{m-1}}{(2m-1)!} L_z^{2m} d^{2m} \leqslant 1
\end{cases}
\tag{3.28}
$$

其中，

$$
L_x = \sqrt{\frac{C_{11}\Delta t^2}{\rho \Delta x^2} + \frac{C_{44}\Delta t^2}{\rho \Delta z^2}}
$$

$$L_z = \sqrt{\frac{C_{44}\Delta t^2}{\rho \Delta x^2} + \frac{C_{33}\Delta t^2}{\rho \Delta z^2}}$$

$$d = \sum_{n=1}^{N} C_n^N (-1)^{n-1}$$

## 3.1.6　震源设置

地震法震源可以分为模拟震源、剪切震源和定向力震源三种，假设定向力的矢量分量表示为 $f_i = a(x_i)h(t)\delta$，其中 $h(t)$ 为关于时间的函数，也就是震源的子波函数，震源子波函数可以用里克子波、正弦衰减子波或高斯子波等表示（图 3.4），$\delta$ 为单位张量，$a(x_i)$ 为空间函数。

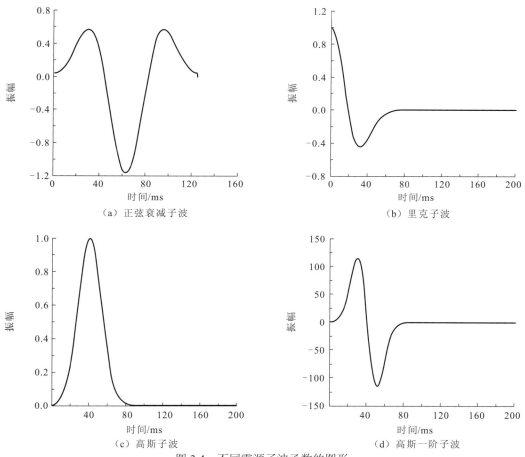

（a）正弦衰减子波　　　　　　　　　　（b）里克子波

（c）高斯子波　　　　　　　　　　（d）高斯一阶子波

图 3.4　不同震源子波函数的图形

# 3.2　隧道空间电磁波正演

## 3.2.1　地质雷达正演

　　麦克斯韦方程组是地质雷达探测的理论基础。方程组的基本公式见式（2.37）。

　　正算法是从麦克斯韦方程组推导出的二维横磁（transverse magnetic，TM）波方程。时域有限差分（finite difference time domain，FDTD）法采用离散方式在时间和空间上对电场与磁场分量相互交替提取样值，各个电（或磁）场分量的四周都有四个与其不同的场分量环绕，运用该数值方法将麦克斯韦旋度方程组以 d$t$ 为变量差分离散为差分形式的方程组，并且以时间为变量，以时间步长为间隔逐步求取区域内电（或磁）场的分布，详见表 3.2。这种交替离散场分量的方式叫作 Yee 元胞，如图 3.5 所示[6-7]。

表 3.2　电（或磁）场在时间和空间上的取样分布表

| 电（或磁）场分量 | | 空间分量取样 | | | 时间轴 $t$ 取样 |
|---|---|---|---|---|---|
| | | $x$ 坐标 | $y$ 坐标 | $z$ 坐标 | |
| 电场 | $E_x$ | $i+1/2$ | $j$ | $k$ | |
| | $E_y$ | $i$ | $j+1/2$ | $k$ | $n$ |
| | $E_z$ | $i$ | $j$ | $k+1/2$ | |
| 磁场 | $H_x$ | $i$ | $j+1/2$ | $k+1/2$ | |
| | $H_y$ | $i+1/2$ | $j$ | $k+1/2$ | $n+1/2$ |
| | $H_z$ | $i+1/2$ | $j+1/2$ | $k$ | |

注：$E_x$、$E_y$、$E_z$ 为电场强度的分量；$H_x$、$H_y$、$H_z$ 为磁场强度的分量。

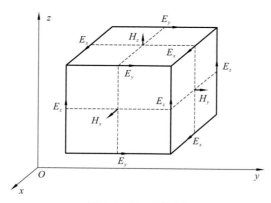

图 3.5　Yee 元胞图

$$H_{x(i,j+1/2)}^{n+1/2} = \left[\frac{1-\sigma_{(i,j+1/2)}^{*}\Delta t/(2\mu_0)}{1+\sigma_{(i,j+1/2)}^{*}\Delta t/(2\mu_0)}\right]H_{y(i,j+1/2)}^{n-1/2} - \frac{\Delta t}{\mu_0\Delta}\left[\frac{1}{1+\sigma_{(i,j+1/2)}^{*}\Delta t/(2\mu_0)}\right]\times[E_{z(i,j+1)}^{n}-E_{z(i,j)}^{n}]$$

$$(3.29)$$

$$H_{y(i+1/2,j)}^{n+1/2} = \left[\frac{1-\sigma_{(i+1/2,j)}^{*}\Delta t/(2\mu_0)}{1+\sigma_{(i+1/2,j)}^{*}\Delta t/(2\mu_0)}\right]H_{x(i+1/2,j)}^{n-1/2} + \frac{\Delta t}{\mu_0\Delta}\left[\frac{1}{1+\sigma_{(i+1/2,j)}^{*}\Delta t/(2\mu_0)}\right]\times[E_{z(i,j+1/2)}^{n}-E_{z(i,j)}^{n}]$$

$$(3.30)$$

$$E_{z(i,j)}^{n+1/2} = \left\{\frac{1-\sigma_{(i,j)}\Delta t/[2\varepsilon_{(i,j)}]}{1+\sigma_{(i,j)}\Delta t/[2\varepsilon_{(i,j)}]}\right\}E_{y(i,j)}^{n} + \frac{\Delta t}{\varepsilon_{(i,j)}\Delta}\left\{\frac{1}{1+\sigma_{(i+1/2,j)}\Delta t/[2\varepsilon_{(i,j)}]}\right\}$$
$$\times[H_{z(i+1/2,j)}^{n+1/2}-H_{z(i-1/2,j)}^{n+1/2}]-[H_{x(i,j+1/2)}^{n+1/2}-H_{x(i,j-1/2)}^{n+1/2}]$$

$$(3.31)$$

式中：$\varepsilon$ 为介电常数；$\mu_0$ 为真空中的磁导率；$\sigma$ 为电导率；$\sigma^*$ 为等效磁阻率；$t$ 为时间；$E_{z(i,j)}^{n}$、$H_{z(i,j)}^{n}$ 分别为 Yee 元胞组中的某一空间和时间的电场与磁场。

完全匹配层（perfectly matched layer，PML）首先由 Berenger[8]提出。在正演网格边界插入 PML，PML 的波阻抗与相邻层介质的波阻抗完全匹配，因此，入射波进入 PML 不会发生反射。

FDTD 法中离散化差分方程组的解需要满足收敛性和稳定性。解的稳定性条件为

$$\Delta t \leqslant \frac{1}{c\sqrt{\frac{1}{(\Delta x)^2}+\frac{1}{(\Delta y)^2}}}$$

$$(3.32)$$

式中：$c$ 为光速；$\Delta x$、$\Delta y$ 分别为 $x$ 方向和 $y$ 方向的空间步长；$\Delta t$ 为时间步长。

利用 FDTD 法对麦克斯韦方程组进行计算将引起波的色散，这种色散会导致非物理因素引起的脉冲波畸变。为减小色散的影响，空间离散间隔需要满足以下条件：

$$\Delta l \leqslant \frac{\lambda}{10}$$

$$(3.33)$$

式中：$\Delta l$ 为网格步长；$\lambda$ 为介质的波长。

## 3.2.2　瞬变电磁正演

时间域的麦克斯韦方程组见式（2.37）。

在各向同性的三维均匀介质中，忽略位移电流，电磁场满足：

$$\begin{cases} \nabla\times\boldsymbol{E} = -\mu_0\dfrac{\partial\boldsymbol{H}}{\partial t} \\ \nabla\times\boldsymbol{H} = \sigma\boldsymbol{E}+\boldsymbol{J}_S \\ \nabla\cdot\boldsymbol{E} = 0 \\ \nabla\cdot\boldsymbol{H} = 0 \end{cases}$$

$$(3.34)$$

式中：$\boldsymbol{E}$ 为电场强度；$\boldsymbol{H}$ 为磁场强度；$\mu_0$ 为真空中的磁导率；$\boldsymbol{J}_S$ 为传导电流密度。

对式（3.34）第一式两边取旋度得

$$\nabla \times \nabla \times \boldsymbol{E} = -\mu_0 \frac{\partial \nabla \times \boldsymbol{H}}{\partial t} \tag{3.35}$$

将式（3.34）第二式代入式（3.35）中得

$$\nabla \times \nabla \times \boldsymbol{E} + \mu_0 \sigma \frac{\partial \boldsymbol{E}}{\partial t} = -\mu_0 \frac{\partial \boldsymbol{J}_{\mathrm{s}}}{\partial t} \tag{3.36}$$

在两种介质的分界面，电磁场满足以下边界条件：

$$\begin{cases} \boldsymbol{n} \times (\boldsymbol{E}_1 - \boldsymbol{E}_2) = \boldsymbol{0} \\ \boldsymbol{n} \cdot (\boldsymbol{D}_1 - \boldsymbol{D}_2) = 0 \\ \boldsymbol{n} \times (\boldsymbol{H}_1 - \boldsymbol{H}_2) = \boldsymbol{0} \\ \boldsymbol{n} \cdot (\boldsymbol{B}_1 - \boldsymbol{B}_2) = 0 \end{cases} \tag{3.37}$$

式中：$\boldsymbol{E}_1$、$\boldsymbol{E}_2$、$\boldsymbol{D}_1$、$\boldsymbol{D}_2$、$\boldsymbol{H}_1$、$\boldsymbol{H}_2$、$\boldsymbol{B}_1$、$\boldsymbol{B}_2$ 分别为 1、2 两种介质的电场强度、电位移矢量、磁场强度和磁感应强度；$\boldsymbol{n}$ 为分界面的法向量。

在无穷远边界，电磁场满足狄利克雷边界条件，即

$$\begin{cases} \nabla \times \boldsymbol{E}\big|_{\varGamma} = \boldsymbol{0} \\ \nabla \times \boldsymbol{H}\big|_{\varGamma} = \boldsymbol{0} \end{cases} \tag{3.38}$$

式中：$\varGamma$ 为边界。

采用六面体对异常体和地下介质进行网格剖分，每个六面体单元内的二次电场近似解为

$$\boldsymbol{E}^{\mathrm{e}} = \sum_{j=1}^{12} N_j^{\mathrm{e}} \boldsymbol{E}_j^{\mathrm{e}} \tag{3.39}$$

式中：$N_j^{\mathrm{e}}$ 为单元形函数；$\boldsymbol{E}_j^{\mathrm{e}}$ 为棱边上的二次电场值。

将式（3.39）代入式（3.36）中得到

$$\nabla \times \nabla \times \boldsymbol{E}^{\mathrm{e}} + \mu_0 \sigma \frac{\partial \boldsymbol{E}^{\mathrm{e}}}{\partial t} = -\mu_0 \frac{\partial \boldsymbol{J}_{\mathrm{s}}}{\partial t} \tag{3.40}$$

单元内的余量为

$$\boldsymbol{R}^{\mathrm{e}} = \nabla \times \nabla \times \boldsymbol{E}^{\mathrm{e}} + \mu_0 \sigma \frac{\partial \boldsymbol{E}^{\mathrm{e}}}{\partial t} + \mu_0 \frac{\partial \boldsymbol{J}_{\mathrm{s}}}{\partial t} \tag{3.41}$$

利用伽辽金法，令单元内的余量加权为 0，得

$$\int_V \boldsymbol{N}^{\mathrm{e}} \boldsymbol{R}^{\mathrm{e}} \mathrm{d}V = 0 \tag{3.42}$$

式中：$V$ 为体积。

将式（3.41）代入式（3.42）中，可以得

$$\int_V \left[ (\nabla \times \boldsymbol{N}^{\mathrm{e}}) \cdot (\nabla \times \boldsymbol{E}^{\mathrm{e}}) + \sigma \mu_0 \boldsymbol{N}^{\mathrm{e}} \cdot \frac{\partial \boldsymbol{E}^{\mathrm{e}}}{\partial t} + \mu_0 \boldsymbol{N}^{\mathrm{e}} \cdot \frac{\partial \boldsymbol{J}_{\mathrm{s}}}{\partial t} \right] \mathrm{d}V = 0 \tag{3.43}$$

对一个单元内的 12 个形函数全部进行计算，在每个单元内

$$\boldsymbol{K}^{\mathrm{e}} \boldsymbol{E}^{\mathrm{e}} = \boldsymbol{S}^{\mathrm{e}} \tag{3.44}$$

式中：$\boldsymbol{K}^{\mathrm{e}}$ 为 $12 \times 12$ 的单元矩阵；$\boldsymbol{E}^{\mathrm{e}}$ 为 12 维列向量；$\boldsymbol{S}^{\mathrm{e}}$ 为与电流有关的向量。

对所有单元进行合成，得

$$\boldsymbol{KE} = \boldsymbol{S} \tag{3.45}$$

式中：$K$ 为稀疏矩阵；$S$ 为与电流有关的向量。

将二次电场 $E$ 分为异常体内部的二次电场 $E^i$ 和边界二次电场 $E^b$，得

$$\begin{pmatrix} K_{ii} & K_{il} \\ K_{li} & K_{ll} \end{pmatrix} \begin{pmatrix} E^i \\ E^b \end{pmatrix} = \begin{pmatrix} S^i \\ 0 \end{pmatrix} \tag{3.46}$$

式中：$S^i$ 为二次电场与电流有关的向量；$K_{ii}$ 为对权矢量和场矢量采用内部棱边形函数得到的刚度矩阵；$K_{il}$ 为对权矢量采用内部棱边形函数，对场矢量采用边界棱边形函数得到的刚度矩阵；$K_{li}$ 和 $K_{ll}$ 类同。

总场积分方程为

$$[K_{ii} + K_{il}(G_{E2\sigma} - G_{E1\sigma})]E = K_{ii}J_S \tag{3.47}$$

式中：$G_{E1\sigma}$ 和 $G_{E2\sigma}$ 分别为一次电场和二次电场的格林函数。

求得一次电场强度后，根据式（3.48）可以求出二次磁场强度。

$$H(r) = H_i(r) + \int_V G_{H2} \cdot \sigma \cdot E(r') \, \mathrm{d}r' \tag{3.48}$$

式中：$H_i(r)$ 为一次磁场强度；$G_{H2}$ 为二次磁场的格林函数。

## 3.3　隧道空间瑞利波频散曲线反演

### 3.3.1　贝叶斯定理

假定 $d$ 表示由实测数据提取的瑞利波频散曲线数据，$m$ 为模型参数，则对于任意的实测数据 $d$ 和模型参数 $m$ 满足如下贝叶斯关系[9]：

$$p(m \mid d) = \frac{p(d \mid m)p(m)}{p(d)} \tag{3.49}$$

其中，$p(m \mid d)$ 表示在已知实测瑞利波频散曲线数据 $d$ 时，所确定的模型参数 $m$ 的函数，称为后验概率密度函数（probability density function，PDF）。同理，$p(d \mid m)$ 表示在给定模型参数 $m$ 时，所得的实测数据 $d$ 的 PDF，$p(m)$ 称为模型参数 $m$ 的先验 PDF。$p(d)$ 是实测数据 $d$ 的先验 PDF，因为 $d$ 是已知的，所以该项往往看作常数，此时式（3.49）可以写为

$$p(m \mid d) \propto p(d \mid m)p(m) \tag{3.50}$$

$p(d \mid m)$ 与似然函数 $L(m)$ 是对等的，$L(m) \propto p(d \mid m)$，因此式（3.50）可进一步写为

$$p(m \mid d) \propto L(m)p(m) \tag{3.51}$$

式中：$L(m)$ 为似然函数，而 $L(m) \propto \exp[E(m)]$，$E(m)$ 为目标函数。广义目标函数是包含了数据误差和先验信息的，即

$$\phi(m) = E(m) - \ln p(m) \tag{3.52}$$

联立式（3.49）～式（3.52），并将向量 $m$ 的 PDF 归一化得

$$p(m \mid d) = \frac{\exp[-\phi(m)]}{\int_M \exp[-\phi(m)]\mathrm{d}m} \tag{3.53}$$

式中：$M$ 为模型的积分域，后验 PDF 式（3.53）即所求问题的解。为对反演所得横波速度和厚度的不确定性进行评价，可求解以下参数。

最大似然解和均值可以作为参数估计的两个特征量，

$$\hat{m} = \text{Arg}_{\max}\{p(m|d)\} = \text{Arg}_{\min}\{\phi(m)\} \tag{3.54}$$

$$\bar{m} = \int m' p(m'|d) dm' \tag{3.55}$$

协方差能够对参数的不确定性进行评价，

$$C_m = \int (m'-\bar{m})(m'-\bar{m})^{\text{T}} p(m'|d) dm' \tag{3.56}$$

一维和二维边缘分布可以表示为

$$p(m_i|d) = \int \delta(m_i'-m_i) p(m'|d) dm' \tag{3.57}$$

$$p(m_i, m_j|d) = \int \delta(m_i'-m_i) \delta(m_j'-m_j) p(m'|d) dm' \tag{3.58}$$

式中：$\delta$ 为狄利克雷函数。

一维边缘分布是对反演结果不确定度的评价，二维边缘分布可以刻画参数间的相互关系。

参数间的相互关系也可以通过相关系数矩阵来定量描述：

$$R_{ij} = C_{m_{ij}} / (C_{m_{ii}} C_{m_{jj}})^{1/2} \tag{3.59}$$

相关系数的取值范围为-1～1，$R_{ij}$=-1 时，表示两参数负相关；$R_{ij}$=0 时，表示两参数不相关；$R_{ij}$=1 时表示两参数完全相关。

## 3.3.2　模型选择

在瑞利波频散曲线反演过程中地质模型是未知的，虽然可以根据地质资料和频散数据建立模型，但由此确定的模型未必是最佳模型，贝叶斯信息化准则（Bayesian information criterion，BIC）是一种确定最佳参数化模型的方法。BIC 也称为 Schwazr 信息准则，该方法是一种渐进估计法，是从多维变量的正态先验分布中得到[10]：

$$-2\ln p(d|I) \approx \text{BIC} = -2\ln L(\hat{m}|I) + M\ln N \tag{3.60}$$

式中：$I$ 为单位矩阵；$M$ 为待反演的模型个数；$N$ 为数据 $d$ 的参数个数。

用目标函数 $E(\hat{m})$ 代替式（3.60）中的 $L(\hat{m}|I)$ 可得

$$\text{BIC} = 2E(\hat{m}) + M\ln N \tag{3.61}$$

由式（3.61）可知，BIC 参数化依赖于误差函数、数据参数个数与模型个数。具有最小误差函数的 BIC 模型不一定是最佳模型，还与模型个数和数据参数个数有关，这样就可以避免过参数化。

反演所用目标函数为[9]

$$E(m) = \sum_{k=1}^{K} N_k \ln \sum_{i=1}^{N_k} [d_i - d_i(m)]^2 / 2 \tag{3.62}$$

其中，$K$ 代表误差分布不同的组数，如本次反演采用 3 个模式的瑞利波，那么 $K$=3，每个模式的数据参数个数是不一样的，为 $N_k$，$d_i$ 为观测数据，$d_i(m)$ 为模型数据。

### 3.3.3　非线性数值积分方法

梅特罗波利斯−黑斯廷斯抽样（Metropolis-Hastings sampling，MHS）法是一种无偏采样方法，在 MHS 法中，有一个接受函数，按照 Metropolis 准则接受扰动模型的公式为

$$\xi \leqslant e^{-\Delta\phi/T} \tag{3.63}$$

式中：$\xi$ 为[0, 1]内的随机数；$\Delta\phi$ 为能量函数；$T$ 为温度，一般情况下取 $T=1$。但是有些模型参数间可能存在较强的非线性关系，这时在对模型采样过程中可能出现采样不完全的现象。为保证采样完全，可增加采样温度。

为了提高 MHS 法的采样效率，采用建议分布，即对模型进行旋转，由物理空间旋转到主元素空间，而这个过程的实现利用下面的模型协方差公式[11]。

$$C_m = (J^T C_d^{-1} J + C_{m_0}^{-1})^{-1} \tag{3.64}$$

$$\tilde{m} = U^T m, \quad m = Um \tag{3.65}$$

$$C_m = UWU^T \tag{3.66}$$

式中：$J$ 为雅可比矩阵；$C_d$ 为数据协方差矩阵；$C_{m_0}$ 为对角矩阵，对角线元素为 $(m_i^+ - m_i^-)^2/12$，$m_i^+$ 为待反演参数搜索的上限，$m_i^-$ 为待反演参数搜索的下限；$m$ 为原始模型；$\tilde{m}$ 为旋转后的模型；$U$ 为协方差矩阵 $C_m$ 的列特征向量；$W$ 为协方差矩阵 $C_m$ 的特征值矩阵。

### 3.3.4　粒子群优化算法

粒子群优化（particle swarm optimization，PSO）算法是由 Eberhart 和 Kennedy[12]、Kennedy 和 Eberhart[13]研究发明的进化计算技术。进化策略为：①随机初始化种群；②通过更新迭代来寻求最优解；③根据前一次迭代种群进行种群进化。在 PSO 算法中问题的潜在解称为粒子，是在解空间不断变化的。PSO 算法的更新迭代和进化通过式（3.67）、式（3.68）完成。

$$v_{i,j}^{(k+1)} = v_{i,j}^{(k)} + c_1 r_1[\text{pbest}_{i,j}^{(k)} - x_{i,j}^{(k)}] + c_2 r_2[\text{gbest}_j^{(k)} - x_{i,j}^{(k)}] \tag{3.67}$$

$$x_{i,j}^{(k+1)} = x_{i,j}^{(k)} + v_{i,j}^{(k+1)} \tag{3.68}$$

式中：$k$ 为迭代次数；$\text{pbest}_{i,j}$ 为第 $i$ 个粒子第 $j$ 层模型的最好位置；$\text{gbest}_j$ 为群体中所有粒子第 $j$ 层模型的最好位置；$v_{i,j}$ 为第 $i$ 个粒子第 $j$ 层模型的速度；$x_{i,j}$ 为第 $i$ 个粒子第 $j$ 层模型的位置；$c_1$、$c_2$ 为控制因子，一般 $c_1 + c_2 \geqslant 4$，本节取 $c_1$、$c_2$ 的值都为 2.0；$r_1$、$r_2$ 为 0~1 内的随机数。

针对线性惯性权后期搜索能力不足及随机初始解寻优效率低等问题，提出将阻尼惯性权[14]和混沌优化[15]同时用于改进 PSO 算法。阻尼惯性权可以提高粒子的全局和局部搜索能力，防止粒子在迭代后期陷入局部最优。混沌优化既可以保证种群有较好的初始解，又能保证粒子在每次循环求得的全局最优解附近有较广的搜索范围。两种改进方法已在相关文献中进行论证，具体实现方法可参见相关文献。

# 3.4　隧道空间地震波线性反演成像方法

隧道地震数据成像是地震反射波超前探测的关键技术和技术难点，是实现高精度、高分辨率预报的重要技术保障。然而，当前隧道反射波超前探测的成像处理技术相对简单，致使预报精度不高，甚至出现预报错误。在隧道狭小的空间场地条件下，地震采集观测系统的布置方式受到限制，且隧道中不良地质目标体的分布大多与测线方向大角度相交，导致超前探测采集到的有价值的地震数据非常有限，如何利用有限的数据达到高精度成像的目的对隧道地震成像技术提出了挑战。此外，目前隧道地震成像技术对于距离掌子面较远的前方构造的成像能力较弱，如何提高长、大距离构造的成像效果也是隧道地震成像的关键问题。为了保证施工安全，急需深入研究隧道超前地震探测的高精度成像方法。

在反演理论框架下实现地震数据的成像被认为是一种精度更高的成像方法，其综合考虑了地震波的运动学和动力学特征，力求实现岩性成像。近年来，地震反演成像方法在油气勘探领域得到了大力发展，可以相信，将反演成像方法引入隧道地震数据处理中，也将是实现隧道空间岩体高精度成像的有效手段，将对提高地震类超前探测方法的精度和可靠性，保障施工安全，推动超前地质预报方法的发展具有重要理论意义和实际应用价值。

## 3.4.1　线性化反射波方程

隧道地震数据全波场包括反射波、折射波、散射波等所有波现象。假定速度模型可以表示为背景速度 $c(\boldsymbol{x})$ 和扰动速度 $\alpha(\boldsymbol{x})$：

$$\frac{1}{v^2(\boldsymbol{x})} = \frac{1}{c^2(\boldsymbol{x})}[1+\alpha(\boldsymbol{x})] \tag{3.69}$$

相应地，全波场也可以表示为背景波场 $P_0(\boldsymbol{x}_s,\boldsymbol{x},t)$ 和散射波场 $P_\xi(\boldsymbol{x}_s,\boldsymbol{x},t)$：

$$P(\boldsymbol{x}_s,\boldsymbol{x},t) = P_0(\boldsymbol{x}_s,\boldsymbol{x},t) + P_\xi(\boldsymbol{x}_s,\boldsymbol{x},t) \tag{3.70}$$

式中：$\boldsymbol{x}$ 为空间位置；$\boldsymbol{x}_s$ 为震源位置。

把式（3.69）和式（3.70）代入声波方程，得到在地下介质速度小扰动的条件下，散射波的传播方程：

$$\left[\nabla^2 - \frac{1}{v(\boldsymbol{x})^2}\frac{\partial^2}{\partial t^2}\right]P_\xi(\boldsymbol{x}_s,\boldsymbol{x},t) = \frac{\alpha(\boldsymbol{x})}{c^2(\boldsymbol{x})}\frac{\partial}{\partial t^2}P(\boldsymbol{x}_s,\boldsymbol{x},t) \tag{3.71}$$

式（3.71）右端项为散射波场的激发源项，它是由入射波场与速度不均匀相互作用及散射波场与速度不均匀相互作用共同产生的。因此，式（3.71）描述的散射波场 $P_\xi(\boldsymbol{x}_s,\boldsymbol{x},t)$ 与 $\alpha(\boldsymbol{x})$ 是非线性关系。如果有 $P_\xi(\boldsymbol{x}_s,\boldsymbol{x},t) \ll P_0(\boldsymbol{x}_s,\boldsymbol{x},t)$，则在散射波场源项中仅考虑入射波场与速度不均匀的相互作用而不考虑散射波场与速度不均匀的相互作用，这就是玻恩近似。采用玻恩近似方法对非线性问题进行逐步线性化处理是地球物理中常用的处理方法。因此，式（3.71）可写为

$$\left[\nabla^2 - \frac{1}{v(\boldsymbol{x})^2}\frac{\partial^2}{\partial t^2}\right] P_\xi(\boldsymbol{x}_s, \boldsymbol{x}, t) = \frac{\alpha(\boldsymbol{x})}{c^2(\boldsymbol{x})}\frac{\partial}{\partial t^2} P_0(\boldsymbol{x}_s, \boldsymbol{x}, t) \tag{3.72}$$

式（3.72）所描述的散射波场 $P_\xi(\boldsymbol{x}_s, \boldsymbol{x}, t)$ 不仅与入射波场 $P_0(\boldsymbol{x}_s, \boldsymbol{x}, t)$ 呈线性关系，与扰动速度 $\alpha(\boldsymbol{x})$ 也呈线性关系。把式（3.72）称为一次散射波正向传播的线性方程，用频率域的格林函数可以表示为

$$d_s(\boldsymbol{x}_g, \boldsymbol{x}_s, \omega) = f(\omega)\int_{V(\boldsymbol{x})} \frac{-\omega^2}{c^2(\boldsymbol{x})}\alpha(\boldsymbol{x})\widehat{G}(\boldsymbol{x}, \boldsymbol{x}_s, \omega)\widehat{G}(\boldsymbol{x}, \boldsymbol{x}_g, \omega)\,\mathrm{d}\boldsymbol{x} \tag{3.73}$$

式中：$\boldsymbol{x}_g$ 为检波点位置；$\omega$ 为角频率；$f(\omega)$ 为频率域震源函数；$V(\boldsymbol{x})$ 为速度模型的速度值；$d_s$ 为一次散射波信号；$\widehat{G}(\boldsymbol{x}, \boldsymbol{x}_s, \omega)$ 为频率域从震源位置 $\boldsymbol{x}_s$ 到目标体位置 $\boldsymbol{x}$ 的格林函数；$\widehat{G}(\boldsymbol{x}, \boldsymbol{x}_g, \omega)$ 采用了互换原理，为频率域从目标体位置 $\boldsymbol{x}$ 到检波点位置 $\boldsymbol{x}_g$ 的格林函数。

相对于散射波信号，在隧道反射地震勘探中更常见的是由掌子面前方力学反射界面的作用产生的反射波信号。在地震波场方法理论研究中，高频近似方法得到了广泛应用。高频近似是指在地震波的波长相对于速度不均匀性的变化尺度很小的情况下，可对地震波传播的波现象进行近似，即在高频近似条件下，可用几何光学理论近似波动理论，速度不均匀体产生的散射就退化为速度分界面产生的反射和折射。在高频近似条件下，地震波的波长尺度较短，那么在局部范围内，扰动速度 $\alpha(\boldsymbol{x})$ 的空间变化可以视为缓慢变化甚至是常数。在空间上相对于地震波波长具有一定延续度的产生散射波场的速度扰动体近似为反射界面，相应的背向散射波场就退化为反射波场。

基于上述认识，把扰动速度 $\alpha(\boldsymbol{x})$ 沿入射波传播方向 $\boldsymbol{n}$ 的空间导数定义为反射率函数[16]，即

$$m(\boldsymbol{x}) = \frac{\partial}{\partial \boldsymbol{n}}\alpha(\boldsymbol{x}) \tag{3.74}$$

式中：$m(\boldsymbol{x})$ 为沿着速度分界面分布的反射率函数，不同于无量纲的反射系数，它具有长度倒数的量纲。式（3.74）在波数域表示为

$$m(k) = \mathrm{i}k\alpha(k) \tag{3.75}$$

式中：$\mathrm{i}k$ 为 $\frac{\partial}{\partial \boldsymbol{n}}$ 的波数域形式，$k$ 为入射波传播方向 $\boldsymbol{n}$ 的波数。在高频近似下，地下的速度模型在局部范围可近似为常数，那么波数 $k$ 可近似表示为 $k = \dfrac{\omega}{c(\boldsymbol{x})}$，因此在局部空间内将式（3.75）傅里叶反变换到频率-空间域，由此得到在整个模型空间内的反射率函数：

$$m(\boldsymbol{x}) = \frac{\mathrm{i}\omega}{c(\boldsymbol{x})}\alpha(\boldsymbol{x}) \tag{3.76}$$

以上是在高频近似下，从地震波传播的物理过程出发定义的反射率的表达式，而 Bleistein 等[17]、Stolt 和 Weglein[18]也分别从数学计算的角度推导得到了类似的反射率函数定义式。

结合式（3.76）和式（3.73），可将线性化的散射波传播方程式（3.73）退化为由反

射界面的反射率引起的反射波传播方程：

$$d_r(\boldsymbol{x}_g, \boldsymbol{x}_s, \omega) = f(\omega) \int_{s_0(x)} \frac{\mathrm{i}\omega}{c(\boldsymbol{x})} m(\boldsymbol{x}) \widehat{G}(\boldsymbol{x}, \boldsymbol{x}_s, \omega) \widehat{G}(\boldsymbol{x}, \boldsymbol{x}_g, \omega) \mathrm{d}\boldsymbol{x} \tag{3.77}$$

式中：$d_r$ 为一次反射波信号。反射率强度是分布在界面 $s_0$ 上的，从而得到用频率域格林函数表示的线性化正演核函数 $L_1$：

$$L_1 = \frac{\mathrm{i}\omega}{c(\boldsymbol{x})} f(\omega) \widehat{G}(\boldsymbol{x}, \boldsymbol{x}_s, \omega) \widehat{G}(\boldsymbol{x}, \boldsymbol{x}_g, \omega) \tag{3.78}$$

基于该正演核函数，一次反射波线性正演模拟过程可表示为

$$d_r = L_1 m \tag{3.79}$$

这就是线性化的正问题，$L_1$ 为与采集形式、震源子波和背景速度模型等参数有关的线性化波场模拟算子。对于 $m$，可将偏移结果作为地下反射率的估计，通过对偏移成像结果进行线性化正演模拟来得到地面反射地震记录的过程。

## 3.4.2　反射波偏移成像

偏移成像由地面的观测数据获得地下目标区域反射点位置的成像结果。这是一个反演问题，常规偏移方法采用正演的伴随算子代替其逆算子，以降低反演解的难度，使得求解过程更稳定，可表示为

$$I = L_1^T d \tag{3.80}$$

式中：$T$ 为伴随算子；$I$ 为成像结果，用频率域格林函数的形式可以表示为

$$I(\boldsymbol{x}') = \sum_\omega \sum_{\boldsymbol{x}_s} f(\omega) \widehat{G}(\boldsymbol{x}', \boldsymbol{x}_s, \omega) \sum_{\boldsymbol{x}_g} d^*(\boldsymbol{x}_g, \boldsymbol{x}_s, \omega) \frac{\mathrm{i}\omega}{c(\boldsymbol{x})} \widehat{G}(\boldsymbol{x}', \boldsymbol{x}_g, \omega) \tag{3.81}$$

其中：$\boldsymbol{x}'$ 为成像点位置；$d(\boldsymbol{x}_g, \boldsymbol{x}_s, \omega)$ 为地面观测地震记录，$*$ 表示共轭运算，将格林函数的伴随运算转为对地震数据做共轭运算，因此偏移中的伴随传播实际上只是对反传波场 $d$ 的重构采用伴随重构的方式，将观测数据进行反向延拓，再利用成像条件进行成像以获得掌子面前方的构造情况。

由此可见，地震数据偏移成像技术关键的两步是震源波场与检波点波场的外推传播和利用成像公式得到偏移成像结果。其中，震源方向的正传波场与检波点方向的反传波场的精度能直接影响偏移结果的质量，为此构建高精度的正传波场与反传波场是偏移成像的关键步骤。

震源波场的正向传播为震源激发的地震波沿时间正方向或深度正方向传播，而检波点波场的反向传播是由检波点处接收到的地震记录沿时间反方向或深度反方向外推传播。因此，检波点波场的反向传播可以表示为

$$\begin{cases} \left[ \nabla^2 - \frac{1}{v(\boldsymbol{x})^2} \frac{\partial^2}{\partial t^2} \right] P_g(\boldsymbol{x}_g, \boldsymbol{x}, t) = 0 \\ P_g(\boldsymbol{x}_g, \boldsymbol{x}_s, t)|_{z=0} = (\boldsymbol{x}_s, \boldsymbol{x}_g, t) \end{cases} \tag{3.82}$$

式中：$P_g(\boldsymbol{x}_g, \boldsymbol{x}, t)$ 为检波点方向的反传波场。观测波场反向传播表达式式（3.82）描述了

由边界上的波场值重构和恢复的地下波场信息。逆时偏移中，通常对震源波场与单个检波点波场采用相同的波场传播方式，在频率域可以分别表示为

$$\widehat{P}_s(\boldsymbol{x},\boldsymbol{x}_s,\omega)=\widehat{G}(\boldsymbol{x},\boldsymbol{x}_s,\omega)\cdot f(\omega) \tag{3.83}$$

$$\widehat{P}_g(\boldsymbol{x},\boldsymbol{x}_g,\omega)=\widehat{G}(\boldsymbol{x},\boldsymbol{x}_g,\omega)\cdot d^*(\boldsymbol{x}_g,\boldsymbol{x}_s,\omega) \tag{3.84}$$

式中：$\widehat{P}_s(\boldsymbol{x},\boldsymbol{x}_s,\omega)$ 为频率域的正传波场；$\widehat{P}_g(\boldsymbol{x},\boldsymbol{x}_g,\omega)$ 为频率域某一检波点的反传波场。由式（3.82）可知，检波点波场的反向传播是在已知观测点处边界波场值的条件下，利用数学的方法重构或恢复地下原来的波场值，这不是一个真实的物理过程。因此，在全波方程的逆时偏移中，若直接将边界处的波场值作为一个源项来外推传播，从而获得地下的波场值，会使得外推波场存在一定的误差。

为了将正传波场与反传波场统一为相同的传播方式，可对震源波场或检波点波场的定解问题进行修改。Kirchhoff 积分方程能在数学上精确地描述半无限空间内波场的传播过程，因此可用 Kirchhoff 积分方程来表示检波点波场的传播[19]。在各向同性介质中，检波点处的地震记录沿时间或深度反方向向地下传播，检波点波场的传播可用 Kirchhoff 积分表示为

$$\widehat{P}'_g(\boldsymbol{x},\boldsymbol{x}_g,\omega)=\oint_s\left[\widehat{G}(\boldsymbol{x},\boldsymbol{x}_g,\omega)\cdot\frac{\partial d^*(\boldsymbol{x}_g,\boldsymbol{x}_s,\omega)}{\partial \boldsymbol{n}'}-\frac{\partial\widehat{G}(\boldsymbol{x},\boldsymbol{x}_g,\omega)}{\partial \boldsymbol{n}'}\cdot d^*(\boldsymbol{x}_g,\boldsymbol{x}_s,\omega)\right]\mathrm{d}s \tag{3.85}$$

式中：$\widehat{P}'_g(\boldsymbol{x},\boldsymbol{x}_g,\omega)$ 为反传波场；$\boldsymbol{n}'$ 为界面的外法线方向；$\dfrac{\partial\widehat{G}(\boldsymbol{x},\boldsymbol{x}_g,\omega)}{\partial\boldsymbol{n}'}$ 为格林函数沿外法线方向的导数；$\dfrac{\partial d^*(\boldsymbol{x}_g,\boldsymbol{x}_s,\omega)}{\partial\boldsymbol{n}'}$ 为地震数据沿外法线方向的导数。式（3.85）表明，如图 3.6 所示，已知一个边界面上的波场值及波场的法向分量，就可以精确求得该球面内任意一点 x 的波场值。如果积分表面是一个平界面，即在图 3.6 中已知平面 $s_1$ 上的值，求无限大空间的半球面 $s_2$ 内任意一点的波场值，则 Kirchhoff 积分方程式（3.85）可以简化为

$$\widehat{P}'_g(\boldsymbol{x},\boldsymbol{x}_g,\omega)=-2\oint_s\frac{\partial\widehat{G}(\boldsymbol{x},\boldsymbol{x}_g,\omega)}{\partial\boldsymbol{n}'}\cdot d^*(\boldsymbol{x}_g,\boldsymbol{x}_s,\omega)\mathrm{d}s_1 \tag{3.86}$$

其中，$s_1$ 是 $z=0$ 的平面，这就是 Rayleigh-II 积分表达式[19]。由式（3.86）可见，由边界上的观测波场求地下半无限空间的波场值可以通过 Rayleigh-II 积分表示为一个偶极分布源产生的波场，这样就将检波点方向的反向波场看作一个初值问题来处理，由地表面处的波场值和格林函数的法向导数值，得到地下半无限空间的波场值。

在地震勘探中，通常深度方向 z 被认为是主要的传播方向，因此法向方向可以用深度 z 的反方向来代替，因此有

$$\widehat{P}'_g(\boldsymbol{x},\boldsymbol{x}_g,\omega)=2\oint_s\frac{\partial}{\partial z}\widehat{G}(\boldsymbol{x},\boldsymbol{x}_g,\omega)\cdot d^*(\boldsymbol{x}_g,\boldsymbol{x}_s,\omega)\mathrm{d}s_1 \tag{3.87}$$

这样震源波场的正向传播与检波点波场的反向传播统一为相同的激发机制，将震源波场与观测记录看作初值问题来构建地下的波场值。$\dfrac{\partial}{\partial z}$ 在波数域对应于 $ik_z$（$k_z$ 为 z 方向

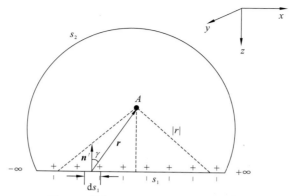

图 3.6　偶极分布源产生波场示意图[20]

封闭的曲面 $s$ 可由平界面 $s_1$ 和半球面 $s_2$ 组成，符号 "$+$" 和 "$-$" 表示偶极子，$r$ 为反射波场，$\gamma$ 为反射角

的波数），在高频近似（几何光学近似）下，$ik_z = \dfrac{\mathrm{i}\omega\cos\theta}{v(\boldsymbol{x})}$，因此式（3.86）可以表示为

$$\widehat{P}_g'(\boldsymbol{x},\boldsymbol{x}_g,\omega) = 2\oint_s \frac{\mathrm{i}\omega\cos\theta}{v_{z=0}(\boldsymbol{x})}\widehat{G}(\boldsymbol{x},\boldsymbol{x}_g,\omega)d^*(\boldsymbol{x}_g,\boldsymbol{x}_s,\omega)\mathrm{d}s_1 \qquad (3.88)$$

式中：$v_{z=0}(\boldsymbol{x})$ 为检波点所在的观测面上的速度值；$\theta$ 为传播角度。结合偏移成像公式式（3.81）、正传波场表达式式（3.83）和反传波场表达式式（3.88），由于传播角度和常系数只对成像振幅有影响，可在此处忽略其作用，将偏移成像简化表示为

$$I(\boldsymbol{x}') = \sum_\omega\sum_{\boldsymbol{x}_s}\sum_{\boldsymbol{x}_g}\widehat{P}_s(\boldsymbol{x},\boldsymbol{x}_s,\omega)\widehat{P}_g'(\boldsymbol{x},\boldsymbol{x}_g,\omega) \qquad (3.89)$$

　　这就是广泛使用的 Claerbout 互相关成像公式，通过 Rayleigh-II 积分方程修改反传波场的定解问题，把观测地震记录作为反传波场的偶极源处理，从而统一正、反传波场为源项激发的传播方式。可把这类基于因果格林函数[21]的正、反传波场的传播形式称为第一类波场传播形式，这种统一的传播形式适用于全波方程的传播。

　　从以上分析可以看出，如果直接将观测数据当作反传波场的源项来重构地下波场，那么反传重构的波场为真实反射波场的积分形式。因此，可得另外一种处理方法，就是修改震源方向正传波场的定解条件，Zhang 等[22]提出的真振幅偏移成像方法是对震源子波做时间积分运算，将得到的积分波场作为正传波场的边界条件，即

$$\begin{cases} \left[\nabla^2 - \dfrac{1}{v(\boldsymbol{x})^2}\dfrac{\partial^2}{\partial t^2}\right]P_s(\boldsymbol{x}_s,\boldsymbol{x},t) = 0 \\[2mm] P_s(\boldsymbol{x}_s,\boldsymbol{x},t)\big|_{z=0} = \dfrac{1}{2}\delta(\boldsymbol{x}_s - \boldsymbol{x})\displaystyle\int_0^t f(t')\mathrm{d}t' \end{cases} \qquad (3.90)$$

式中：$\delta$ 为震源脉冲函数；$P_s(\boldsymbol{x}_s,\boldsymbol{x},t)$ 为震源波场。

　　相应地，检波点处的反传波场仍采用式（3.82）由边界处的检波点波场反向传播获得反传波场值。其采用的统一正传波场与反传波场的方法是对震源波场做时间积分运算，将震源方向的初值问题转变成边值问题，这样就将震源子波和观测记录统一为正传波场与反传波场的边值条件。

这种处理方式一般适用于单程波方程的波场传播，由于单程波方程主要考虑深度 $z$ 方向的波场，采用格林函数的垂直梯度来传播，震源方向的震源子波与检波点方向的观测记录分别作为正传波场和反传波场的边值条件。因此，由式（3.90）和式（3.82）可以得到频率域的传播表达式，为

$$\hat{P}_s''(\boldsymbol{x},\boldsymbol{x}_s,\omega) = \frac{v(\boldsymbol{x})}{2\mathrm{i}\omega\cos\theta}\hat{G}_z(\boldsymbol{x},\boldsymbol{x}_s,\omega)\cdot f(\omega) \tag{3.91}$$

$$\hat{P}_g''(\boldsymbol{x},\boldsymbol{x}_g,\omega) = \hat{G}_z(\boldsymbol{x},\boldsymbol{x}_g,\omega)\cdot d^*(\boldsymbol{x}_g,\boldsymbol{x}_s,\omega) \tag{3.92}$$

式中：$\hat{G}_z(\boldsymbol{x},\boldsymbol{x}_s,\omega) = \dfrac{\partial \hat{G}(\boldsymbol{x},\boldsymbol{x}_s,\omega)}{\partial z}$，为震源方向格林函数沿 $z$ 轴的垂直导数；$\hat{G}_z(\boldsymbol{x},\boldsymbol{x}_g,\omega)$ 为检波点方向格林函数沿 $z$ 轴的垂直导数。$\hat{P}_s''(\boldsymbol{x},\boldsymbol{x}_s,\omega)$ 和 $\hat{P}_g''(\boldsymbol{x},\boldsymbol{x}_g,\omega)$ 分别为单程波的正传波场与反传波场，把式（3.91）、式（3.92）代入成像表达式式（3.81）中，同样忽略常系数和传播角度的影响，得到成像表达式：

$$I(\boldsymbol{x}') = \sum_{\omega}\sum_{\boldsymbol{x}_s}\sum_{\boldsymbol{x}_g}\hat{P}_s''(\boldsymbol{x},\boldsymbol{x}_s,\omega)\hat{P}_g''(\boldsymbol{x},\boldsymbol{x}_g,\omega) \tag{3.93}$$

由式（3.93）可以看到，统一正传波场与反传波场为波场传播的边值条件，再运用成像条件进行成像也能得到类似于 Claerbout 互相关成像公式的表示形式。可把这种反因果格林函数的波场传播方式称为第二类波场传播形式，这种波场传播形式通常适用于单程波方程的偏移成像。

偏移成像中，正传波场是由震源激发的正向外推波场，这是符合物理过程的波场传播，而反传波场是已知边界波场值，再利用数学手段重构和恢复地下反射波场。为此，本节归纳总结了偏移成像中两种类型的波场传播形式，通过采用不同方式修改波场传播的定解问题，将正传波场与反传波场统一到相同的激发机制下，再应用成像公式进行成像，能获得相位信息准确的成像结果。偏移成像中一般把这种成像结果称为反射率，它在一定程度上能反映地下反射系数的特性，在数值上与反射系数相关。

据此，从反射波场传播方程出发推导了反射波偏移的表达式。通过统一震源波场、检波点波场的传播方式，反射波偏移公式最后都能表示为 Claerbout 互相关成像公式，由此得到的成像结果具有准确的相位信息。但对于振幅信息的重构，由于只用伴随算子替代逆算子，而且计算过程中忽略传播角度的影响，故常规偏移成像结果的振幅不保真。为此应该在反演的理论下进行反射率的计算，下面论述最小二乘偏移成像理论来提高成像振幅保真度。

## 3.4.3　最小二乘偏移成像

3.4.2 小节讨论了地震数据的偏移成像及成像中正传波场与反传波场的传播形式，并通过定义两种类型的波场传播形式，将两个波场传播过程统一到相同的激发机制下，再应用成像公式，得到相位准确的成像结果。

然而，偏移成像中的反传波场本质上都是用正演的伴随算子代替其逆算子，这样做虽

然能使偏移成像过程稳定，但只能获得地下的构造信息，并不能获得准确的反射体振幅信息。因此，应该在反演的理论框架下研究地震成像问题，一种行之有效的方法是最小二乘偏移。最小二乘偏移是在线性反演理论的指导下，应用线性最优化方法和迭代的方式求解最小二乘偏移所对应的线性反问题，得到分辨率更高、振幅属性更可靠的成像结果。

### 1. 最小二乘偏移的基本理论

反射波方程的线性化正演模拟过程与偏移成像过程相反，故也被认为是偏移的反过程，即反偏移。反偏移是一个线性化的正演模拟过程，通常描述的是入射波场与反射界面的反射率作用产生二次源，该二次源产生反射波场并向上传播，被地面检波器接收到的反射地震数据可以表示为

$$d = f(\omega) \int_{s_0(x)} \frac{\mathrm{i}\omega}{c(\boldsymbol{x})} m(\boldsymbol{x}) \hat{G}(\boldsymbol{x}, \boldsymbol{x}_s, \omega) \hat{G}(\boldsymbol{x}, \boldsymbol{x}_g, \omega) \mathrm{d}\boldsymbol{x} = L_1 m \qquad (3.94)$$

式中：$\boldsymbol{x}$ 为地下真实反射点的位置。与该正演相对应的反演问题可以表示为

$$m = L_1^{-1} d \qquad (3.95)$$

式（3.80）中常规偏移成像的反传波场重构通过伴随算子代替其逆算子来实现，这样做避免了算子的求逆过程，提高了求解的稳定性：

$$I(\boldsymbol{x}') = L_1^T d = \sum_{\omega} \sum_{\boldsymbol{x}_s} f(\omega) \hat{G}(\boldsymbol{x}', \boldsymbol{x}_s, \omega) \sum_{\boldsymbol{x}_g} d^*(\boldsymbol{x}_g, \boldsymbol{x}_s, \omega) \frac{\mathrm{i}\omega}{c(\boldsymbol{x})} \hat{G}(\boldsymbol{x}', \boldsymbol{x}_g, \omega) \qquad (3.96)$$

式中：$\boldsymbol{x}'$ 为地下成像点的位置。常规偏移成像用伴随运算代替逆运算，来降低反演解的难度，使得求解过程更稳定。但这样会使成像精度受到一定的影响，导致成像振幅的保真性差，成像分辨率较低。偏移成像点位置 $\boldsymbol{x}'$ 不一定就是目标体的位置 $\boldsymbol{x}$。

为了提高成像精度，应该在反演的理论框架下求解地下的物性参数，为此将偏移成像看作最小二乘意义下的反演问题，通过使正演模拟数据与观测数据之间的误差函数在最小二乘意义下最小，获得地下的最优反射率模型估计，即最小化以下目标泛函：

$$J(\hat{m}) = \frac{1}{2} (d - L_1 \hat{m})^T (d - L_1 \hat{m}) \qquad (3.97)$$

式中：$\hat{m}$ 为能反映地下介质反射率信息的成像结果，也即最小二乘偏移期待得到的最优的地下物性参数模型；$d$ 为地震数据。最小二乘偏移是一种线性化的反演方法，与常规偏移成像相比，其在反演的理论框架下实现，具有理论上的优势，故成像质量高于常规偏移成像。

与全波正演模拟表达式相对应的非线性全波形反演的目标函数为

$$J(\hat{m}) = \frac{1}{2} [d - L_1(\hat{m})]^T [d - L_1(\hat{m})] \qquad (3.98)$$

全波形反演中模型参数 $\hat{m}$ 与正演模拟波场是非线性关系，在实际计算中更难以实现。因此，与非线性的全波形反演相比，最小二乘偏移是一种将非线性的反演问题进行线性化处理的线性反演方法，降低了求解的难度，较非线性的全波形反演更易于实现，最终期望获得能反映地下介质的反射率模型的成像结果，而非线性的全波形反演致力于

得到地下的速度模型。

由此可见，最小二乘偏移实质上是将非线性的反演问题线性化近似为背景速度模型 $c(x)$ 和反射率模型 $m(x)$ 的求解。一般来说，在地震偏移成像中，背景速度模型都假定为由层析、速度分析等速度建模方法得到的已知参数。然后再利用反射波信息来估计地下反射率模型，从而为油气勘探提供可靠的物性参数估计，至此也可以将最小二乘偏移看作 $c(x)+m(x)$ 模式的线性化反演方法。

与 Schuster 等[23]提出的根据散射波传播理论获得与地下介质的速度扰动模型相关的成像结果的最小二乘偏移方法不同，本节所提的最小二乘偏移方法基于反射波方程的传播理论，致力于获得与地下真实反射率模型一致的成像结果。首先构建正确的正传波场和反传波场表达式，利用反射波成像条件得到能反映地下反射率相位信息的成像结果，再建立描述线性化反射波正向传播的表达式，获得反射波传播方程，从而能较好地与观测地震数据相匹配，进而由最小二乘偏移的多次迭代运算获得地下介质的高精度成像结果。

### 2. 最小二乘偏移的地球物理含义

上面详细推导了最小二乘偏移的基本理论，下面将进一步解释最小二乘偏移在线性反演下如何实现反射率的估计，即最小二乘偏移的地球物理含义。

求取目标函数式（3.97）关于模型参数的一阶偏导数，即最小二乘偏移的梯度项：

$$g(x) = \frac{\partial J(\hat{m})}{\partial \hat{m}} = L_1^T(L_1\hat{m} - d) \tag{3.99}$$

对于地震数据偏移成像问题，$L_1$、$L_1^T$ 分别对应着地震波传播的线性化正演模拟和偏移算子。最小二乘偏移的梯度项实际上就是对模拟数据与观测数据的残差进行偏移成像的结果。因为最小二乘偏移的正演问题是一个线性问题，所以使得该目标函数的梯度为 0 的反射率，就是该线性反演问题的解。因此，令梯度项 $g(x)$ 等于 0，就可以得到该目标函数的解，为

$$\frac{\partial J(\hat{m})}{\partial \hat{m}} = L_1^T L_1\hat{m} - L_1^T d = 0 \tag{3.100}$$

由此可以得到模型 $m$ 的最小二乘解估计 $\hat{m}$：

$$\hat{m} = (L_1^T L_1)^{-1} L_1^T d \tag{3.101}$$

式中：$L_1^T d$ 为式（3.80）所表示的常规偏移成像过程。可以看到，最小二乘偏移实际上是一个广义逆运算。将 $(L_1^T L_1)^{-1} L_1^T$ 作为一个广义逆算子，期望实现对检波点方向反传波场的广义逆重构，而不是常规偏移中的伴随重构，这样在成像时能准确获得地下介质反射界面的参数信息。

$L_1^T L_1$ 称为 Hessian 矩阵。在数学上，Hessian 矩阵表示目标函数对模型参数的二阶偏导数：

$$H(\boldsymbol{x},\boldsymbol{x}') = \frac{\partial^2 J(\widehat{m})}{\partial^2 \widehat{m}} = L_1^T L_1$$

$$= \sum_\omega f(\omega) f^T(\omega) \frac{\omega^2}{v^2(\boldsymbol{x})} \sum_{\boldsymbol{x}_s} \sum_{\boldsymbol{x}_g} \widehat{G}(\boldsymbol{x},\boldsymbol{x}_s,\omega) \widehat{G}^T(\boldsymbol{x}',\boldsymbol{x}_s,\omega) \widehat{G}^T(\boldsymbol{x}',\boldsymbol{x}_g,\omega) \widehat{G}(\boldsymbol{x},\boldsymbol{x}_g,\omega) \tag{3.102}$$

式中：$H(\boldsymbol{x},\boldsymbol{x}')$ 为 Hessian 矩阵，也称为分辨率函数。由此可见，当 Hessian 矩阵不是单位矩阵时，偏移成像的结果并不是地下真实的反射率模型，常规的偏移结果相当于理论的反射率模型由 Hessian 矩阵滤波的结果。由式（3.102）可知，Hessian 矩阵包含了震源子波、炮检格林函数、炮检点的空间分布范围等观测系统信息。只有在地震数据观测系统范围无限大、地下介质为均匀介质的条件下，Hessian 矩阵才是单位矩阵，上述最小二乘偏移方法退化为常规的偏移成像方法。实际上，Hessian 矩阵通常为非单位矩阵，Hessian 项的缺失使得成像结果受观测系统、上覆复杂介质等的影响，成像分辨率低，振幅保真性差，成像结果不能很好地反映地下介质的反射率信息，即偏移成像结果是真实模型的一个模糊化版本。

至此可知，偏移成像并不是一种严格的反演运算，而是用伴随算子代替逆算子来对地震记录的反传波场进行重建。这样虽然能避免算子求逆的运算，将非正定的求逆问题转化为波场反向传播的正定问题，使得偏移成为一个稳定的过程，但受地震数据频带、观测孔径限制，复杂构造和地震波传播路径等引起的问题都集中反映在 Hessian 算子这一项中。缺少 $(L_1^T L_1)^{-1}$ 的常规偏移结果表现为成像振幅不保真，成像分辨率较低，不能得到正确反映地下反射率信息的偏移成像结果。采用本节的一次反射波方程得到的 Hessian 矩阵的表达式，不同于由散射波方程推导得到的表达式。

与常规的偏移成像方法相比，最小二乘偏移试图将检波点方向反传波场中 Hessian 矩阵的作用消除，实现反传波场的逆传播，从而进行反射波成像，得到反映真实反射率模型的成像结果。因此，最小二乘偏移的主要目的是：消除震源子波的影响，提高成像的分辨率；消除与格林函数相关的波场传播因素，包括几何扩散效应、吸收衰减效应等，提高成像振幅的保真度；消除地震观测系统的影响，减少偏移假象；校正、补偿地下的照明能量，实现振幅均衡；地下真实反射率模型估计。

## 3.4.4　最小二乘偏移的迭代求解

### 1. 最小二乘偏移的迭代算法

通常 Hessian 矩阵 $L_1^T L_1$ 不是单位矩阵且其规模巨大，在目前的计算条件下难以直接求得该算子及其逆的准确值，因此常采用迭代的方法得到最小二乘解估计，基于高斯-牛顿法求解地震反演问题的迭代格式为

$$\widehat{m}_{k+1} = \widehat{m}_k - \alpha_k (H')^{-1} \nabla J(\widehat{m}) = \widehat{m}_k - \alpha_k (H')^{-1} L_1^T (L_1 \widehat{m}_k - d) \tag{3.103}$$

式中：$\widehat{m}_k$ 为第 $k$ 次迭代结果；$\widehat{m}_{k+1}$ 为第 $k+1$ 次迭代结果；$\alpha_k$ 为第 $k$ 次迭代的步长。由于通常难以求得 Hessian 矩阵的精确值，常取 Hessian 矩阵的近似值 $H'$，则可以得到第一

次迭代过程的公式，为

$$\widehat{m}_1 = (H')^{-1} L_1^T d \qquad (3.104)$$

可以看到，最小二乘偏移的第一次迭代过程就是常规的偏移成像结果，因此通常认为偏移是最小二乘偏移的基础和第一步。Hessian 矩阵的逆作为加权因子作用到成像结果上，这就包含了对成像结果做振幅修正的意义。最小二乘偏移通过迭代来近似全 Hessian 矩阵的逆矩阵，从而实现对成像结果的振幅补偿，最小二乘偏移成像为真振幅偏移成像打开了一扇大门。

由式（3.103）可知，最小二乘偏移的解涉及目标函数对模型参数的梯度项计算和 Hessian 算子、迭代步长的求取等内容。下面给出最小二乘偏移的迭代求解实现策略。采用高斯-牛顿法求取最小二乘偏移目标函数所对应的解，此外还有共轭梯度法、牛顿法等最优化方法，这里不对其他方法进行过多的讨论。本节采用的高斯-牛顿法的主要迭代步骤如下。

**1）数据残差的求取**

$$\Delta d = L_1 \widehat{m} - d_{\text{obs}} = d_{\text{cal}} - d_{\text{obs}} \qquad (3.105)$$

式中：$d_{\text{obs}}$ 为地面观测的地震记录。数据残差是由成像结果进行线性化正演模拟得到的数据与观测地震数据之间的残差。

**2）梯度的求取**

$$g(\boldsymbol{x}) = L_1^T \Delta d \qquad (3.106)$$

梯度项的计算实际上是对数据残差做常规的偏移成像，以获取成像结果的修正量。然后根据式（3.106）求取地下介质的线性化 Hessian 矩阵的近似值。

**3）模型的迭代更新**

$$\widehat{m}_{k+1} = \widehat{m}_k - H^{-1} g_k \qquad (3.107)$$

式中：$g_k$ 为第 $k$ 次迭代的梯度项。

可通过事先设定的终止迭代次数来结束迭代，当达到迭代次数时，输出该成像结果并作为最终的成像结果；或者是事先给定应当完成的成像修正量，当第 $k+1$ 步的成像结果与第 $k$ 步的成像结果的差小于某个值时，停止迭代过程并输出成像结果。本节采用第一种方式终止迭代运算。

以上所说的最小二乘偏移实现方法适用于任何类型的波场传播算子。当格林函数采用双程波方程进行计算时，就是基于双程波方程的最小二乘逆时偏移；当对双程波方程进行单程波近似，即用单程波方程计算格林函数时，就得到了基于单程波方程的最小二乘偏移；当对双程波方程进行高频近似，即采用 Kirchhoff 积分方程求解格林函数时，得到的就是 Kirchhoff 积分方程最小二乘偏移。本节主要研究波动方程的最小二乘偏移。

## 2. 最小二乘偏移的实现流程

由最小二乘偏移的算法流程图（图 3.7）可以看到，以最小二乘为基础的保幅偏移方法本质上等价于一种已知背景速度模型的线性反演方法。首先通过波场传播算子对炮检点的波场向下延拓，利用成像公式计算地下的成像结果，估求一个初始的地下反射率模型；然后利用这个反射率模型重构地震数据，与实际地震记录进行匹配相减后，对数据残差进行成像；最后利用数据残差的偏移成像结果对初始的反射率模型进行更新。对这一过程不断迭代以后得到最优化的地下反射率估计。

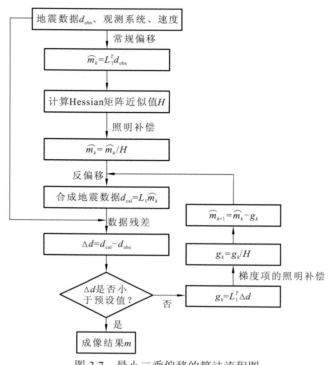

图 3.7　最小二乘偏移的算法流程图

## 3.4.5　最小二乘偏移的实现难点

3.4.3 小节和 3.4.4 小节主要介绍了最小二乘偏移的理论基础，以及最小二乘偏移的地球物理含义、迭代实现方法等内容，下面探讨最小二乘偏移在迭代实现时存在的一些困难。

（1）传播算子的精度。在最小二乘偏移中传播算子的精度能直接影响格林函数的计算精度，进而影响偏移成像精度和最小二乘反演解的精度，因此传播算子的精度在最小二乘偏移中发挥重要作用。

（2）Hessian 算子的计算。若能计算出精度较高的 Hessian 矩阵的近似值，就能减少最小二乘偏移的迭代次数，加快收敛速度，提高最终的成像质量。

（3）最优化算法的选取。不同的最优化算法具有不同的收敛速度，许多学者致力于改进最优化算法来达到加快收敛速度的目的。

（4）计算效率的问题。最小二乘偏移每次迭代都需要大约 2 倍的常规偏移的时间，而且还需要经过多次迭代运算，因此如何提高最小二乘偏移的计算效率成为一个重要的研究方向。

（5）梯度计算精度的问题。最小二乘偏移的梯度计算结果能直接影响反演的效果，如何提高由梯度计算得到的成像残差的精度也是一个重要的研究课题。

（6）速度模型的准确性。准确的速度模型能确保波场的旅行时正确，从而能将反射波归位到正确的位置上，因此速度模型的精度可以直接影响最终的成像位置能否准确反映真实的反射界面位置信息。

（7）子波的估计。在求解反偏移时需要输入震源子波信息，在正确的震源子波作用下的反偏移数据能更好地与观测地震数据相匹配。

（8）传播介质的问题。不同的地下介质，如声波介质、弹性介质、黏弹性介质等会影响格林函数的动力学特征，进而影响传播算子的计算精度。

最小二乘偏移在具体实现上还面临着很多困难，但本节不一一解答这些问题，本节是在常密度声介质的假设下，假设震源子波已知，主要探讨和研究以下几个方面的问题。

（1）传播算子的精度。

传播算子的精度是本节主要研究的一个内容。本节使用双程波方程研究最小二乘偏移，就是考虑传播算子的精度情况，来实现最小二乘偏移，能够发挥全波方程无倾角限制、全方向传播等优势。

（2）Hessian 算子的计算。

本节研究用地下的炮检点结合总照明来近似 Hessian 算子和用角度域照明来近似 Hessian 算子的方法。采用角度域照明对地下成像结果进行分角度照明补偿，能更大程度地补偿照明不足，均衡地下的能量，从而提高迭代收敛速度和成像质量。

（3）反偏移的精度。

3.4.1 小节推导了线性化一次反射波正演模拟的表达式，下面将通过试验验证该反偏移方法的精度。

（4）梯度项的质量。

梯度项的求取就是偏移成像，3.4.1～3.4.4 小节通过分析正传波场与反传波场的数学物理过程，给出了确保成像相位信息的精度更高的成像方法。下面将给出逆时偏移的具体实现策略，从而改善成像质量，提高迭代的收敛速度。

## 3.4.6　最小二乘偏移试验

设计一个简单的三层横向均匀介质模型来验证最小二乘逆时偏移方法的有效性。速度模型如图 3.8（a）所示。模型大小为 6 km×2.5 km，横、纵向的网格大小均为 10 m，观测系统为中间放炮两边接收，炮点范围是 2～4 km，共 200 炮，每一炮的检波点个数为 301，时间采样间隔是 1 ms，时间采样点数为 1 700，子波为主频为 25 Hz 的雷克子波。根据式（3.74）沿垂直方向求取反射率，得到垂直理论反射率模型，如图 3.8（b）所示，试验所用的速度模型为该准确速度模型光滑后的光滑速度模型。

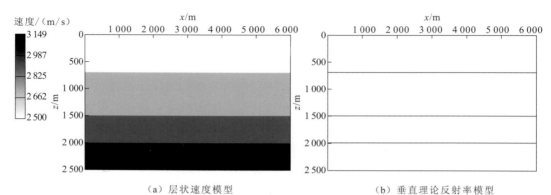

（a）层状速度模型　　　　　　　　　　　（b）垂直理论反射率模型

图 3.8　层状速度模型和垂直理论反射率模型

图 3.9 给出了常规的逆时偏移成像结果，以及最小二乘逆时偏移迭代 5 次、8 次和 16 次的结果，从该试验结果可以看出，随着迭代次数的增加，成像结果的分辨率有了明显的提高，横向、垂向振幅的均衡性也有了显著的提高，整体的成像质量有了很大的提高。最小二乘逆时偏移迭代 16 次的结果与图 3.8（b）中真实的反射率结果更为接近。

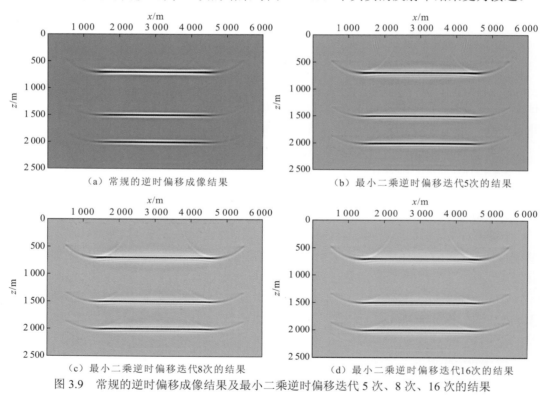

（a）常规的逆时偏移成像结果　　　　　　　（b）最小二乘逆时偏移迭代5次的结果

（c）最小二乘逆时偏移迭代8次的结果　　　　（d）最小二乘逆时偏移迭代16次的结果

图 3.9　常规的逆时偏移成像结果及最小二乘逆时偏移迭代 5 次、8 次、16 次的结果

图 3.10（a）～（c）依次对应的是由上到下三层反射面拾取的最大振幅值。可以看到，沿水平方向，逆时偏移成像表现为中间振幅能量强，两边振幅弱，而最小二乘逆时偏移有较好的振幅均衡性，沿水平方向振幅强度基本保持一致。随着迭代次数的增加，

最小二乘逆时偏移可提高成像振幅值，尤其是深层反射体的成像振幅值。对比图 3.10（a）～（c）发现，由浅到深，成像振幅值有大幅度的提升。

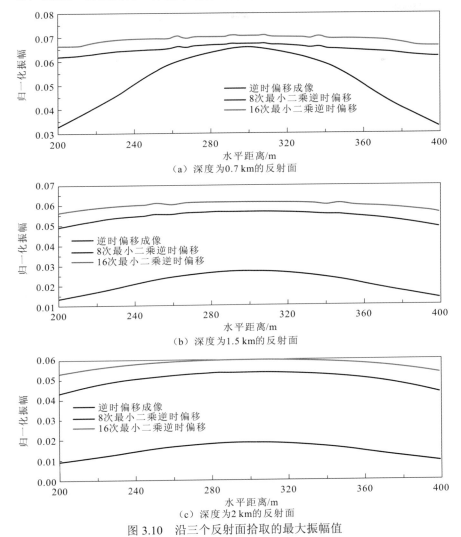

图 3.10 沿三个反射面拾取的最大振幅值

图 3.11 给出了观测地震记录、将最小二乘逆时偏移迭代 16 次的成像结果作为反射率模型的反偏移模拟数据及两者之差。可以看到，逆时反偏移地震记录在光滑的速度模型下利用保幅的最小二乘逆时偏移结果进行一次反射波正演得到的地震数据基本与观测地震数据匹配，两者的振幅值在相同的能量级上，两者的相位信息吻合得较好，因此相应的数据残差能实现同相相减，从而降低数据残差的量级。

为了仔细对比逆时反偏移记录与观测地震数据的波形相位和振幅信息，抽取图 3.11 中的零偏移距和最大偏移距单道地震记录，分别画出三个反射面上的反射波形图。如图 3.12 所示，黑线表示观测地震记录，红线表示将保幅的最小二乘逆时偏移成像结果作

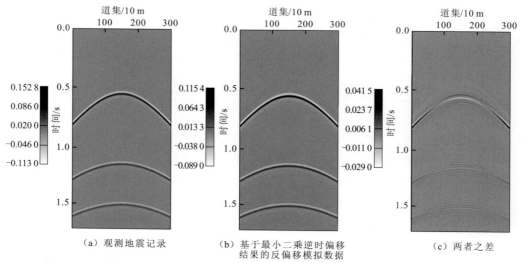

（a）观测地震记录　　　　（b）基于最小二乘逆时偏移　　　　　（c）两者之差
　　　　　　　　　　　　　　　结果的反偏移模拟数据

图 3.11　观测地震记录、基于最小二乘逆时偏移结果的反偏移模拟数据及两者之差

为反射率模型进行逆时反偏移得到的地震记录，图 3.12（a）、（b）、（c）分别表示零偏移距的第一、第二、第三个反射面的反射波形，图 3.12（d）、（e）、（f）分别表示最大偏移距的第一、第二、第三个反射面的反射波形。从波形图可以很清楚地看到，逆时反偏移方法在重建地震数据方面的有效性，基本能够保证反偏移数据的旅行时信息与观测数据一致。无论是偏移距的大小，还是反射面的深浅，逆时反偏移模拟得到的反射波相位基本与观测地震数据吻合。地震数据振幅信息的重构则依赖于地下反射率模型的精度，最

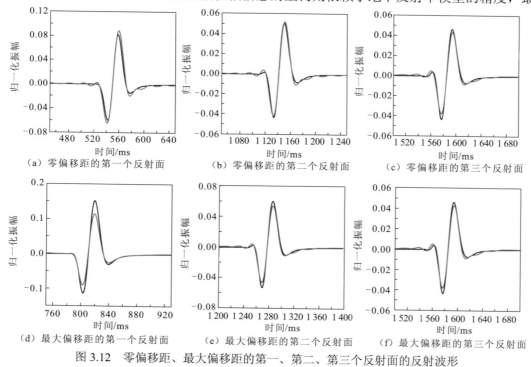

（a）零偏移距的第一个反射面　　（b）零偏移距的第二个反射面　　（c）零偏移距的第三个反射面

（d）最大偏移距的第一个反射面　（e）最大偏移距的第二个反射面　（f）最大偏移距的第三个反射面

图 3.12　零偏移距、最大偏移距的第一、第二、第三个反射面的反射波形

小二乘逆时偏移得到的成像结果与真实的反射率模型较为接近，可以认为是地下各个角度反射率的综合体现。但一般来说，小角度的入射波场对成像结果的贡献大，大角度的入射波场贡献较小，因此偏移成像结果中小角度的反射率值相对于大角度的反射率值更加准确。因此，大角度的反射波场的模拟精度要略低于小角度的反射波场的模拟精度，这也可以从数据残差图图 3.11（c）和波形图图 3.12（d）中看出，浅层大偏移距、大角度处的一次反射波的振幅与观测记录有一定的差异，表现为反偏移模拟的反射波能量稍弱于观测记录的能量，对于深层或浅层小角度的逆时反偏移地震数据，基本能准确模拟观测数据的振幅信息。总体上，逆时反偏移数据与观测数据匹配得较好。

　　图 3.13 给出了最小二乘逆时偏移迭代的收敛曲线，从中可以看出，最小二乘逆时偏移迭代过程中，在迭代开始时，数据残差下降得较快。然后迭代收敛，趋于平缓，在迭代 15 次左右，数据残差已收敛到原来的 15%左右。随着迭代次数的增加，数据残差还会进一步下降，但难以到达 0，这是因为线性化反偏移数据与观测地震数据的产生机理不同，反偏移数据为一次反射波数据，而由全波模拟得到的观测数据中还含有多次波等复杂波场，所以两者不可能达到完全一样。从数据残差的收敛曲线也可以看出最小二乘逆时偏移方法在拟合模拟数据和观测数据方面的有效性。

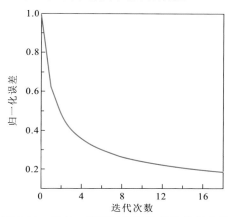

图 3.13　最小二乘逆时偏移迭代的收敛曲线

　　通过这一简单层状模型的试验，可以验证最小二乘逆时偏移方法能减少成像噪声，提高成像振幅的保真性和成像分辨率，最后获得能准确反映地下反射率信息的高质量成像结果。

# 参 考 文 献

[1] CRASE E. High-order(space and time) finite-difference modeling of the elastic wave equation[C]// SEG Technical Program Expanded Abstracts. Houston: Society of Exploration Geophysicists, 1990: 987-991.

[2] 孟凡顺, 郭海燕, 和转, 等. 复杂地质体粘滞弹性波正演模拟的有限差分法[J]. 青岛海洋大学学报(自然科学版), 2000, 30(2): 315-320.

[3] MARFURT K J. Accuracy of finite difference and finite element modeling of the scalar and elastic wave

equations[J]. Geophysics, 1984, 49(5): 533-549.

[4] 埃蒙 C, 吕仲林. 波动方程与模型[J]. 石油地球物理勘探, 1979(5): 48-71.

[5] CERJAN C, KOSLOFF D, KOSLOFF R, et al. A non reflection boundary condition for discrete acoustic and elastic wave equations[J]. Geophysics, 1985, 50(4): 705-708.

[6] 张杨, 周黎明, 肖国强. 基于 GprMax 的隧道超前预报雷达正演模拟及其应用分析[J]. 人民长江, 2017, 48(7): 50-55.

[7] 王伟利. 地质雷达时域有限差分法正演模拟及实验[D]. 北京: 中国地质大学(北京), 2013.

[8] BERENGER J P. Perfectly matched layer for the absorption of electromagnetic waves[J]. Journal of computation physics, 1994, 114(2): 185-200.

[9] DOSSO S E. Quantifying uncertainty in geoacoustic inversion. I. A fast Gibbs sampler approach[J]. Journal of the acoustical society of America, 2002, 111(1): 129-142.

[10] LI C L, DOSSO S E, DONG H F, et al. Bayesian inversion of multimode interface-wave dispersion from ambient noise[J]. IEEE journal of oceanic engineering, 2012, 37(3): 407-416.

[11] DOSSO S E, WILMUT M J. Uncertainty estimation in simultaneous Bayesian tracking and environmental inversion[J]. Journal of the acoustical society of America, 2008, 124(1): 82-97.

[12] EBERHART R C, KENNEDY J. A new optimizer using particle swarm theory[C]//Proceedings of the Sixth International Symposium on Micro Machine and Human Science. Nagoya, Piscataway: IEEE Service Center, 1995: 39-43.

[13] KENNEDY J, EBERHART R C. Particle swarm optimization[C]//Proceedings of IEEE International Conference on Neural Networks. Piscataway: IEEE Neural Networks Society, 1995: 1942-1948.

[14] 师学明, 肖敏, 范建柯, 等. 大地电磁阻尼粒子群优化反演法研究[J]. 地球物理学报, 2009, 52(4): 1114-1120.

[15] 唐贤伦. 混沌粒子群优化算法理论及应用[D]. 重庆: 重庆大学, 2007.

[16] 周华敏, 陈生昌, 任浩然, 等. 基于偏移反过程的一次反射波模拟[J]. 浙江大学学报(工学版), 2016, 50(8): 1627-1636.

[17] BLEISTEIN N, COHEN J K, STOCKWELL JR J W. Mathematics of multidimensional seismic imaging, migration, and inversion[M]. New York: Springer-Verlag, 2000.

[18] STOLT R H, WEGLEIN A B. Seismic imaging and inversion: Application of linear inverse theory[M]. Cambridge: Cambridge University Press, 2012.

[19] BERKHOUT A. Pushing the limits of seismic imaging, part I: Prestack migration in terms of double dynamic focusing [J]. Geophysics, 1997, 62(3): 937-953.

[20] YAO G, WU D. Least-squares reverse-time migration for reflectivity imaging [J]. Science China earth sciences, 2015, 58(11): 1982-1992.

[21] HERMAN H J, BLEISTEIN N. The link of Kirchhoff migration and demigration to Kirchhoff and Born modeling [J]. Geophysics, 1999, 64(6): 1793-1805.

[22] ZHANG Y, DUAN L, XIE Y. A stable and practical implementation of least-squares reverse time migration [J]. Geophysics, 2015, 80(1): 23-31.

[23] SCHUSTER G T, WANG X, HUANG Y, et al. Theory of multisource crosstalk reduction by phase-encoded statics[J]. Geophysical journal international, 2011, 184(3): 1289-1303.

第4章

数据采集和处理

# 4.1 隧道空间地震波数据处理方法

由于地震波数据处理方法在实时更新变换，新方法、新技术也不断涌现，本书不能穷尽所有方法，只介绍隧道地震波数据处理的主要环节。隧道空间地震波数据处理包括：坏道切除、数字滤波、初至拾取、能量补偿、波场分离、反射层提取、速度分析及偏移成像等环节。

## 4.1.1 波场分离

本书采用线性 Radon 变换进行波场分离[1]，其思想是将地震记录沿着某一固定斜率 $S$ 和固定截距 $\tau$ 的线性路径在 $t$-$x$ 域进行积分，将其变换到 $\tau$-$S$ 域。设原始地震信号为 $u(t,x)$，$x$ 为炮检距，$t$ 为双程时间，采用积分算子 $t=\tau+Sx$ 进行变换，公式如下：

$$v(\tau,S)=\int_{-\infty}^{\infty}u(t=\tau+Sx,x)\,\mathrm{d}x \tag{4.1}$$

$$\bar{u}(t,x)=\int_{-\infty}^{\infty}v(\tau=t-Sx,S)\,\mathrm{d}S \tag{4.2}$$

式中：$v(\tau,S)$ 为 $\tau$-$S$ 域的数据；$\bar{u}(t,x)$ 为经过反变换的数据；$\tau$ 为时间截距；$S$ 为慢度（$S=\mathrm{d}t/\mathrm{d}x$）。

为了便于编程实现 Radon 变换，此处给出线性 Radon 变换的离散化公式：

$$v(\tau_i,S_j)=\sum_{n=1}^{N}u(t_m=\tau_i+Sx_n,x_n)\Delta x \tag{4.3}$$

$$\tilde{u}(t_m,x_n)=\sum_{j=1}^{J}v(\tau_i=t_m-S_jx_n,S_j)\Delta S \tag{4.4}$$

其中，$i=1,2,\cdots,I,j=1,2,\cdots,J,m=1,2,\cdots,M,n=1,2,\cdots,N$，$I$ 为截距数，$J$ 为慢度道数，$M$ 为每道记录时间采样点数，$N$ 为地震道数。

## 4.1.2 初至拾取

1. 能量比法

首先选取某一特定的地震属性道（如振幅绝对值、波形长度、振幅包络等），根据相邻前、后窗口的属性比值特征确定初至波的位置。选取合适的地震属性道是该方法成功的关键[2-3]。能量比法的基本公式如下：

$$A' = \frac{\left[\sum_{t=T_0}^{T_2} x^2(t)\right]^{1/2} + \alpha A}{\left[\sum_{t=T_1}^{T_0} x^2(t)\right]^{1/2} + \alpha A} \tag{4.5}$$

$$A = \left[\sum_{t=0}^{T} x^2(t)\right]^{1/2} \tag{4.6}$$

式中：$A'$ 为时窗内前后能量比；$x(t)$ 为地震记录振幅值；$T_1$ 为时窗起点；$T_0$ 为时窗中点；$T_2$ 为时窗终点；$T$ 为时窗的大小；$A$ 为一个地震道的相对能量；$\alpha$ 为稳定系数，一般可取值为 3。

#### 2. STA/LTA 法

STA/LTA 法主要是根据地震波形特征函数的长、短时窗比值等特征拾取初至。当地震波信号到达时，STA 比 LTA 变化更大，相应的 STA/LTA 会出现明显的增加，当比值大于设定的阈值时，就可判定初至波到达。该方法容易受到时窗长度和滑动步长的影响。

$$\text{STA}(i) = \frac{1}{N_{\text{STA}}} \sum |B(i)| \tag{4.7}$$

$$\text{LTA}(i) = \frac{1}{N_{\text{LTA}}} \sum B(i) \tag{4.8}$$

$$\frac{\text{STA}}{\text{LTA}} = \frac{\dfrac{1}{N_{\text{STA}}}}{\dfrac{1}{N_{\text{LTA}}}} \geqslant X \tag{4.9}$$

式中：STA、LTA 为短、长时窗的振幅均值；$N_{\text{STA}}$、$N_{\text{LTA}}$ 为 STA、LTA 对应的时窗大小；$B$ 为信号振幅；$X$ 为阈值（根据试验获得该值）。利用该方法，设计滑动时窗并依次计算 STA/LTA 的值，短时窗的值为固定值，而长时窗的值不断累加，由此可以减少突变点对初至拾取的干扰。在计算 STA/LTA 时，同时判断是否超过阈值。

## 4.1.3 速度分析

隧道空间速度分析需要先求取共反射点道集（CRP），即求取地震波反射波的时间，隧道环境中的反射路径、时间求取问题（即图 4.1 所示情况的反射路径、时间求取问题）比地面地震情况更加复杂。

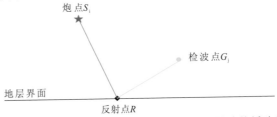

图 4.1 隧道环境中非水平非规则观测系统反射波传播路径图

从图 4.1 中不难发现，炮点、检波点的相对位置关系更加复杂。与地面地震的水平观测系统相比，隧道环境中的炮点和检波点不在同一水平面上，常规的偏移距 $x$ 位置关系表征方法已经不能满足隧道空间采集系统的要求。如果要将图 4.1 中的反射位置关系表示出来，显然需要用到炮点 $S_i$ 的空间横纵坐标、检波点 $G_j$ 的空间横纵坐标，以及反射点 $R$ 的空间横纵坐标。考虑将反射路径进行拆分，并结合层析成像方法[4-11]中初值拾取的方法，实现非水平非规则观测系统情况下反射波传播时间的求取。具体实现方式如图 4.2 所示。

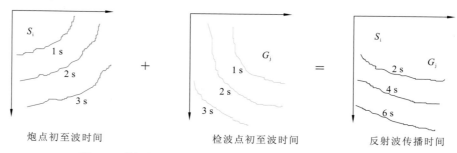

炮点初至波时间 　　　　　检波点初至波时间 　　　　　反射波传播时间

图 4.2　利用初至波时间求取反射波传播时间的计算示意图

如图 4.1 所示，可以将反射波的传播路径拆分成两段，第一段是从炮点到反射点的传播路径 $L_{S_iR}$，第二段是从反射点到检波点的传播路径 $L_{RG_j}$。第一段路径 $L_{S_iR}$ 的传播时间 $t_{S_iR}$ 即从炮点位置 $S_i$ 激发，波传到反射点位置 $R$ 的初至波传播时间。对于第二段路径 $L_{RG_j}$ 传播时间 $t_{RG_j}$ 的求取，可以依据射线路径的可逆性，以及炮点、检波点互换的基本原则。这样第二段路径传播时间 $t_{RG_j}$ 的求取问题便转换成了，求取从检波点位置 $G_j$ 激发，波传播至反射点位置的初至波传播时间问题。当获取了第一段路径 $L_{S_iR}$ 的传播时间 $t_{S_iR}$，以及第二段路径 $L_{RG_j}$ 的传播时间 $t_{RG_j}$ 后，求取整段反射路径的反射传播时间 $t_{SRG}$ 就变得十分方便了，可通过式（4.10）进行求取，即将两段初至时间相加便能获取整段路径上的反射时间。

$$t_{SRG} = t_{S_iR} + t_{RG_j} \tag{4.10}$$

可见，反射时间的求取问题可以转化为两段初至时间的求取问题。第一段初至时间 $t_{S_iR}$ 由炮点坐标（$S_{ix}$, $S_{iz}$）、反射点坐标（$R_x$, $R_z$）、地震波在地层中传播的速度 $v_1$ 这些参数确定，即 $t_{S_iR}(S_{ix}, S_{iz}, R_x, R_z, v_1)$。第二段初至时间 $t_{RG_j}$ 由炮点坐标（$G_{jx}$, $G_{jz}$）、反射点坐标（$R_x$, $R_z$）、地震波在地层中传播的速度 $v_1$ 这些参数确定，即 $t_{RG_j}(G_{jx}, G_{jz}, R_x, R_z, v_1)$。式（4.10）可写为

$$t_{SRG}[S_i(x,z), G_j(x,z), R_x, R_z, v_1] = t_{S_iR}(S_{ix}, S_{iz}, R_x, R_z, v_1) + t_{RG_j}(G_{jx}, G_{jz}, R_x, R_z, v_1) \tag{4.11}$$

从式（4.11）中可以看出，这样的反射时间计算中，位置关系不再像地面水平观测系统一样通过一个偏移距参数 $x$ 来确定，而是通过炮点、检波点、反射点三点的空间坐标关系确定。由于直接基于点的空间坐标定位，这样的计算方式才能满足隧道环境中非

水平非规则观测系统下地震波反射时间计算的要求。

初至波旅行时间的计算通常是通过射线追踪实现的，传统方法由试射法和弯曲射线法组成[12]，Bleistein[13]、Cïervenyâ 等[14]及 Langan 等[15]阐述了传统方法是将斯内尔定律的微分形式用一组射线方程表示，通过对射线方程组的求解来求取初至时间。然而，这样的方法适用于速度变化平缓的情况，对于随机的、不连续的、变化剧烈的速度分布情况，传统方法所需的射线方程急剧增加，导致计算效率低下，且精度不高，效果不尽如人意。Vidale[16]提出了初至旅行时的有限差分计算方法，描述了平面波与球面波两种旅行时的近似计算方法。遗憾的是，两种方法中，更加精确的球面波计算方法却不稳定。1991年，van Trier 和 Symes[17]用不依赖模型的投影方法对 Vidale 的方法进行了改善，求解程函方程采用的同样是有限差分方法。然而，他们的方法也只能在速度变化平缓的情况下，使球面波旅行时的计算稳定。1992 年，Schneider 等[18]以 Vidale 提出的球面波旅行时原理为基础，采用微积分的方法进行旅行时计算，大大提高了该方法的有效性及实用性。

## 1. 球面波旅行时计算原理

1988 年，Vidale[16]提出球面波计算公式：

$$t = t_a + S_a\sqrt{x^2 + z^2} \tag{4.12}$$

式中：$t_a$ 为虚震源旅行时，波前曲率中心位置即虚震源所在位置；$S_a$ 为当前计算点到虚震源范围内的平均慢度，当前计算点的空间坐标记为$(x, z)$。不难发现，式（4.12）中的 $S_a$ 为全程平均慢度。在速度变化不大的情况下计算问题不大，但是在速度分布不连续、变化剧烈的情况下，式（4.12）所得结果会与实际情况存在很大误差。1992 年，Schneider[18]改进了这一思路，将其发展成了一种十分有效的旅行时计算方法。

Schneider[18]提出的新思路是，待求节点的旅行时能依靠邻近节点的旅行时求取。这些邻近节点的旅行时都是通过之前的计算已知的。图 4.3 为球面波旅行时计算的节点示意图。

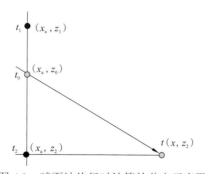

图 4.3　球面波旅行时计算的节点示意图

如图 4.3 所示，要计算节点$(x, z_2)$处的旅行时 $t$，需要利用节点$(x_a, z_1)$的旅行时 $t_1$ 及节点$(x_a, z_2)$的旅行时 $t_2$。节点$(x, z_2)$的旅行时 $t$ 可表示成源点到节点$(x_a, z_0)$的时间 $t_0$ 与节点$(x_a, z_0)$到节点$(x, z_2)$的时间 $\Delta t$ 的和。假定源点位置为$(0, 0)$，如图 4.3 所示，节点$(x_a, z_1)$

和节点$(x_a, z_2)$的旅行时为

$$t_1 = S_a(x_a^2 + z_1^2)^{\frac{1}{2}} \tag{4.13}$$

$$t_2 = S_a(x_a^2 + z_2^2)^{\frac{1}{2}} \tag{4.14}$$

式中：$S_a$为源点到$(x_a, z_1)$与$(x_a, z_2)$之间球面波传播的平均慢度。式（4.14）减去式（4.13）可得

$$w = (t_2^2 - t_1^2)/(z_2^2 - z_1^2) = S_a^2 \tag{4.15}$$

式中：$w$为$(x_a, z_1)$与$(x_a, z_2)$之间的慢度平方。可以看出，$w$是关于$t_1$、$t_2$、$z_1$、$z_2$四个参数的函数，即$w(t_1, t_2, z_1, z_2)$。因此，$w$与虚震源无关，受$(x_a, z_1)$与$(x_a, z_2)$两点位置和旅行时的影响，式（4.15）适用于$(x_a, z_1)$与$(x_a, z_2)$两点连线上的任意点。在式（4.15）中用$t$替换$t_2$，用$z$代替$z_2$，则可得

$$t^2 = t_1^2 + w(z^2 - z_1^2) \tag{4.16}$$

由于式（4.16）中的$t^2$和$z^2$存在线性关系，将点$(x_a, z_0)$代入式（4.16）中，得

$$t_0^2 = t_1^2 + w(z_0^2 - z_1^2) \tag{4.17}$$

将式（4.15）代入式（4.17）得

$$t_0^2 = \frac{z_0^2 - z_1^2}{z_2^2 - z_1^2} t_2^2 + \frac{z_2^2 - z_0^2}{z_2^2 - z_1^2} t_1^2 \tag{4.18}$$

式（4.18）中，$t_0$可用非线性插值的方法由$t_1$和$t_2$插值求取。又由于$\Delta t$可表示为$S\sqrt{(z_2 - z_0)^2 + \Delta x^2}$，$S$为当前慢度，则$(x, z_2)$的旅行时$t$为

$$t = t_0 + S\sqrt{(z_2 - z_0)^2 + \Delta x^2} \tag{4.19}$$

当满足$dt/dz_0 = 0$时[式（4.19）]，对应的$t$便是所求位置的最小旅行时。

$$\frac{dt}{dz_0} = \frac{wz_0}{t_0} - \frac{S(z_2 - z_0)}{\sqrt{(z_2 - z_0)^2 + \Delta z^2}} = 0 \tag{4.20}$$

在求解过程中，先通过式（4.20）求出$z_0$，使之满足$dt/dz_0 = 0$，进而利用求得的$z_0$求取$t_0$及$t$。

## 2. 速度分析步骤

（1）选择计算参数（对每一个扫描轴而言），其中包括最小扫描深度$h_{min}$、最大扫描深度$h_{max}$、深度扫描间隔$\Delta h$、最小扫描速度$V_{min}$、最大扫描速度$V_{max}$和速度扫描间隔$\Delta V$。参数选择的原则为，界面深度应该在$h_{min} \sim h_{max}$范围内，对应的速度应在$V_{min} \sim V_{max}$范围内。至于$\Delta h$、$\Delta V$两个参数的选择，则需要权衡需要的精度和消耗的时间两个方面，太大精度不高，太小时间太长。

（2）从$V_{min}$开始，固定$V$，在$h_{min} \sim h_{max}$进行扫描深度循环并依次进行叠加，得到一条能量谱曲线。

（3）对扫描速度$V$循环，重复步骤（2），得到多条能量谱曲线，直到$V_{max}$为止。

（4）将所得的能量谱曲线组合起来，便得到最终的速度谱结果。

## 4.1.4    偏移成像

基于波动方程的逆时偏移由三部分组成：记录波场的逆时外推、成像条件的计算和成像条件的应用。记录波场的逆时外推的基本思想是，所有事件的发生均依赖于空间和时间，且空间与时间互相依赖，在物理范畴中时间不可逆转。但是在数学范畴中以时间为变量的波动方程是可逆的，这就说明了在同一空间下，波的传播既可以按照时间正序的方向来观察，又可以按照时间倒序的方向来观察。波动方程逆时偏移实际上就是波动方程正演模拟的逆过程，正演模拟是将震源函数作为初始条件按时间正序从零时刻外推到接收点最大记录时刻，而逆时偏移是将接收记录作为边值条件按时间倒序从接收点最大记录时刻外推到零时刻。数学上，基于二维声波方程的逆时外推就是求解声波方程的边值问题。

逆时偏移是通过在时间方向上的逆推来提取成像剖面的，而不是在常规的深度方向上，以二维空间为例，如图 4.4 所示，$x$ 方向为测线布置方向，$z$ 方向为地下方向。图 4.4（a）为逆时偏移的原理示意图，第一步：设地面接收记录为 $F(x, z=0, t)$，从 $t=T$(记录最大时刻)的$(x, z)$平面开始，以 $T$ 时刻的记录值 $F(x, z=0, t=T)$ 为边值条件，并设 $T+\Delta t$ 时刻的波场值 $F(x, z, t=T+\Delta t)=0$，利用波动方程求解就得到 $t=T$ 时刻$(x, z)$平面的波场值 $F(x, z, t=T)$。第二步：利用已得到的 $t=T$ 时刻$(x, z)$平面的波场值 $F(x, z, t=T)$，按时间倒序方向从 $t=T$ 时刻向 $t=0$ 时刻逆推，以 $F(x, z=0, t=t_0)$ 为边值条件，并结合上一时刻外推求得的波场值 $F(x, z, t=t_0+n\Delta t)$，计算出所有采样时间点的$(x, z)$平面切片，即得到一个反映波场的关于接收道、深度和时间的三维数据体 $F(x, z, t)$，然后从这个三维数据体中提取出满足成像条件的节点的波场值并作为偏移结果。如果是叠后逆时偏移，成像条件为零时刻成像条件，顾名思义就是取 $t=0$ 时刻地下模型各节点的波场值 $F(x, z, t=0)$ 为偏移结果；如果是叠前逆时偏移，则根据激发时间的成像条件提取相应节点的波场值并得到偏移结果。图 4.4（b）为深度方向延拓成像原理示意图，以地面接收记录 $F(x, z=0, t)$ 为初始值，从 $z=0$ 平面开始沿深度方向向下延拓，最后求得每个离散深度上的时间剖面，然后提取每个时间剖面上 $t=0$ 时刻的值作为偏移结果。

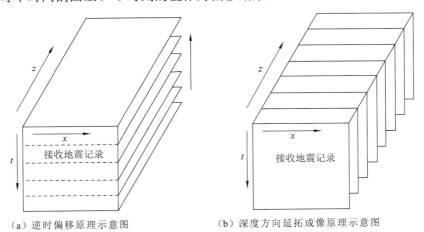

（a）逆时偏移原理示意图          （b）深度方向延拓成像原理示意图

图 4.4    逆时偏移和深度方向延拓成像原理示意图

偏移成像包括：成像时间的计算、逆推过程中反射波的压制、纵波震源情况下及纵+横波震源情况下的弹性波波动方程偏移。

### 1. 利用 Robinson 公式压制反射波[19]

根据牛顿第二定律，可以推导出一阶偏微分方程：

$$\frac{\partial p}{\partial z} = -\rho \frac{\partial v}{\partial t} \tag{4.21}$$

式中：$z$ 为垂直坐标；$t$ 为时间；$\rho$ 为密度；$p$ 为压力；$v$ 为质点速度。从胡克定律可以得到与式（4.21）相对称的一阶偏微分方程：

$$\frac{\partial p}{\partial t} = -K \frac{\partial v}{\partial z} \tag{4.22}$$

式中：$K$ 为杨氏模量。把式（4.21）和式（4.22）交叉微分，可以看出压力和质点速度都遵守波动方程：

$$\begin{cases} \dfrac{1}{C^2}\dfrac{\partial^2 p}{\partial t^2} = \dfrac{\partial^2 p}{\partial z^2} \\ \dfrac{1}{C^2}\dfrac{\partial^2 v}{\partial t^2} = \dfrac{\partial^2 v}{\partial z^2} \end{cases} \tag{4.23}$$

其中，速度 $C$ 遵守 $K=\rho C^2$。

根据 D'Alembert 原理，式（4.23）的解可写为

$$\begin{cases} p(z,t) = d(z-Ct) + u(z+Ct) \\ v(z,t) = D(z-Ct) + U(z+Ct) \end{cases} \tag{4.24}$$

式中：$d$ 和 $u$ 分别为下行和上行压力波场；$D$ 和 $U$ 分别为下行和上行质点速度波场。

由式（4.21）和式（4.24）可得

$$\frac{\partial p}{\partial z} = -\rho \frac{\partial v}{\partial t} = \rho CD'(z-Ct) - \rho CU'(z+Ct) \tag{4.25}$$

将式（4.25）积分可得

$$p(z,t) = \rho CD(z-Ct) - \rho CU(z+Ct) \tag{4.26}$$

其中，$\rho C$ 为介质波阻抗。对比式（4.22）和式（4.23）中的第一个公式可以得到：

$$\begin{cases} d = \rho CD \\ u = -\rho CU \end{cases} \tag{4.27}$$

从式（4.27）可以看出，下行和上行的压力波场可以分别用下行与上行的质点速度波场来表示，反之亦然。按照常规的用法，下行的压力波场和质点速度波场相位相同，而上行的压力波场和质点速度波场的相位相差180°，因此由式（4.26）和式（4.24）可得

$$\begin{cases} \dfrac{p}{\rho C} = D - U \\ v = D + U \end{cases} \tag{4.28}$$

式（4.28）说明压力 $p$ 和质点速度 $v$ 可以由下行和上行的质点速度波场求出。同理，

可得

$$\begin{cases} D = \dfrac{v}{2} + \dfrac{p}{2\rho C} \\[2mm] U = \dfrac{v}{2} - \dfrac{p}{2\rho C} \end{cases} \tag{4.29}$$

因此，下行和上行的质点速度波场可以由压力 $p$ 和质点速度 $v$ 求出。

从上述推导过程及推导结果可以看出，上行波场和下行波场可以由压力与质点速度求出，因此可以设计一个滤波因子，将上行波场和下行波场分离。

### 2. 纵波震源

弹性波叠前逆时偏移结果质量的好坏不仅取决于成像时间的计算和反射波的压制，还要求：①纵、横波能够独立成像，这样就能够对成像结果进行对比，准确地判断界面位置；②消除或减弱逆推过程中产生的转换波的影响。因此，研究纵、横波解耦，且不产生转换波的弹性波方程是非常有意义的。

弹性波逆时偏移包括以标量波波场理论为基础的标量偏移和以矢量波波场理论为基础的矢量偏移，标量偏移是在偏移前对地震记录中的纵、横波进行分离，然后采用声波方程分别对纵波记录和横波记录进行偏移，最后得到纵波和横波偏移记录。在这种情况下，标量偏移简单地将多波资料看成几个标量波的叠加，忽视了矢量波的一些特征，进而影响了偏移结果的精度；而且，纵、横波分离效果的好坏对偏移结果有很大影响。因此，研究弹性波矢量逆时偏移成像是非常有意义的。

弹性波场分离是由 Dankbaar[20] 最先提出的，Devaney 和 Oristaglio[21] 利用极化波分解对弹性波 VSP 波场进行了分离。Dellinger 和 Etgen[22] 在空间-频率域利用散度和旋度对各向异性介质中的多波波场进行了分离。马德堂和朱光明[23] 提出应用二阶偏导数弹性波方程实现纵、横波场分离，但该方法模拟效率低，数值频散严重。李振春等[24] 根据马德堂和朱光明[23] 提出的纵波是无旋场、横波是无散场的等价方程思路推导出既满足弹性波波动方程又满足纵、横波分离的一阶速度-应力等价方程，此方法是在均匀介质上推导的，因此在非均匀介质中纵、横波不完全分离。尧德中[25] 推导了无转换波动方程，得到了二阶偏导数的无转换弹性波动方程，但在方程中没有实现纵、横波解耦，而且在波场外推过程中计算速度低，数值频散较严重，不适合逆时偏移成像。2009 年，张大洲[26] 在非均匀介质的基础上推导出了纵、横波解耦且不产生转换波的一阶速度-应力弹性波波动方程。本节采用此方法在非均匀介质弹性波方程的基础上推导了既能够实现纵、横波分离又不会在界面处产生转换波的一阶应力-速度弹性波方程。

非均匀介质中的弹性波波动方程：

$$\rho \frac{\partial^2 \boldsymbol{U}}{\partial t^2} = (\lambda + \mu)\nabla\nabla\cdot\boldsymbol{U} + \mu\nabla^2\boldsymbol{U} + \nabla\lambda\nabla\cdot\boldsymbol{U} + \nabla\mu\times(\nabla\times\boldsymbol{U}) + 2(\nabla\mu\cdot\nabla)\boldsymbol{U} \tag{4.30}$$

式中：$\boldsymbol{U}$ 为位移场；$\rho$ 为介质密度；$t$ 为时间；$\lambda$ 和 $\mu$ 为介质的拉梅常量。

对式（4.30）两端取散度，并用弹性波场的散度 $\nabla \cdot \boldsymbol{U} = \phi$ 来表示纵波，用弹性波场的旋度 $\nabla \times \boldsymbol{U} = \boldsymbol{\theta}$ 来表示横波，则有

$$\frac{\partial^2 \boldsymbol{U}}{\partial t^2}\nabla \cdot \rho + \rho \frac{\partial^2 \phi}{\partial t^2} = (\lambda+\mu)\nabla^2\phi + \nabla\phi\nabla\cdot(\lambda+\mu) + \nabla^2\boldsymbol{U}\nabla\cdot\mu + \mu\nabla^2\phi + \nabla\lambda\nabla\cdot\phi + \phi\nabla^2\lambda$$
$$+ \boldsymbol{\theta}\cdot(\nabla\times\nabla\mu) - \nabla\mu\cdot(\nabla\times\boldsymbol{\theta}) + 2\nabla\cdot(\nabla\mu\cdot\nabla)\cdot\boldsymbol{U} + 2(\nabla\mu\cdot\nabla)\phi \quad (4.31)$$

其中，$\boldsymbol{U} = \boldsymbol{U}_P + \boldsymbol{U}_S$，$\boldsymbol{U}_P$ 和 $\boldsymbol{U}_S$ 分别为纵波和横波的位移场，则由式（4.31）可知，只有当 $\rho$ 和 $\mu$ 为常数时，$\nabla\cdot\rho = \nabla\cdot\mu = \nabla\mu = 0$，此时，式（4.31）变为

$$\rho\cdot\frac{\partial^2\phi}{\partial t^2} = (\lambda+2\mu)\nabla^2\phi + 2\nabla\lambda\cdot\nabla\phi + \phi\nabla^2\lambda \quad （4.32）$$

当 $\rho$ 和 $\mu$ 为常数时，横波速度 $V_S = \sqrt{\dfrac{\mu}{\rho}}$ 也为常数，则式（4.32）用纵波速度 $V_P = \sqrt{\dfrac{\lambda+2\mu}{\rho}}$ 来表示：

$$\frac{\partial^2\phi}{\partial t^2} = V_P^2\nabla^2\phi + 2\nabla V_P^2\cdot\nabla\phi + \phi\nabla^2 V_P^2 = \nabla^2(V_P^2\phi) \quad （4.33）$$

同理，对式（4.33）两端取旋度，则当 $\rho$ 和 $\mu$ 为常数时，$\nabla\times\rho = \nabla\times\mu = \nabla\mu = 0$，有

$$\frac{\partial^2\boldsymbol{\theta}}{\partial t^2} = V_S^2\nabla^2\boldsymbol{\theta} \quad （4.34）$$

由上述推导可以看出，当介质的 $\rho$ 和 $\mu$ 为常数，$\lambda$ 为变量时，纵、横波是完全解耦的，两者独立传播，且不发生波形转换。因此，将 $\rho$ 和 $\mu$ 为常数这个条件代入式（4.34）可得纵、横波解耦且无转换波的弹性波动方程：

$$\frac{\partial^2\boldsymbol{U}}{\partial t^2} = \frac{\lambda+\mu}{\rho}\nabla\nabla\cdot\boldsymbol{U} + \frac{\mu}{\rho}\nabla^2\boldsymbol{U} + \nabla\left(\frac{\lambda}{\rho}\right)\nabla\cdot\boldsymbol{U}$$
$$= \frac{\lambda+2\mu}{\rho}\nabla\nabla\cdot\boldsymbol{U} - \frac{\mu}{\rho}\nabla\nabla\cdot\boldsymbol{U} + \frac{\mu}{\rho}\nabla^2\boldsymbol{U} + \nabla\left(\frac{\lambda+2\mu}{\rho}\right)\nabla\cdot\boldsymbol{U} \quad （4.35）$$
$$= V_P^2\nabla\nabla\cdot\boldsymbol{U} - V_S^2\nabla\nabla\cdot\boldsymbol{U} + V_S^2\nabla^2\boldsymbol{U} + \nabla V_P^2\nabla\cdot\boldsymbol{U}$$
$$= \nabla(V_P^2\nabla\cdot\boldsymbol{U}) - V_S^2\nabla\times\nabla\times\boldsymbol{U}$$

将式（4.35）展开可得到位移 $x$ 分量 $u'$ 和 $z$ 分量 $w'$ 的表达式：

$$\begin{cases} \dfrac{\partial^2 u'}{\partial t^2} = \dfrac{\partial}{\partial x}\left[V_P^2\left(\dfrac{\partial u'}{\partial x} + \dfrac{\partial w'}{\partial z}\right)\right] + \dfrac{\partial}{\partial z}\left[V_S^2\left(\dfrac{\partial u'}{\partial z} - \dfrac{\partial w'}{\partial x}\right)\right] \\ \dfrac{\partial^2 w'}{\partial t^2} = \dfrac{\partial}{\partial z}\left[V_P^2\left(\dfrac{\partial u'}{\partial x} + \dfrac{\partial w'}{\partial z}\right)\right] + \dfrac{\partial}{\partial x}\left[V_S^2\left(\dfrac{\partial w'}{\partial x} - \dfrac{\partial u'}{\partial z}\right)\right] \end{cases} \quad （4.36）$$

式（4.36）是位移对时间和空间的二阶导数，在进行解算时计算量增加且复杂，因此，将此方程转化为一阶弹性波动方程，令

$$\begin{cases} \tau_P = V_P^2\left(\dfrac{\partial u'}{\partial x} + \dfrac{\partial w'}{\partial z}\right) \\[2mm] \tau_{Sx} = V_S^2\left(\dfrac{\partial u'}{\partial z} - \dfrac{\partial w'}{\partial x}\right) \\[2mm] \tau_{Sz} = V_S^2\left(\dfrac{\partial w'}{\partial x} - \dfrac{\partial u'}{\partial z}\right) \end{cases}$$

代入式（4.36），且两端对时间求导可得

$$\begin{cases} \dfrac{\partial v_x}{\partial t} = \dfrac{\partial \tau_P}{\partial x} + \dfrac{\partial \tau_{Sx}}{\partial z} \\[2mm] \dfrac{\partial v_z}{\partial t} = \dfrac{\partial \tau_P}{\partial z} + \dfrac{\partial \tau_{Sz}}{\partial x} \\[2mm] \dfrac{\partial \tau_P}{\partial t} = V_P^2\left(\dfrac{\partial v_x}{\partial x} + \dfrac{\partial v_z}{\partial z}\right) \\[2mm] \dfrac{\partial \tau_{Sx}}{\partial t} = V_S^2\left(\dfrac{\partial v_x}{\partial z} - \dfrac{\partial v_z}{\partial x}\right) \\[2mm] \dfrac{\partial \tau_{Sz}}{\partial t} = V_S^2\left(\dfrac{\partial v_z}{\partial x} - \dfrac{\partial v_x}{\partial z}\right) \end{cases} \tag{4.37}$$

式中：$v_x$ 和 $v_z$ 分别为质点振动速度的水平和垂直分量。因此，为了进一步验证式（4.37）弹性波场方程中纵波和横波是单独传播的，令

$$\begin{cases} v_x = v_{Px} + v_{Sx} \\ v_z = v_{Pz} + v_{Sz} \end{cases}$$

代入式（4.37）得

$$\begin{cases} \dfrac{\partial v_{Px}}{\partial t} = \dfrac{\partial \tau_P}{\partial x} \\[2mm] \dfrac{\partial v_{Pz}}{\partial t} = \dfrac{\partial \tau_P}{\partial z} \\[2mm] \dfrac{\partial v_{Sx}}{\partial t} = \dfrac{\partial \tau_{Sx}}{\partial z} \\[2mm] \dfrac{\partial v_{Sz}}{\partial t} = \dfrac{\partial \tau_{Sz}}{\partial x} \\[2mm] \dfrac{\partial \tau_P}{\partial t} = V_P^2\left(\dfrac{\partial v_x}{\partial x} + \dfrac{\partial v_z}{\partial z}\right) \\[2mm] \dfrac{\partial \tau_{Sx}}{\partial t} = V_S^2\left(\dfrac{\partial v_x}{\partial z} - \dfrac{\partial v_z}{\partial x}\right) \\[2mm] \dfrac{\partial \tau_{Sz}}{\partial t} = V_S^2\left(\dfrac{\partial v_z}{\partial x} - \dfrac{\partial v_x}{\partial z}\right) \end{cases} \tag{4.38}$$

对式（4.38）中的纵波和横波分别计算旋度与散度：

$$\frac{\partial^2 (\nabla \times v_P)}{\partial t^2} = \frac{\partial^2}{\partial t^2}\left(\frac{\partial v_{Px}}{\partial z} - \frac{\partial v_{Pz}}{\partial x}\right)$$

$$= \frac{\partial^2}{\partial z \partial t}\left(\frac{\partial v_{Px}}{\partial t}\right) - \frac{\partial^2}{\partial x \partial t}\left(\frac{\partial v_{Pz}}{\partial t}\right)$$

$$= \frac{\partial^2}{\partial z \partial t}\left(\frac{\partial \tau_P}{\partial x}\right) - \frac{\partial^2}{\partial x \partial t}\left(\frac{\partial \tau_P}{\partial z}\right) \qquad (4.39)$$

$$= \frac{\partial^2}{\partial t}\left(\frac{\partial^2 \tau_P}{\partial x \partial z} - \frac{\partial^2 \tau_P}{\partial x \partial z}\right)$$

$$= 0$$

$$\frac{\partial^2 (\nabla \cdot v_S)}{\partial t^2} = \frac{\partial^2}{\partial t^2}\left(\frac{\partial v_{Sx}}{\partial x} + \frac{\partial v_{Sz}}{\partial z}\right)$$

$$= \frac{\partial^2}{\partial x \partial t}\left(\frac{\partial v_{Sx}}{\partial t}\right) + \frac{\partial^2}{\partial z \partial t}\left(\frac{\partial v_{Sz}}{\partial t}\right)$$

$$= \frac{\partial^2}{\partial x \partial t}\left(\frac{\partial \tau_{Sx}}{\partial z}\right) + \frac{\partial^2}{\partial z \partial t}\left(\frac{\partial \tau_{Sz}}{\partial x}\right)$$

$$= \frac{\partial^2}{\partial x \partial z}\left(\frac{\partial \tau_{Sx}}{\partial t}\right) + \frac{\partial^2}{\partial x \partial z}\left(\frac{\partial \tau_{Sz}}{\partial t}\right) \qquad (4.40)$$

$$= \frac{\partial^2}{\partial x \partial z}\left[V_S^2\left(\frac{\partial v_x}{\partial z} - \frac{\partial v_z}{\partial x}\right)\right] + \frac{\partial^2}{\partial x \partial z}\left[V_S^2\left(\frac{\partial v_z}{\partial x} - \frac{\partial v_x}{\partial z}\right)\right]$$

$$= V_S^2 \frac{\partial^2}{\partial x \partial z}\left(\frac{\partial v_x}{\partial z} - \frac{\partial v_z}{\partial x} + \frac{\partial v_z}{\partial x} - \frac{\partial v_x}{\partial z}\right)$$

$$= 0$$

由式（4.39）和式（4.40）可知，$\nabla \times v_P = 0$，$\nabla \times v_S = 0$，纵波波场是无旋场，横波波场是无散场。因此，式（4.38）是能够实现纵、横波解耦且无转换波的弹性波方程。

3. 纵+横波震源

图 4.5 为某点入射与反射射线示意图，理论上，双程波方程逆时偏移的结果应能直接对应反射系数，但目前的方法和技术还不能做到这一点，因此直接将计算的理论反射

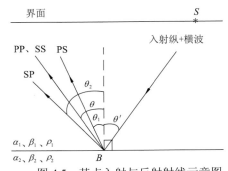

图 4.5　某点入射与反射射线示意图

$\theta_1$ 为 PS 波的反射角；$\theta_2$ 为 SP 波的反射角

系数和逆时偏移结果来做相关运算和对比是不可行的。但是从图 4.5 可以看出，可以利用 PS 波与 PP 波反射系数的比、SP 波与 SS 波反射系数的比，以及 PP 波、PS 波、SP 波、SS 波的振幅值来建立新的成像条件。PS 波与 PP 波反射系数的比、SP 波与 SS 波反射系数的比这两个理论系数可以利用入射角和界面两边速度与密度的比值计算出来，然后和外推过程中获得的实际系数进行比较。如果地下某一点为反射点，理论系数和实际系数就能够很好地吻合，因此，在计算成像条件的过程中，假设介质模型中的每一点均有可能为水平界面上的反射点。根据 Muller[27] 提出的公式来计算 PP 波、PS 波、SP 波和 SS 波的理论反射系数 $R_{PP}$、$R_{PS}$、$R_{SP}$ 和 $R_{SS}$：

$$\begin{cases} R_{PP} = \dfrac{D_2 - D_1}{D_1 + D_2} \\ R_{PS} = \dfrac{2u''a_1}{D_1 + D_2}\left[(cu''^2 - \rho_1 + \rho_2)(cu''^2 + \rho_2) + c(cu''^2 - \rho_1)a_2b_2\right] \\ R_{SP} = \dfrac{2u''b_1}{D_1 + D_2}\left[(cu''^2 - \rho_1 + \rho_2)(cu''^2 + \rho_2) + c(cu''^2 - \rho_1)a_2b_2\right] \\ R_{SS} = \dfrac{D_2 - D_1 - 2\rho_1\rho_2(a_1b_2 - a_2b_1)}{D_1 + D_2} \end{cases} \quad (4.41)$$

其中，

$$D_1 = (cu''^2 - \rho_1 + \rho_2)^2 u''^2 + (cu''^2 - \rho_1)^2 a_2b_2 + \rho_1\rho_2 a_2b_1$$
$$D_2 = c^2 u''^2 a_1 a_2 b_1 b_2 + (cu''^2 + \rho_2)^2 a_1 b_1 + \rho_1\rho_2 a_1 b_2$$
$$a_{1,2} = (\alpha_{1,2}^{-2} - u''^2)^{\frac{1}{2}}$$
$$b_{1,2} = (\beta_{1,2}^{-2} - u''^2)^{\frac{1}{2}}$$
$$c = 2(\mu_1 - \mu_2)$$
$$\mu_{1,2} = \rho_{1,2}\beta_{1,2}^2$$
$$u'' = \frac{\sin\theta'}{\alpha_1}$$

式中：$\theta'$ 为入射角；$\rho_1$ 和 $\rho_2$ 为界面上方和下方介质的密度；$\alpha_1$ 和 $\alpha_2$ 为界面上方和下方纵波速度；$\beta_1$ 和 $\beta_2$ 为界面上方和下方横波速度。PS 波与 PP 波反射系数的比即理论系数 $F_P$，SP 波与 SS 波反射系数的比即理论系数 $F_S$：

$$\begin{cases} F_P = \dfrac{R_{PS}}{R_{PP}} \\ F_S = \dfrac{R_{SP}}{R_{SS}} \end{cases} \quad (4.42)$$

利用纵、横波解耦且无转换波的一阶速度-应力弹性波方程式（4.38）计算每个时刻的纵波波场水平分量 $v_{Px}$ 和垂直分量 $v_{Pz}$、横波波场水平分量 $v_{Sx}$ 和垂直分量 $v_{Sz}$，然后利用球面波近似法计算纵波和横波的初至旅行时 $T_P(x,z)$ 和 $T_S(x,z)$，根据成像时间从外推的波场提取空间 $(x,z)$ 对应的 PP 波、PS 波、SP 波、SP 波的振幅值，可写为

$$\begin{cases} PP = PP(x,z) = v_{Pz}\left[x,z,T_P(x,z)\right] \\ PS = PS(x,z) = v_{Sz}\left[x,z,T_P(x,z)\right] \\ SP = SP(x,z) = v_{Pz}\left[x,z,T_S(x,z)\right] \\ SS = SS(x,z) = v_{Sz}\left[x,z,T_S(x,z)\right] \end{cases} \tag{4.43}$$

PS 波与 PP 波振幅的比即实际系数 $G_P$，SP 波与 SS 波振幅的比即实际系数 $G_S$：

$$\begin{cases} G_P = \dfrac{PS}{PP} \\ G_S = \dfrac{SP}{SS} \end{cases} \tag{4.44}$$

则第一个成像因子可写为

$$I_1 = e^{-(W_P + W_S)\cdot D_a} \tag{4.45}$$

式中：$W_P = |G_P - F_P|$；$W_S = |G_S - F_S|$；$D_a$ 为常数衰减因子。$W_P$ 和 $W_S$ 是用来衡量理论系数和实际系数吻合度的。如果系数吻合好的话，$W_P$ 和 $W_S$ 就能够小到使得成像因子 $I_1$ 接近于 1，否则，成像因子 $I_1$ 远小于 1。

下一步就是计算第二个成像因子 $I_2$：

$$I_2(x,z) = [PP(x,z)]^2 \tag{4.46}$$

结合式（4.45）和式（4.46）获得成像条件剖面：

$$I(x,z) = I_1(x,z) \cdot I_2(x,z) \tag{4.47}$$

最后利用由式（4.47）获得的成像条件剖面来计算成像结果：

$$\begin{cases} I_{PPx} = v_{Px} \cdot I(x,z) \\ I_{PPz} = v_{Pz} \cdot I(x,z) \\ I_{SSx} = v_{Sx} \cdot I(x,z) \\ I_{SSz} = v_{Sz} \cdot I(x,z) \end{cases} \tag{4.48}$$

$I_{PPx}$ 为反射纵波水平分量成像因子；$I_{PPz}$ 为反射纵波垂直分量成像因子；$I_{SSx}$ 为反射横波水平分量成像因子；$I_{SSz}$ 为反射横波垂直分量成像因子。

上述方法为纵+横震源下的偏移成像结果。

## 4.2 TSP 法数据采集的干扰因素和提高采集数据质量的注意事项

由于隧道施工环境和工程地质条件的复杂性，利用 TSP 法进行超前地质预报会受到各种因素（如炮孔质量、震源激发能量、触发信号延时、探杆锚固效果、施工作业的振动）的干扰，并且掌子面前方不良地质体的复杂性带来了物探解释的多解性，要求物探工作者有丰富的现场工作和后期解释经验。在 TSP 法作业过程中，从信号激发、接收过程中产生的干扰，到后期数据处理、物探成果的多解性都可能对预报的准确度造成影响。

## 4.2.1　TSP 法激发信号的干扰及避免干扰的措施

TSP 法激发信号是采用微型爆破引发的地震波信号。震源信号的好坏是决定 TSP 法数据质量的第一个也是最重要的环节。

在隧道左、右边墙布置炮孔，将少量的炸药放入炮孔中，人工爆破产生激发信号。标准的炮孔布置如图 4.6 所示。

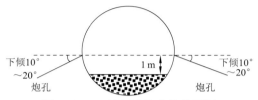

图 4.6　TSP 法标准炮孔横截面图

标准炮孔布置参数：炮孔高度为 1 m，炮孔深度为 1.5 m，炮孔下倾 10°～20°。震源能量为防水乳化炸药 100 g 左右。

这四个参数的标准性缺一不可，直接影响到采集数据的数量。下面分别从这四个参数入手，分析不标准炮孔对采集数据质量的影响。

炮孔高度：TSP 法探测现场布置 24 个炮孔，这 24 个炮孔和接收孔应该在一个水平面上，也就是说高度应该都是 1 m。地震波沿平行测线传播回来经过 $\tau$-$S$ 变换提取反射波，得到真实时差。但是，有的隧道开挖到围岩地质情况较差的区段，或者是有的单洞双线、断面面积大的隧道，开挖工法常常采用上下二台阶法或七步三台阶法。对于这种开挖施工隧道，上台阶和下台阶的纵向步距较短。例如，图 4.7 中，1～5 号炮孔布置在上台阶，6～14 号炮孔布置在中台阶，15～23 号炮孔布置在下台阶，接收孔也布置在下台阶。炮孔间距相同，炮孔高度不同的台阶处，有明显的延时，如图 4.7 中三条明显台阶状的黑色虚线所示，这样，各个炮孔和接收孔高差太大，实际上布置的是弯曲测线。弯曲测线上接收到的各个震源的信号经过变换后存在新的时差，叠加效果差，预报精度受到极大影响。

炮孔深度：如果炮孔深度太浅，如<0.5 m，震源爆炸后大部分能量都以声波的方式耗散在空气中了，这样的炮孔的激发信号的特点是震源声音特别响亮、刺耳。由于深度浅，有的震源激发后甚至会对隧道侧墙的初支混凝土造成严重的损坏，对隧道施工造成不必要的损失。这样的初始信号的特点是信噪比低、声波干扰大、频率低。现场物探工作者应该时刻注意每个激发信号的特征，如果这种特征信号太多，应该重新检查震源，如果超过 5 个震源的深度都太浅（<0.5 m），建议重新安排打孔。

炮孔倾角：标准的炮孔倾角为下倾 10°～20°。炮孔下倾是为了在安装好炸药后，在炮孔中注水。炮孔注水是很重要的一个环节，没有注水的激发信号和炮孔太浅的激发信号特征相似，信号频率低，激发能量会大量外泄，使隧道内产生"震鸣"，从而产生"隧道管波"，传播过程中被传感器所接收，影响系统探测分辨率。

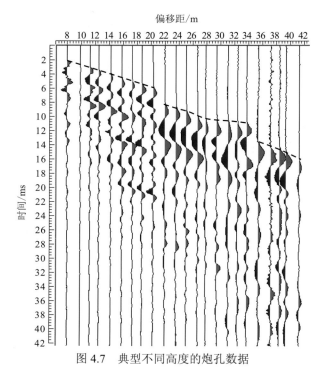

图 4.7　典型不同高度的炮孔数据

震源能量：根据国内外物探工作者长年积累、总结的经验，不同坚硬程度的岩体，其地震波主频分布也不同，一般情况下，极硬岩为 1 500～2 000 Hz，硬岩为 800～1 500 Hz，较软岩为 300～800 Hz，软岩为 200～400 Hz，粉质黏土为 200 Hz 左右。由此可见，不同坚硬程度的岩体，震源能量应该不同。一般情况下，完整新鲜的坚硬岩炸药用量为 40～70 g，破碎岩体、软岩（全风化岩体）炸药用量为 80～200 g。地震波信号的频率和能量呈反比关系，震源能量越高，信号频率越低，探测分辨率越低；相反，震源能量越低，信号频率越高，探测分辨率越高，但是，预报深度降低。

其他震源因素：当隧道开挖到围岩情况差的区段时，岩体软或岩体破碎，施工方初支混凝土不密实或厚度不足，导致炮孔内有空腔，在安装震源炸药时，炸药落入空腔体内，使起爆时的能量全部损失在空气中形成声波，地震波能量很弱或没有。打完炮孔后，建议立即放入塑料聚氯乙烯管进行护孔，避免塌孔对数据质量造成影响。

## 4.2.2　TSP 法接收信号的干扰及避免干扰的措施

当探测区域第四系覆盖黏土层较厚时，由于松散的土层滤波效应，应该在隧道开挖掘进到较为致密的岩体中时布置接收孔，防止较为严重的滤波效应，以免无法接收到有效的地震波。

接收信号还与探杆锚固质量有关，探杆锚固质量与锚固剂的密实度和锚固时间有关，从一般经验来看，锚固密实度要求探杆在接收孔中没有较大的可以活动的缝隙，锚固时间要在 0.5 h 以上。

当布置接收孔的位置岩体不致密，或者为岩溶发育区域时，接收孔内部容易出现塌孔或空腔，也会导致探杆锚固质量不佳，严重时甚至无法锚固探杆。遇到这种情况，建议重新在岩体较完整、致密的位置布孔。

如果探杆锚固质量不佳，探杆容易产生高频自振干扰，这种干扰会被地震接收装置在接收地震信号的同时一同接收，形成干扰。如图 4.8 所示，探杆锚固质量不佳的频谱图特征为，频率分布不是正态分布，有 4～5 个峰值。这时，可以在数据处理的带通滤波步骤，降低高切、高通的频率值，人为地滤掉高频干扰。

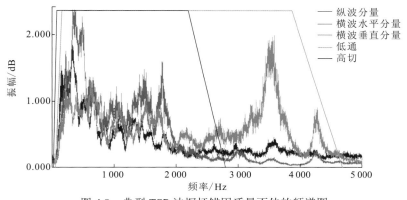

图 4.8　典型 TSP 法探杆锚固质量不佳的频谱图

另外，建议将探头安置在结构面与隧道掌子面开挖方向夹角大于 90° 的隧道边墙一侧。这样可以极大程度地接收到所要探测的结构面的反射波，尽可能多地采集探测信息，提高探测距离和精度。

## 4.2.3　触发延时造成的干扰及避免干扰的措施

TSP 法探测触发人工震源过程中，一般要求使用瞬发雷管。当使用的不是瞬发雷管，而是毫秒级别延时雷管时，以岩石地震波速度 3 000～6 000 m/s 为例进行计算，延时误差为 1 ms，单道地震波反射信号误差读数可以达到 3 m。经过 24 道地震波反射信号叠加分析得到的偏移误差可能要小于单道误差，但是还是对预报结果的精确度有较大影响。如图 4.9 所示，为使用不同段位（不同延时，1 ms、5 ms、7 ms）的毫秒级别延时雷管采集的数据，不同炮检距的炮孔初至时间较为凌乱。

建议在触发过程中，尽量使用零延时、高灵敏度的瞬发雷管，避免延时造成的预报误差。另外，起爆装置的充电时间不同，会造成起爆时间不同，起爆前的充电时间应尽量保持一致。图 4.9 中，第 8 道、第 13 道、第 16 道、第 17 道、第 18 道可能为起爆时间不同引起的较差数据。

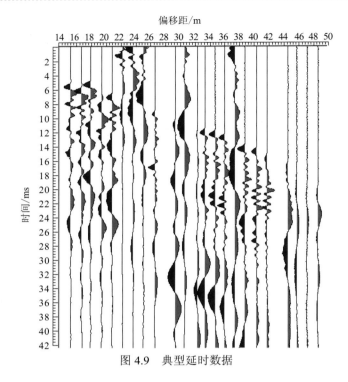

图 4.9　典型延时数据

## 4.2.4　隧道施工作业过程中的随机干扰及避免干扰的措施

　　影响 TSP 法探测效果的施工作业过程中的随机干扰主要为工频干扰和脉冲干扰。

　　工频干扰：通常情况下，隧道施工方会赶工程进度，而 TSP 法探测占用施工时间较长，一般为 1～2 h。当进行数据采集时，主机附近位置还在进行施工作业。施工现场 50 Hz 以上的工频电流会给其电信号带来干扰，使除地震波信号以外其他的工频信号被检波器所接收，两者叠加对预报结果造成影响。如图 4.10 所示，第 7 道、第 10 道、第 19 道，地震波初至之前都有较为细密的毛刺出现，这就是采集的受到工频干扰的数据的特征，工频干扰严重时，甚至会压制、影响正常波形的探测（如图 4.10 中第 10 道数据的波形）。

　　测试时，尽量使检波器的线缆远离施工作业的输电线，保证输电线不绕圈，以免形成电磁干扰。

　　脉冲干扰：TSP 法探测接收的是前方人工地震激发的地震波反射信号。但是，在地震波激发过程中，有施工的大型机具或车辆在作业，不可避免地会有较大的振动，形成脉冲干扰。

　　测试时，应与施工方工程师做好沟通，停止隧道内的所有施工作业，避开探测工区附近的大振动，尽量避免脉冲干扰。

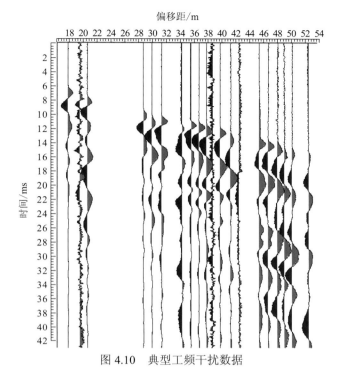

图 4.10　典型工频干扰数据

## 4.2.5　提高采集数据质量的注意事项

由 4.2.1～4.2.4 小节的分析可知，TSP 法探测过程中，从信号的激发、接收到施工作业过程中的其他干扰，都有可能对探测结果造成影响。要采集高质量的数据，极具挑战性，需要物探工作者认真做好采集步骤的每一个环节。在 TSP 法数据处理环节，可以用单道分析的方法对各道采集信号进行质量对比，剔除信噪比较低的信号。只有提高所有环节的质量，才能使得预报结果更为准确，为隧道的信息化施工和建设提供准确、可靠的资料。

# 4.3　地质雷达数据采集的主要干扰源
# 和避免假异常的作业方法

## 4.3.1　地质雷达接收波的种类

如图 4.11 所示，Tx 为发射机，Rx 为接收机。地质雷达接收的波的主要种类为：①空气直达波；②沿空气界面传播的直达波；③掌子面前方和后方不同界面的反射波；④临界面折射波；⑤外场电磁波[28]。

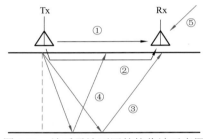

图 4.11　地质雷达不同的接收波示意图

在隧道检测环境中，地质雷达接收到的信息不仅来自掌子面前方，掌子面后方、隧道两侧墙干扰物所产生的电磁波也可被地质雷达接收，掌子面后方、隧道两侧墙的电磁反射波在雷达图像中为一种假异常，给资料处理、解释带来困难。

## 4.3.2　地质雷达天线耦合效应

在使用地质雷达进行隧道超前地质预报中，工作面是隧道开挖掌子面，采用点测方式布置测线，地质雷达天线在隧道掌子面沿测线平行移动，但是在掌子面凹凸不平的情况下，当天线移动到掌子面较宽的凹处时，天线不能与掌子面有效耦合，以最大能量入射电磁波，会出现散射现象或假异常，可能会掩盖有效波[29]（图 4.12）。天线耦合效应引起的干扰波有振幅强、频率低的特征，在雷达图像上，沿垂向时间剖面延续长、沿横向测距剖面延续短，呈现出多条连续、整齐的呈矩形分布的同相轴。

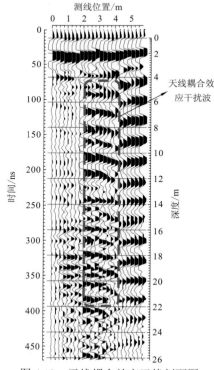

图 4.12　天线耦合效应干扰剖面图

### 4.3.3　隧道中金属物的干扰

电磁波在金属物表面会产生全反射[30]，反射波能量强，电磁波中心频率不会降低。在地质雷达剖面上表现为波形振幅变强，同相轴连续性好（图 4.13）。由于电磁波能量变强，反射波会在金属物和接收天线之间发生多次反射，在时间剖面上表现为强振幅、相似的、连续性好的同相轴垂向延续时间长。这些强反射覆盖了真实地质体的波形，造成严重的干扰。

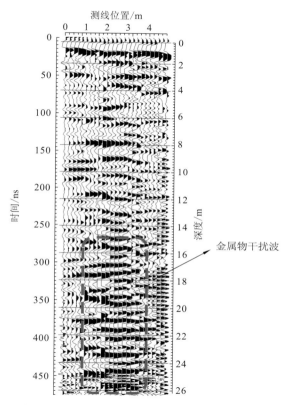

图 4.13　隧道掌子面后方金属物的干扰剖面图

## 4.3.4　雷达测试过程中消除假异常的作业方法

地质雷达天线沿在掌子面布置的测线移动时，应当根据掌子面岩石的凹凸情况改变天线的位置和放置方向，地质雷达工作时，天线尽量紧贴掌子面，使天线与掌子面耦合最佳，尽可能消除由天线耦合效应造成的干扰。

在地质雷达探测作业之前，应和施工现场技术员沟通，提前清除掌子面测线附近的金属物；当不能清除或避开时，应在现场记录中注明，并标出位置，以便后期资料解释过程中准确识别出假异常，避免造成误判。

另外，应该引起注意的是，地质雷达的探测存在一个有效范围。由于这个有效范围的底部椭圆像一个脚印，又被称为"足印"，也就是说雷达波反射有一定的张角，故有时隧道两侧墙 1～2 m 外的地质情况也会有所反映，并且一般在剖面图测线的两端会有绕射波干扰形成，在资料解释时应该引起注意。

掌子面表面如果裂隙水发育，有裂隙水渗出，导致天线的发射机、接收机或仪器主机进水，也会影响测试工作，在测试工作进行之前，应当跟现场技术人员沟通好，在掌子面采取排防水措施后，再进行测试作业。

# 4.4  滤波频带对隧道超前地质预报结果的影响分析

## 4.4.1  频带滤波原理

滤波过程是根据信号频率对信号加以约束，使有用的信号从噪声中分离出来。有用的信号频率显示在地震平均振幅频谱中地震振幅大量集中的区域。

TSP 法滤波过程采用巴特沃思带通滤波。巴特沃思滤波器是 1930 年，由英国工程师斯蒂芬·巴特沃思提出的，它的幅度平方表达式为[31]

$$\left| H_a(\mathrm{j}\Omega) \right|^2 = \frac{1}{1 + \varepsilon^2 \left( \dfrac{\mathrm{j}\Omega}{\mathrm{j}\Omega_c} \right)^{2N}} \tag{4.49}$$

式中：$H_a$ 为转移函数；$\Omega$ 为角频率；$\varepsilon$ 为衰减因子；$N$ 为滤波器阶数；$\Omega_c$ 为通带截止频率。巴特沃思滤波器被称为最平响应滤波器，是因为它的幅度平方函数在 $\Omega=0$ 处的前 $2N-1$ 阶导数为 0。滤波器阶数越大，通带和阻带特性越好，幅频曲线越平坦，越接近理想滤波器。

设计巴特沃思滤波器时常常给定的设计指标有通带截止频率 $\Omega_c$、通带最大衰减 $A_p$（dB）、阻带截止频率 $\Omega_s$ 和阻带最小衰减 $A_s$（dB），则滤波器阶数满足：

$$N \geqslant \frac{\lg(\lambda / \varepsilon)}{\lg(\Omega_s / \Omega_c)} \tag{4.50}$$

式中，

$$\varepsilon = \sqrt{10^{0.1A_p} - 1}, \qquad \lambda = \sqrt{10^{0.1A_s} - 1} \tag{4.51}$$

TSP 法滤波时需要确定 4 个频率值来确定近似梯形通频带的 4 个点，用最大化平滑窗口函数方法代替梯形滤波以避免任何信号的畸变，它不会改变信号的相位谱。较高的通频带（参数低通，高切）比低通频带（参数低切，高通）具有更平滑的滤波功能，因此要选择较大的滤波下限值和较小的滤波上限值以维持数字化的稳定性。图 4.14 为经过巴特沃思滤波前后的地震记录对比图。从图 4.14 中可以看出，滤波后的高频干扰消除，地震资料的信噪比提高。

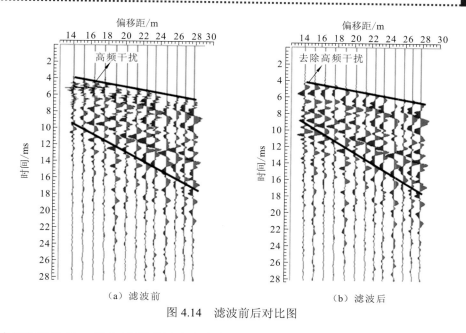

图 4.14　滤波前后对比图

需要注意的是，只有低频或只有高频都不能改善时间分辨率，要增加时间分辨率，低频和高频都是需要的，滤波时应考虑此问题。

## 4.4.2　实测数据滤波分析

以不同的地质体为例，分析不同滤波频带下的 TSP 法预报结果（频带滤波图形中蓝线表示纵波频谱，红线表示横波水平分量频谱，浅绿色实线表示横波垂直分量频谱，灰色实线表示低通，黑色实线表示高切）。

### 1. 软夹层

工程地质概况：隧址区以侵蚀构造中低山为主，地形陡峭，地势起伏大，狭长沟谷纵横发育，多呈 V 字形，沿线地面标高 650～1450 m。隧道洞身主要穿越岩浆岩、变质岩及沉积岩等主要岩石类型，发育有两条区域大断裂构造带。左线全长 18 063 m，右线全长 18 069 m，隧道最大埋深约为 720 m。隧道地质条件较复杂，存在危岩落石、断层、高地应力、软弱围岩、岩溶、瓦斯、放射性等地质问题，隧道施工中可能会发生岩爆、掉块、塌方、涌水涌泥，局部地段可能会有瓦斯、高放射性、岩溶等问题。前期调查结果显示，TSP 法测试段岩性为板岩，无构造发育，地质条件相对简单。

TSP 法预报范围为 YDK777+229～YDK777+329，测试掌子面里程为 YDK777+229，掌子面围岩较完整。图 4.15 为 TSP 法原始记录，图中 $x$ 为纵波分量，$y$ 为水平方向横波分量，$z$ 为垂直方向横波分量。从图 4.15 中可以看出，资料信噪比较高，质量好，高频干扰弱。由 TSP 法数据的频带滤波图（图 4.16）可以发现，主频主要集中在 0～1500 Hz，为此根据主频分布范围进行不同的频带滤波处理。第一种滤波方式：在主频高频端变化趋于平稳时，仍预留一定的平稳变化带宽，一般可选择主频宽度的 1.5～2.5 倍作为低通值，滤波频带也不宜过大，如果频带滤波范围过大，会给后续数据处理带来一定负荷，增加数据处理时间，当然过宽的频带滤波范围也会将一些非有效信号加入数据处理过程，产生假异常，降低预报结果的可靠性，建议高切、低通值分别为 3 000 Hz 和 3 800 Hz [图 4.16（a）]，如果频谱曲线是从 0 位置起跳的，低切和高通值可不做调整。第二种滤波方式：对有效主频范围以外的频率进行切除，将主频峰值下降到最低点，并将即将进入平稳变化的转点作为滤波低通值，此处建议的高切、低通值分别为 2 200 Hz 和 2 600 Hz，见图 4.16（b）。图 4.17（a）、（b）分别为图 4.16（a）、（b）所示滤波情况下得到的岩石力学参数曲线。由图 4.17（a）发现，曲线在 YDK777+238 出现异常，纵、横波波速均降低，根据 TSP 法数据解译准则，推断从 YDK777+238 位置开始围岩较破碎，可能夹软弱层，裂隙水比较发育。从图 4.17（b）发现，曲线在 YDK777+264 出现异常，推断从 YDK777+264 位置开始围岩较破碎，可能夹软弱层。

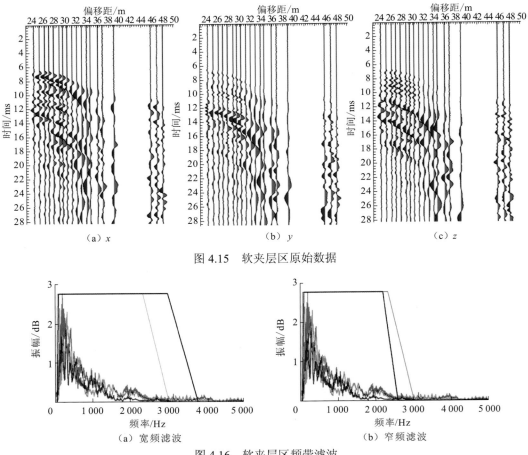

（a）x        （b）y        （c）z

图 4.15　软夹层区原始数据

（a）宽频滤波        （b）窄频滤波

图 4.16　软夹层区频带滤波

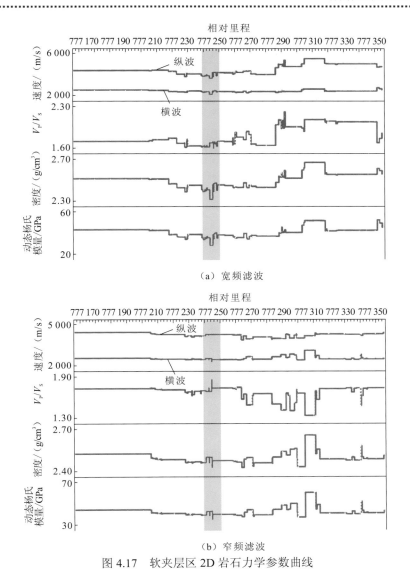

（a）宽频滤波

（b）窄频滤波

图 4.17 软夹层区 2D 岩石力学参数曲线

在实际开挖情况下，当隧道开挖至 YDK777+238 时，揭示的掌子面的地质情况为，围岩较破碎，发育碳质板岩软夹层（图 4.18），图 4.16（a）的滤波范围更合理。分析其原因，首先，除主频范围之外的部分高频成分可能是地质异常体的频率特征响应，切除高频可能间接切除了异常体的有效信号；其次，高频一般代表了浅层的地质信息，因此高频部分的切除，导致测试掌子面附近的地质信息缺失，造成掌子面附近的预报精度降低。

## 2. 突水

隧址区以侵蚀构造中低山为主，地形陡峭，地势起伏大，隧道起讫里程为 X2DK0+000～X2DK1+930，隧道全长 1930 m。洞身段岩性为石英二长岩、二长花岗岩及黑云闪长岩，该段内主要发育有 4 条角度不整合线构造和 3 条断层；隧址区地表水为

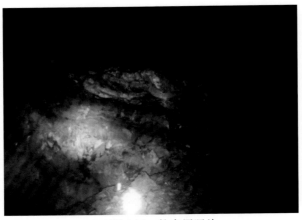

图 4.18 软夹层照片

沟谷水，流量随季节变化大；地下水不发育，主要为基岩风化与构造裂隙水；岩体整体较完整，工程地质条件较好。前期调查结果显示，TSP 法测试段的岩性为石英二长岩，无构造发育。

TSP 法预报范围为 X2DK1+088～X2DK0+988，测试掌子面里程为 X2DK1+088，掌子面围岩较完整。从图 4.19 的 TSP 法原始记录发现，数据存在高频干扰，数据信噪比一般。由图 4.20 可知，主频主要集中在 0～1 000 Hz，此外，在 2 500～3 200 Hz 存在一个次峰值，宽频滤波时保留次峰值，因此建议图 4.20（a）的高切、低通值为 3 000 Hz 和 3 800 Hz，图 4.20（b）只保留有效主频范围，建议高切、低通值为 600 Hz 和 1 200 Hz。由图 4.21（a）可知，图 4.20（a）滤波情况下的 TSP 法岩石力学参数曲线在 X2DK1+048 处横波速度降低明显，纵、横波速度比急剧增大，推断该段裂隙水发育，可能会发生突水（图 4.22）。图 4.20（b）滤波情况下的 TSP 法岩石力学参数曲线在 X2DK1+040 位置纵、横波速度比急剧增大，因此推断在 X2DK1+040 位置可能发生突水。

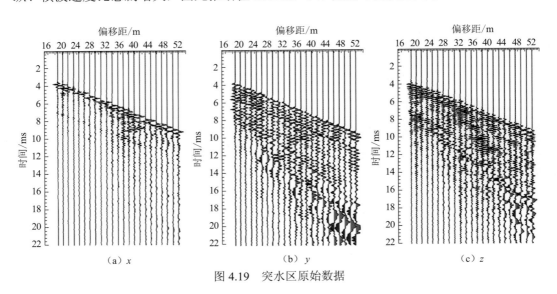

（a）x　　　　　　　　　（b）y　　　　　　　　　（c）z

图 4.19 突水区原始数据

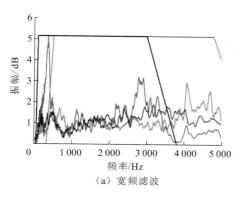

(a) 宽频滤波

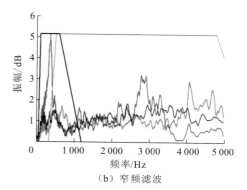

(b) 窄频滤波

图 4.20　突水区频带滤波

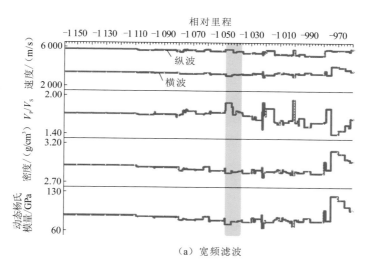

(a) 宽频滤波

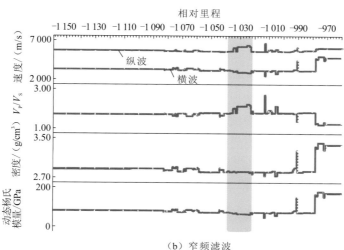

(b) 窄频滤波

图 4.21　突水区 2D 岩石力学参数曲线

图 4.22　突水照片

当隧道开挖至 X2DK1+048 时，掌子面出现突水，流量约为 180 m³/h。因此，图 4.20（a）的滤波范围更合理。

3. 破碎带

工程地质概况：隧址区以侵蚀构造中低山为主，地形陡峭，地势起伏大，隧道起讫里程为 X1DK0+000～X1DK0+734，隧道全长 734 m。洞身段为石英二长岩、黑云闪长岩地层，岩体较完整—较破碎；隧址区地表水为沟谷水，流量随季节变化大；地下水不发育，主要为基岩风化与构造裂隙水；隧址区发育 1 条岩性接触带和 1 条 F1 断层。前期调查结果显示，TSP 法测试段岩性为黑云闪长岩，无构造发育。X1DK0+528～X1DK0+492 段围岩较破碎，X1DK0+492～X1DK0+428 段围岩较完整。

TSP 法预报范围为 X1DK0+528～X1DK0+428，测试掌子面里程为 X1DK0+528，掌子面围岩较完整。从图 4.23 中可以看出，TSP 法数据存在高频干扰，资料信噪比一般。由图 4.24 可知，主频主要集中在 0～1 000 Hz，并在 3 300 Hz 附近存在一个次峰值，宽频滤波时保留次峰值频率，建议图 4.24（a）的高切、低通值为 3 000 Hz 和 3 800 Hz，图 4.24（b）滤波以保留有效主频范围为主，建议高切、低通值为 1 200 Hz 和 1 800 Hz。图 4.25 中，图 4.24（a）滤波情况下的 TSP 法岩石力学参数曲线在 X1DK0+523 处纵波波速降低［图 4.25（a）］，横波波速略有变化，推断裂隙发育，围岩较破碎—较完整（图 4.26）；图 4.24（b）滤波情况下的 TSP 法岩石力学参数曲线在 X1DK0+518 位置出现异常［图 4.25（b）］，纵、横波波速降低明显，推断裂隙发育，围岩较破碎。

当隧道开挖至 X1DK0+523 时，掌子面围岩较破碎。图 4.25（a）相比于图 4.25（b）对异常体的定位更准确些，但图 4.25（a）的波速相对于掌子面波速而言变化起伏程度并不显著，这容易导致对围岩破碎程度的低估，从而影响围岩级别的判定，而图 4.24（b）滤波后的结果更能突出异常情况，对围岩地质情况及围岩级别的判定更加有利。因此，地质异常发育尺寸大（长达 20 m 及以上），且异常明显，应选窄频滤波。

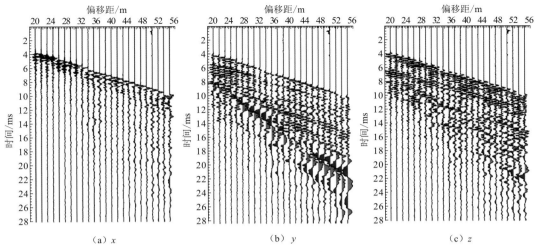

（a）x　　　　　　（b）y　　　　　　（c）z

图 4.23　破碎带原始数据

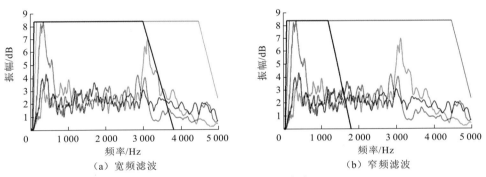

（a）宽频滤波　　　　　　　　　（b）窄频滤波

图 4.24　破碎带频带滤波

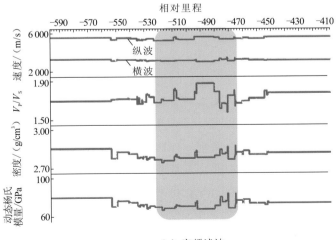

（a）宽频滤波

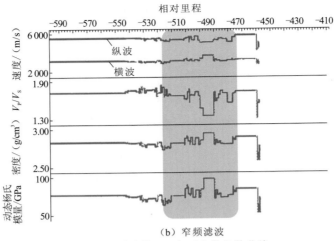

图 4.25　破碎带 2D 岩石力学参数曲线

图 4.26　破碎带照片

## 4. 假异常

某高速公路隧道右洞起讫里程为 YK108+067～YK111+100，长 3 033 m，最大埋深约 207 m。隧址区贯穿的岩性主要为砂岩、石灰岩和页岩。进口端分布地层的岩性为砂岩，岩层产状为 121°∠26°，附近露头风化强烈，节理裂隙密集、紊乱。出口端分布地层的岩性为页岩，岩层产状为 134°∠10°，主要发育 2 组节理裂隙（J1 为 264°∠75°，J2 为 184°∠82°）。前期调查结果显示，TSP 法测试段的岩性为石灰岩，无构造发育，相同里程段的左洞发育溶洞，右洞存在发育溶洞的可能性。

TSP 法预报范围为 YK108+947～YK109+047，测试掌子面里程为 YK108+947，掌子面围岩较完整。从图 4.27 可以看出，TSP 法数据存在强高频干扰，数据信噪比低。由图 4.28 可见，在 2 000～3 000 Hz 范围存在横波水平分量主峰，但纵波和横波垂直分量频谱基本无峰值，而此峰值并不能代表石灰岩的主频（中国地区岩石主频一般在 2 500 Hz

以内），但不排除次峰值可能为某异常体的频率响应，因此建议图 4.28（a）滤波的高切、低通值为 3 000 Hz 和 3 800 Hz。另外，从图 4.28 可以发现，在 0～1 000 Hz 纵、横波频谱略有凸起，因为受到横波频谱振幅的压制，其凸起程度并不明显，但频谱范围符合主频的范围，因此图 4.28（b）滤波时将其作为主频保留，滤掉其他频谱，建议图 4.28（b）的高切、低通值为 1 000 Hz 和 1 500 Hz。图 4.29 中，图 4.28（a）滤波情况下的 TSP 法岩石力学参数曲线在 YK108+965～YK109+025 段纵、横波波速起伏变化，推断围岩较破碎，局部发育溶洞，而图 4.28（b）滤波情况下的 TSP 法岩石力学参数曲线在局部位置出现异常，推断可能发育溶洞。

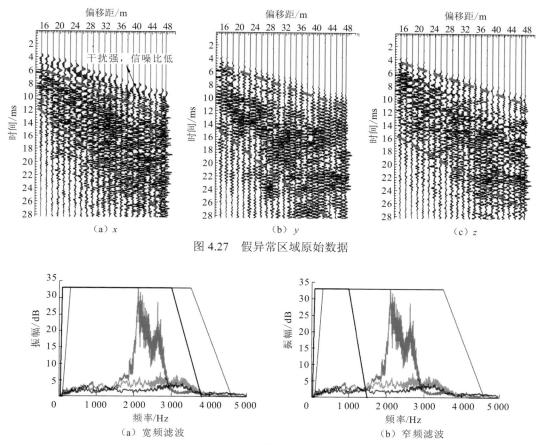

图 4.27　假异常区域原始数据

图 4.28　假异常区域频带滤波

实际开挖情况为 YK108+947～YK109+047 段围岩较完整，无溶洞发育，掌子面围岩较完整。图 4.29（a）相比于图 4.29（b）假异常范围大，而图 4.29（b）经过压缩滤波范围，剔除了一些假异常，使预报结果更为可靠。但由于数据噪声干扰过强，淹没了有效信号的主频，窄频滤波后仍存在假异常。因此，对于低信噪比数据，经滤波后仍存在地质异常时，应结合其他超前地质预报方法进一步判定。

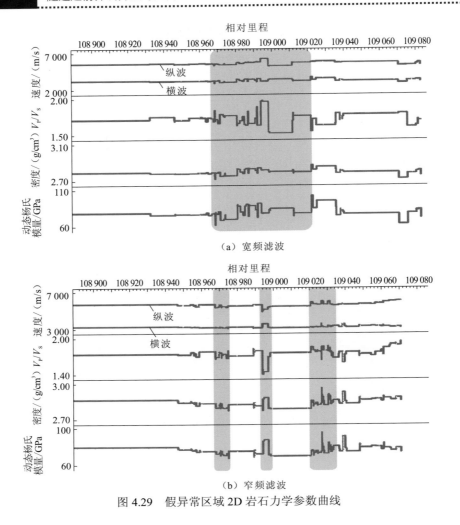

（a）宽频滤波

（b）窄频滤波

图 4.29　假异常区域 2D 岩石力学参数曲线

### 5. 溶洞

某高速公路隧道左洞起讫里程为 ZK108+078～ZK111+078，长 3 000 m，最大埋深约 200 m。隧址区贯穿的岩性主要为砂岩、石灰岩和页岩。进口端分布地层的岩性为砂岩，岩层产状为 121°∠26°，附近露头风化强烈，节理裂隙密集、紊乱。出口端分布地层的岩性为页岩，岩层产状为 134°∠10°，主要发育两组节理裂隙（J1 为 264°∠75°，J2 为 184°∠82°）。前期调查结果显示，TSP 法测试段的岩性为石灰岩，无构造发育。

TSP 法预报范围为 ZK109+041～ZK109+141，测试掌子面里程为 ZK109+041，围岩较完整。从图 4.30 可以看出，TSP 法数据存在高频干扰，资料信噪比低。图 4.31 显示，主频范围集中在 0～1 500 Hz，且存在多个次峰，可能为地质异常体的频率响应，宽频滤波时将其保留，建议高切、低通值为 3 000 Hz 和 3 800 Hz[图 4.31（a）]，由于数据信噪比较低，次峰值也可能为噪声干扰频率，图 4.31（b）滤波只保留有效的主频范围，建议高切、低通值为 1 700 Hz 和 2 100 Hz。图 4.32 中，图 4.31（a）滤波情况下的 TSP 法岩石力学参数曲线在 ZK109+057～ZK109+069 段、ZK109+083～ZK109+094 段和 ZK109+100～ZK109+102 段纵、横波速度降低明显，推断可能发育溶洞；而图 4.31（b）滤波情况下的 TSP 法岩石力学参数曲线在 ZK109+052～ZK109+080 段和 ZK109+088～ZK109+098 段纵、横波速度降低明显，推断可能发育溶洞。实际开挖情况为 ZK109+058 和 ZK109+102 处发育溶洞（图 4.33）。图 4.32（a）相比于图 4.32（b）预报结果更准确，因为窄频滤波后异常位置发生偏移。此外，即使数据噪声干扰较强，但当各分量的频谱曲线中主频明显时，TSP 法仍对异常有较好的识别能力。

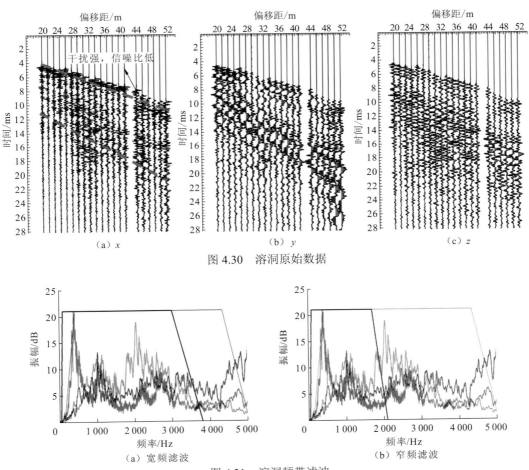

图 4.30 溶洞原始数据

图 4.31 溶洞频带滤波

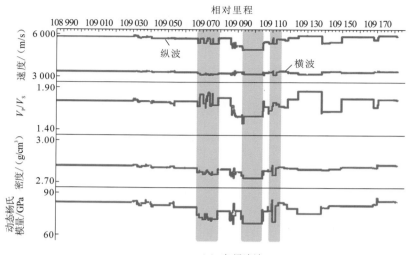

（a）宽频滤波

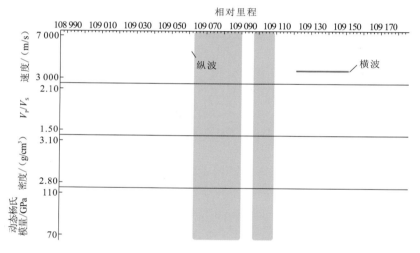

（b）窄频滤波

图 4.32　溶洞 2D 岩石力学参数曲线

图 4.33　溶洞照片

## 4.4.3  滤波频带对 TSP 法预报结果的影响分析

（1）信噪比高的数据在进行滤波时应进行宽频滤波（适当增加低通和高通的差值），如果滤波范围缩小，会导致异常位置偏移（多向远距离方向移动），易造成误判。当异常体发育尺寸大，且异常强烈、明显时，宽频与窄频滤波不会影响 TSP 法对异常体的识别，此时适当地压缩滤波范围，异常会更加凸显，有利于异常体判断，同时能对围岩地质情况和围岩给出合理的判定。

（2）对于信噪比低、主频不明显的数据，宽频滤波会增加假异常，而适当地缩小滤波范围有助于剔除假异常，提高预报结果的可靠性。对于滤波后仍存在的地质异常体，应结合其他超前地质预报方法进一步判定。

（3）对于信噪比低、主频明显的数据中发育的尺寸较小的异常体，滤波频带的缩小会导致异常体位置的偏移，要选择宽频滤波，确保对不良地质体的精确定位。尽管数据信噪比低，但当各分量的频谱曲线中主频明显时，TSP 法仍对不良地质体有较好的识别能力。

（4）对主频之外的高频频谱，要慎重滤波，因为高频成分可能是特殊地质体的频率响应，过窄的频带滤波可能造成异常体的漏报。

# 参 考 文 献

[1] 周结. 隧道地震超前预报有限差分数值模拟和 Radon 变换波场分离研究[D]. 重庆: 重庆大学, 2018.

[2] 陈金焕, 曹永生, 孙成龙, 等. 基于二分法的地震波初至自动拾取算法[J]. 地球物理学进展, 2015, 2: 688-694.

[3] 王伟, 高星, 刘孝卫. 几种初至自动拾取算法在地震波法隧道超前探测中的对比分析[J]. 隧道建设 (中英文), 2019, 8: 1239-1246.

[4] FARRA V, MADARIAGA R. Non-linear reflection tomography[J]. Geophysical journal international, 1988, 95(1): 135-147.

[5] WILLIAMSON P R. Tomographic inversion in reflection seismology[J]. Geophysical journal international, 1990, 100(2): 255-274.

[6] 田宗勇, 吴建成, 刘家琦, 等. 地震反射层析成像方法的研究及其在工程中的应用[J]. 物探与化探, 1997, 21(5): 394-397.

[7] 成谷, 马在田, 耿建华, 等. 地震层析成像发展回顾[J]. 勘探地球物理进展, 2002, 25(3): 6-11.

[8] 成谷, 马在田, 张宝金, 等. 地震层析成像中存在的主要问题及应对策略[J]. 地球物理学进展, 2003, 18(3): 512-518.

[9] BOEHM G, 张玺科, 刘新敏. 反射层析成像法与叠加速度分析[J]. 石油物探译丛, 1997(4): 29-39.

[10] 张建南. 地震射线追踪法的模型研究与应用[J]. 物探与化探, 2006, 30(4): 319-321.

[11] 井西利, 杨长春, 王世清. 一种改进的地震反射层析成像方法[J]. 地球物理学报, 2007, 50(6):

1831-1835.

[12] THURBER C H, ELLSWORTH W L. Rapid solution of ray tracing problems in heterogeneous media[J]. Bulletin of the seismological society of America, 1980, 70(4): 1137-1148.

[13] BLEISTEIN N. Mathematical methods for wave phenomena[M]. Cambridge: Academic Press, 2012.

[14] CÏERVENYÂ V, MOLOTKOV I, PSÏENCÏÔÂK I. Ray methods in seismology[M]. Prague: University of Karlova, 1977.

[15] LANGAN R T, LERCHE I, CUTLER R T. Tracing of rays through heterogeneous media: An accurate and efficient procedure[J]. Geophysics, 1985, 50(9): 1456-1465.

[16] VIDALE J. Finite-difference calculation of travel times[J]. Bulletin of the seismological society of America, 1988, 78(6): 2062-2076.

[17] VAN TRIER J, SYMES W W. Upwind finite-difference calculation of traveltimes[J]. Geophysics, 1991, 56(6): 812-821.

[18] SCHNEIDER W A, RANZINGER K A, BALCH A H, et al. A dynamic programming approach to first arrival traveltime computation in media with arbitrarily distributed velocities[J]. Geophysics, 1992, 57(1): 39-50.

[19] LOEWENTHAL D, ROBINSON E A. On unified dual fields and Einstein deconvolution[J]. Geophysics, 2000, 65(1): 293-303.

[20] DANKBAAR J W M. Separation of P- and S- waves[J]. Geophysical prospecting, 1985, 33: 970-986.

[21] DEVANEY A J, ORISTAGLIO M L. A plane-wave decomposition for elastic wave fields applied to the separation of P-waves and S-waves in vector seismic data[J]. Geophysics, 1986, 51(2): 419-423.

[22] DELLINGER J, ETGEN J. Wave-field separation in two-dimensional anisotropic media[J]. Geophysics, 1990, 55(7): 914-919.

[23] 马德堂, 朱光明. 弹性波波场 P 波和 S 波分解的数值模拟[J]. 石油地球物理勘探, 2003, 38(5): 482-489.

[24] 李振春, 张华, 刘庆敏, 等. 弹性波交错网格高阶有限差分法波场分离数值模拟[J]. 石油地球物理勘探, 2007, 42(5): 510-519.

[25] 尧德中. 几种弹性波递推方程的反射及波型转换性能的研究[J]. 石油地球物理勘探, 1996, 31(4): 467-475.

[26] 张大洲. 井间地震弹性波逆时偏移成像研究[D]. 武汉: 中国地质大学, 2009.

[27] MULLER G. The reflectivity method: A tutorial[J]. Geophysics, 1985, 58: 153-174.

[28] 兰樟松, 张虎生, 张炎孙, 等. 浅谈地质雷达在工程勘察中的干扰因素及图像特征[J]. 物探与化探, 2000, 24(5): 387-390.

[29] 钟世航, 李术才, 王荣. 探地雷达在隧道地质预报探水中的几个问题[C]//中国地球物理学会第23届年会论文集. 青岛: 中国海洋大学出版社, 2007: 284-285.

[30] 赵宪堂, 万国普. 地质雷达图像中地面干扰的识别与去除[J]. 水文地质工程地质, 2001(6): 57-59.

[31] 汪其锐. 基于改进的巴特沃斯滤波方法的色母机控制系统设计与实现[D]. 济南: 山东大学, 2013.

# 第5章

工程实践与应用

# 5.1 蒙华铁路超前地质预报工程应用实例

## 5.1.1 工程概况

蒙华铁路是国内超长运煤专线——蒙西到华中地区煤运铁路，北起内蒙古自治区浩勒报吉站，终点到达江西省吉安市，线路全长 1 837 km。蒙华铁路三荆段 MHTJ-18 标隧道走向近南北向，线路起点位于河南省南阳市内乡县无道路通达处，终点位于内乡县湍东镇境内，地形起伏，交通不便。标段内隧道顺延顺序依次为方山 1 号隧道、方山 2 号隧道及红土岭隧道，隧道起点位于方山 1 号隧道进口，里程为 DK909+625，终点位于红土岭隧道出口，里程为 DK914+710，隧道全长 5 085 m。

## 5.1.2 地形地貌

项目区隧道位于河南省西部西峡盆地南侧剥蚀丘陵区，丘陵与谷地相间分布，山脊多呈北南向展布，山坡自然坡度一般为 10°～45°，区内标高为 190～350 m，相对高差为 80～160 m。隧道洞身多岩溶发育带，且地势起伏，局部较为陡峭。植被局部发育，主要为树木及杂草，局部辟为旱地。沟谷地带，地势狭长，较为平缓，多呈 U 字形，大部分发育为冲沟、溪流，雨季为水沟，山脚地段零星有民房及旱地。

## 5.1.3 工程地质条件

项目区隧道经过的地层岩性众多，有震旦系（Z）、寒武系（Є）、奥陶系（O）及第四系（Q）等。

区内褶皱十分发育，测区位于秦岭造山带东段，区域上为师岗—紫荆关复式向斜构造西北翼，隧址区岩层整体为单斜构造。基岩主要为白云岩、灰岩、泥灰岩、泥质白云岩、泥质页岩、凝灰岩及泥岩，局部地段为变凝灰岩、绿泥片岩、泥岩，地下水不发育，未见地下水出露。隧道多岩溶发育带，应注意突水、突泥，对于洞身下的岩溶应加强隧底探测。物探资料显示 DK910+140 处电阻率差异异常，推测为断裂破碎带。另外，对于 DK910+090～DK910+170 段，综合勘探揭示其为节理密集发育带。DK910+901～DK910+910 段和 DK910+937～DK910+952 段为洞身上岩溶发育带。物探资料显示 DK910+979、DK912+185、DK912+440、DK913+970 处电阻率差异异常，推测为断裂破碎带。

## 5.1.4　地质雷达法数据采集及处理

### 1. 地质雷达超前地质预报原理

地质雷达应用脉冲高频电磁波来探测地下隐蔽介质的分布和目标物。地质雷达发射天线向地下发射高频宽带短脉冲电磁波，遇到具有不同介电特性的介质就会有部分电磁波能量被返回，接收天线接收反射回来的电磁波并记录其反射时间。根据电磁波在介质中的波速和旅行时间可以计算界面深度（$h = V \times t / 2$）。其中，电磁波在介质中的传播速度 $V = C / \varepsilon_r^{1/2}$，$C$ 为电磁波在真空中的传播速度 $0.3$ m/ns，$\varepsilon_r$ 为相对介电常数。

当发射天线沿探测物表面移动时就能得到其内部介质的剖面图像（其工作原理见图 2.40），并可通过对方法参数、天线的选择来提高分辨率。根据接收到的波的运动学和动力学特征，如反射时间、幅度、频率与波形变化等资料，可以推断介质的内部结构及目标的深度、形状等。同理，地质雷达预报利用发射天线将高频电磁波以脉冲形式经掌子面发射至地层中，经反射界面反射回隧道掌子面，由接收天线接收电磁波信号并进行分析解释，达到在短距离内进行预报的目的。

### 2. 测线布置

现场探测时，可在掌子面布设井字形测网，受掌子面测试条件限制时，可用二字形和十字形测线代替，当区域构造走向与隧道轴线大致平行时，应在隧道侧壁布置一些测线（图 5.1）。

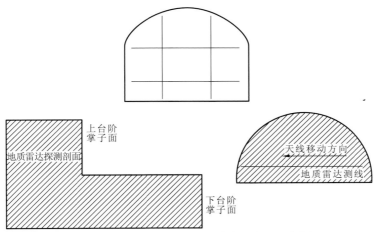

图 5.1　地质雷达掌子面测线井字形布置示意图

### 3. 数据处理和图像解释

地质雷达的数据处理和图像解释：地质雷达所测得的原始记录资料，首先要由计算机进行编辑、滤波、振幅调整、时间剖面输出等一系列处理，然后根据波速进行时间—深度的换算得到解译的图像剖面。处理步骤具体为一维滤波去直流漂移→静校正移动开始时间→根据能量衰减调整增益→二维滤波抽取平均道→一维巴特沃思带通滤波。经过以上处理得到反映地层剖面的不同岩性和结构面分界线的雷达时间剖面图像。

地质雷达图像剖面是地质雷达资料解释的基础，只要掌子面前方介质中存在电性差异，就可以在雷达剖面图中找到相应的反射波与之对应。雷达剖面图的识别主要是确定具有相同特征的反射波组的同相轴。通常来说，构造断裂带在雷达剖面图上的波形反映一般是与断裂带走势相同的一条曲线，软弱夹层和岩溶洞穴的波形反映一般是由许多细小的抛物线组成的一块较大区域，与周围的波形存在明显的差异。实践证明，地质雷达对掌子面前方含水的溶洞、断裂带等异常的反映较好，但预报范围会相对缩短。因为电磁波能量会被水大量吸收，探测距离相对缩短。电磁波在地层中传播时的能量消耗也很大，也会对探测距离有一定的影响。雷达图像的判读除了在雷达剖面图上发现明显的信号异常之外，还要注意观察掌子面施工现场的地质情况，结合地质方面的知识加以综合判断。

图 5.2 为应用加拿大生产的 EKKO PRO 型地质雷达的 100 MHz 天线，图 5.3 为某公路隧道某掌子面处的预报成果。从处理得到的雷达图像来看，掌子面左侧往前方 6.5 m 到掌子面右侧往前方 4 m 左右，雷达波波幅异常，推测为一条斜向发育的裂隙，宽度较小，可能有水渗出；掌子面前方 11.5～14.5 m、16.7～18 m 雷达反射波界面较清晰，推测为软夹层或裂隙发育面，裂隙面可能有水流出。其他范围内围岩较完整。

图 5.2  EKKO PRO 型地质雷达

特点分析：在前方岩体完整的情况下，可以预报 30 m 的距离；在岩石不完整或存在构造的条件下，预报距离变小，甚至小于 10 m。雷达探测的效果主要取决于不同介质的电性差异，即介电常数，若介质之间的介电常数差异大，则探测效果好。由于地质雷达法对空洞、水体等的反映较灵敏，故在岩溶地区用得较普遍，且具有扫描速度快、操作简便、分辨率高、屏蔽效果好、图像直观等优点。其缺点是洞内测试时，受到的干扰因素较多，往往造成假异常，形成误判。此外，它预报的距离有限，一般不超过 30 m，且要占用掌子面的工作时间。

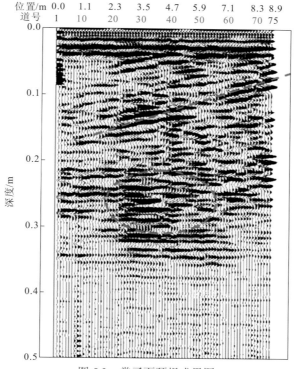

位置/m 0.0　1.1　2.3　3.5　4.7　5.9　7.1　8.3 8.9
道号　1　10　20　30　40　50　60　70 75

图 5.3　掌子面预报成果图

### 4. 地质雷达现场数据采集

现场检测采用加拿大 Sensors & Software 公司制造的 EKKO PRO 型地质雷达系统。雷达检测时发射天线和接收天线与隧道掌子面表面密贴，沿测线移动，由雷达主机发射雷达脉冲，进行快速、连续采集。采用点测方式进行采样，测点距为 0.2 m。检测时，沿测线纵向的定位误差小于 10 cm，沿测线方向的误差控制在 15 cm 内（个别位置由于受洞中障碍物或预报里程误差的影响，纵向定位误差可能较大）。

采集过程中沿着在掌子面上布置的测线，同时移动发射天线和接收天线。现场工作照片如图 5.4 所示。

图 5.4　地质雷达现场工作照

现场检测的具体步骤如下。

（1）天线选型。

针对本次隧道衬砌检测的具体情况，主要从分辨率、穿透力和稳定性三个方面综合衡量，选择了 100 MHz，该频率穿透深度较大，可以检测掌子面前方的不良地质体。

（2）采集参数的确定。

在选定测量天线后，进行了记录参数选取试验。根据现场调试分析结果，确定主要参数如下。

采用点测方式进行采样，测点距为 0.2 m。

记录时窗为 715 ns，64 次叠加。

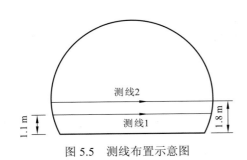

图 5.5　测线布置示意图

（3）检测测线布置。

使用地质雷达进行超前预报时，以掌子面前方为探测目标，测线布置如图 5.5 所示。

（4）检测过程中的注意事项。

使用地质雷达采集数据时，易受到测线附近的构造物、金属物、电磁的干扰，将其记录在册，并标出位置，在这样的区域探测时，应排除干扰的影响。

发射天线和接收天线与隧道掌子面表面要紧密贴合，平行测线等间距，每次采样移动 0.2 m。

### 5. 地质雷达数据处理

数据处理采用加拿大 Sensors & Software 公司研发的 EKKO_View Enhanced & Deluxe 和中国地质大学（武汉）研制的地质雷达处理软件。处理的内容主要如下。

预处理：①数据编辑；②数据文件的合并。

实质性处理：①零点校正；②扩散和指数补偿；③带宽滤波处理；④直达波压制；⑤时深转换；⑥成图输出。

数据处理的方法主要有偏移、背景去除、增益、滤波、希尔伯特变换、反褶积、道间平衡、子波相干加强等。

## 5.1.5　地质雷达法在蒙华铁路的典型预报案例

### 1. 方山 1 号隧道案例

方山 1 号隧道勘察和地面地质调查资料：方山 1 号隧道位于河南省南阳市内乡县淅东镇境内，采用单洞双线形式，隧道长 1 135 m，隧道建筑长 1 145 m，隧道进出口里程分别为 DK909+625、DK910+760。区内以剥蚀丘陵为主，地形起伏，沟谷狭长，多呈宽缓 U 字形，隧道穿越白云岩、灰岩、白云岩夹杂泥岩地层，隧道最大埋深为 165 m。隧道区大部分基岩裸露，局部地段有残积土层分布。

案例 1：方山 1 号隧道在 DK910+710 位置发育小溶洞。

探测结果如图 5.6 所示，在掌子面前方 0～3 m（DK910+714.1～DK910+711.1）范围内，同相轴连续性较差，推断该范围内围岩多较破碎，局部破碎。在掌子面前方 3～6 m（DK910+711.1～DK910+708.1）范围内，同相轴弯曲，呈弧形，推断该范围内小溶洞发育。

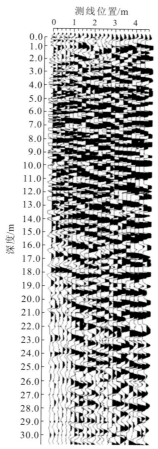

图 5.6　方山 1 号隧道出口掌子面（DK910+714.1）地质雷达成果剖面图

如图 5.7 所示，实际开挖揭示情况为，方山 1 号隧道于 DK910+710 位置围岩破碎，发育小溶洞，与地质雷达预报解译结果较一致。

案例 2：方山 1 号隧道在 DK910+631～DK910+616 段溶蚀或溶槽发育。

探测结果如图 5.8 所示，在掌子面前方 0～6 m（DK910+631～DK910+625）范围内，同相轴连续性较差—差，推断该范围内围岩多较破碎，局部较完整；其中，在掌子面前方 2～6 m（DK910+629～DK910+625），同相轴呈弧状，推断溶蚀或溶槽发育。

图 5.7　方山 1 号隧道 DK910+710 处开挖揭示的小溶洞发育情况

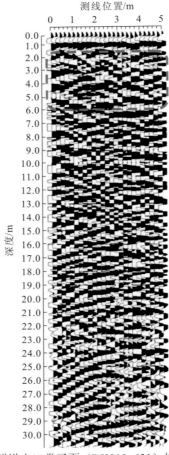

图 5.8　方山 1 号隧道出口掌子面（DK910+631）地质雷达成果剖面图

如图 5.9 所示，实际开挖揭示情况为，方山 1 号隧道于 DK910+631～DK910+616 段围岩破碎，发育溶蚀或溶槽，与地质雷达预报解译结果较一致。

图 5.9    方山 1 号隧道 DK910+631～DK910+616 段开挖揭示的溶蚀或溶槽发育情况

案例 3：方山 1 号隧道在 DK910+242～DK910+227 段内发现溶蚀现象。

探测结果如图 5.10 所示，在掌子面前方 1～4 m（DK910+242～DK910+239）、测线从左至右 5～7 m 范围内，掌子面前方 2～5 m（DK910+241～DK910+238）、测线从左至右 0～2 m 范围内，以及掌子面前方 5～15 m（DK910+238～DK910+228）、测线从左至右 0～6 m 范围内，同相轴连续性较差，强振幅夹弱振幅，局部有小波形，推断该范围内围岩较破碎，存在软弱夹层，发育溶蚀。

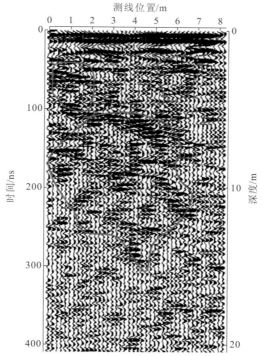

图 5.10    方山 1 号隧道出口掌子面（DK910+243）地质雷达成果剖面图

如图 5.11 所示，实际开挖揭示情况为，方山 1 号隧道于 DK910+242～DK910+227 段发现溶蚀现象，与地质雷达预报解译结果较一致。

图 5.11　方山 1 号隧道 DK910+242～DK910+227 段开挖揭示的溶蚀发育情况

案例 4：方山 1 号隧道 DK910+205～DK910+175 段围岩较破碎，溶蚀发育。

探测结果如图 5.12 所示，在掌子面前方 11～21 m（DK910+194～DK910+184）、测线从左至右 2～4 m 范围内，以及掌子面前方 12～24 m（DK910+193～DK910+181）、测线从左至右 6～9.6 m 范围内，波形较细密，同相轴连续性较差，推断该范围内围岩较破碎，溶蚀发育。

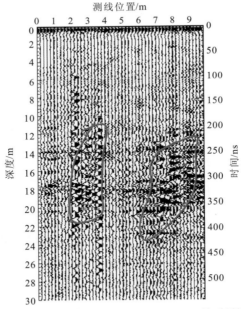

图 5.12　方山 1 号隧道出口掌子面（DK910+205）地质雷达成果剖面图

如图 5.13 所示，实际开挖揭示情况为，方山 1 号隧道于 DK910+205～DK910+175 段发现溶蚀现象，与地质雷达预报解译结果较一致。

图 5.13　方山 1 号隧道 DK910+205～DK910+175 段开挖揭示的溶蚀发育情况

## 2. 方山 2 号隧道案例

方山 2 号隧道勘察和地面地质调查资料：方山 2 号隧道位于河南省南阳市内乡县湍东镇境内，隧道进口里程为 DK910+840，出口里程为 DK911+065，全长 225 m。场区以剥蚀丘陵为主，地形起伏，沟谷狭长，多呈宽缓 U 字形；隧道穿越白云岩，局部有泥质白云岩和滑塌角砾状灰岩地层，整体埋深较浅；进口轨面设计高程为 232.87 m，出口路肩设计高程为 233.91 m，隧道最大埋深为 37 m。

案例：方山 2 号隧道 DK910+900～DK910+915 段溶蚀发育，充填风化土层。

探测结果如图 5.14 所示，在掌子面前方 3～8.5 m（DK910+888～DK910+893.5）、

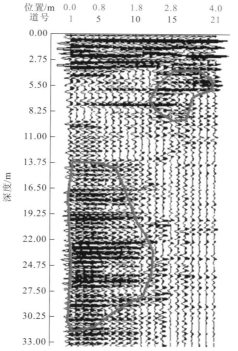

图 5.14　方山 2 号隧道进口掌子面（DK910+885）地质雷达成果剖面图

测线从左至右 2.5～4 m 范围内，以及掌子面前方 13.75～30 m（DK910+898.75～DK910+915）、测线从左至右 0～2 m 范围内，雷达反射波较强，同相轴水平连续，推断可能为顺层的岩溶溶蚀发育，充填风化土层。

如图 5.15 所示，实际开挖揭示情况为，方山 2 号隧道 DK910+900～DK910+915 段溶蚀发育，充填风化土层，与地质雷达预报解译结果较一致。

图 5.15　方山 2 号隧道 DK910+900～DK910+915 段
开挖揭示的溶蚀发育、充填风化土层情况

### 3. 红土岭隧道案例

红土岭隧道勘察和地面地质调查资料：红土岭隧道位于河南省南阳市内乡县湍东镇境内，采用单洞双线形式，隧道长 2 995 m，隧道建筑长 3 000 m，隧道进出口里程分别为 DK911+785、DK914+780。区内以剥蚀丘陵为主，地形起伏，沟谷狭长，多呈宽缓 U 字形，隧道穿越白云岩、灰岩、泥灰岩、泥质白云岩、泥质页岩、凝灰岩及泥岩地层，隧道最大埋深 204 m。隧道区大部分基岩裸露，局部地段有残积土层分布。

案例 1：红土岭隧道在 DK912+415～DK912+433 段围岩较破碎，局部溶蚀发育。

探测结果如图 5.16 所示，在掌子面前方 4～7 m（DK912+407～DK912+410）、测线从左至右 0～6 m 范围内，掌子面前方 12～16 m（DK912+415～DK912+419）、测线从左至右 3.5～8 m 范围内，以及掌子面前方 18～24 m（DK912+421～DK912+427）、测线从左至右 0～8 m 范围内，雷达反射波较强，同相轴连续性较差，推断该范围内围岩较破碎。

如图 5.17 所示，实际开挖揭示情况为，红土岭隧道在 DK912+415～DK912+433 段围岩较破碎，局部溶蚀发育，与地质雷达预报解译结果较一致。

案例 2：红土岭隧道在 DK913+344～DK913+353 段局部溶蚀发育。

探测结果如图 5.18 所示，在掌子面前方 2～15 m（DK913+344～DK913+357）、测线从左至右 0.5～8 m 范围内，以及掌子面前方 12～30 m（DK913+354～DK913+372）、测线从左至右 4～8 m 范围内，同相轴连续性较差，推断该范围内围岩较破碎，局部发育溶蚀。

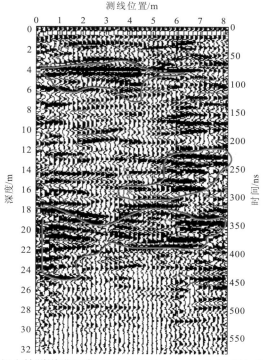

图 5.16　红土岭隧道进口掌子面（DK912+403）地质雷达成果剖面图

图 5.17　红土岭隧道 DK912+415～DK912+433 段围岩较破碎、局部溶蚀发育情况

　　如图 5.19 所示，实际开挖揭示情况为，红土岭隧道 DK913+344～DK913+353 段局部溶蚀发育，与地质雷达预报解译结果较一致。

　　案例 3：红土岭隧道在 DK914+130、DK914+120、DK914+110 处发现溶洞。

　　探测结果如图 5.20 所示，在掌子面前方 0～5 m（DK914+132～DK914+127）、测线从左至右 3～7 m 范围内，振幅较强，同相轴连续性差，局部同相轴弯曲，呈弧状，推断该范围内溶洞发育；在掌子面前方 10～26 m（DK914+122～DK914+106）、测线从左至右 0～3 m 范围内，振幅较强，同相轴连续性差，局部同相轴弯曲，呈弧状，推断该范围内围岩破碎，局部溶洞或泥质夹层发育。

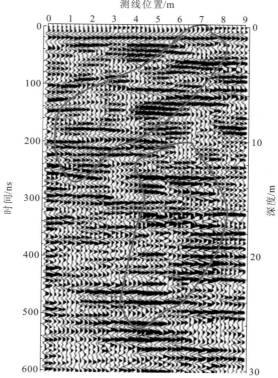

图 5.18　红土岭隧道进口掌子面（DK913+342）地质雷达成果剖面图

图 5.19　红土岭隧道 DK913+344～DK913+353 段局部溶蚀发育情况

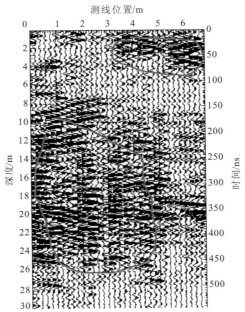

图 5.20　红土岭隧道出口掌子面（DK914+132）地质雷达成果剖面图

如图 5.21 所示，实际开挖揭示情况为，红土岭隧道在 DK914+130、DK914+120、DK914+110 处发现溶洞，与地质雷达预报解译结果较一致。

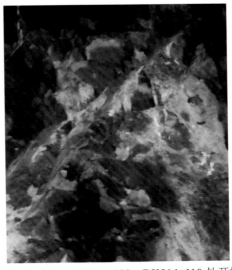

图 5.21　红土岭隧道 DK914+130、DK914+120、DK914+110 处开挖揭示的溶洞发育情况

案例 4：红土岭隧道在 DK914+199.4～DK914+187.4 段发现多处溶洞。

探测结果如图 5.22 所示，在掌子面前方 6～20 m（DK914+194～DK914+180）、测线从左至右 0～4 m 范围内，以及掌子面前方 1～20 m（DK914+199～DK914+180）、测线从左至右 4～9 m 范围内，强振幅夹弱振幅，同相轴弯曲，呈弧状，推断该范围内溶洞发育，围岩多较破碎，局部破碎。

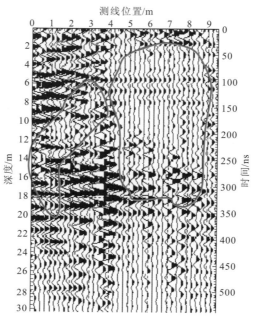

图 5.22　红土岭隧道出口掌子面（DK914+200）地质雷达成果剖面图

　　如图 5.23 所示，实际开挖揭示情况为，红土岭隧道在 DK914+199.4～DK914+187.4 段发现多处溶洞，与地质雷达预报解译结果较一致。

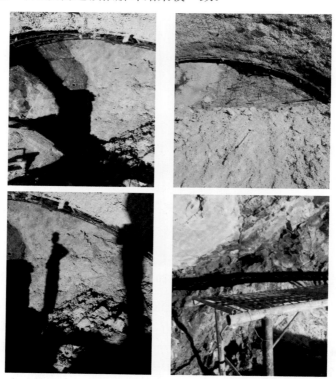

图 5.23　红土岭隧道 DK914+199.4～DK914+187.4 段开挖揭示的溶洞发育情况

## 5.1.6　TSP 法数据采集及处理

### 1. TSP 法工作原理

TSP 法属于多波、多分量、高分辨率地震波反射法，其基本原理是利用地震波在不均匀地质体中产生的反射波特性来预报隧道掘进面前方及周围邻近区域的地质状况。TSP 法测量系统通过在掘进面后方一定距离内的钻孔中施以微型爆破来发射信号，爆破引发的地震波在岩体中以球面的形式向四周传播，其中一部分向隧道前方传播，经隧道前方的界面反射回来，反射信号由接收传感器转换成电信号并放大。从起爆到发射信号被接收的时间与反射面和隧道掘进面的距离成比例。通过反射时间与地震波传播速度的换算可以将反射面的位置、与隧道轴线的夹角及与隧道掘进面的距离确定下来，还可以将隧道中存在的岩性变化带的位置探测出来，图 5.24 为 TSP 法工作原理和现场工作图。

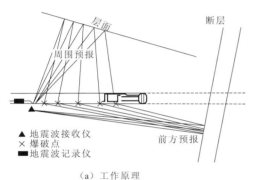

（a）工作原理　　　　　　　　　　　　　（b）现场工作图

图 5.24　TSP 法工作原理和现场工作图

### 2. TSP 法观测方式

预报断层构造时，钻孔应根据断层走向布置在与断层夹角较小一侧的隧道边墙上。每一次预报的炮数正常为 24 个，但应不少于 20 个，炮孔间距为 1.5 m。炮孔高度为 1～1.5 m，所有炮孔的高度与安装接收器的钻孔高度相同。炮孔孔深 1.2～1.5m（孔深应尽量一致），向下倾斜 10°～20°，垂直于隧道轴向，或者向前与掌子面成 10°角，距掌子面约 50 m，距第一爆破孔 20 m；在隧道两壁各造 1 个接收器安装钻孔，接收器安置高度与炮孔一致；孔径为 42～45 mm，孔深不大于 2 m，接收孔上倾。接收器与孔壁的耦合必须紧密，施测时隧道中应没有其他振动源。观测方式布置见图 5.25。

### 3. TSP 法资料解释

TSP 法解译时，一次不要解译太多的不良地段，避免不同类型或不同产状地质体间信号的相互影响，可把不良地质体的产状按相近程度进行分组，按组分别进行解译。影像点剖面图不是隧道壁所在铅直剖面，所以黑洞在影像点剖面图上的指示高度不是隧道中的实际高度，比实际的高度要大；但黑洞在影像点剖面图上的跨度指示值是隧道掘进时的实际宽度。通过改变震源间距和传感器与第一震源的间距来增加探测距离的方法不

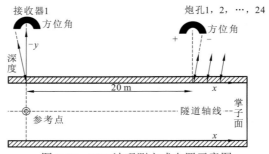

图 5.25 TSP 法观测方式布置示意图

存在理论可行性，并且探测距离与探测精度是一对矛盾体，忽略探测精度的较大的探测距离是没有意义的，提高震源的质量来提高解译精度有实际意义，如尽量产生脉冲信号和增加邻近接收器震源信号的信噪比。探测出的岩体的波速除可用于图像解译、计算外，还可作为衬砌参数选择的依据,但这个波速只能是传感器与最后一个震源间的岩体波速。

### 4. TSP 法技术特点

预报距离在超前预报方法中最大，考虑地震波干扰等因素能准确预报的距离为 100～200 m。该方法的优点还包括：适用范围广，适用于极软岩至极硬岩的任何地质情况；提交资料及时，在现场采集数据的第二天即可提交正式报告；对隧道施工干扰小，它可在隧道施工间隙进行，即使专门安排此项工作，也不过 3～4 h。它的接收器和炮眼不是在掌子面上，而是在掌子面附近的边墙上，施工接收器钻孔和炮眼时不影响正常的隧道掘进，只是在接收信号时为减少噪声干扰做短暂停工。

### 5. TSP 法成果显示

深度偏移剖面图和反射层提取图如图 5.26、图 5.27 所示。波速三分量记录如图 5.28 所示。R1 传感器 2D 成果显示图如图 5.29 所示。

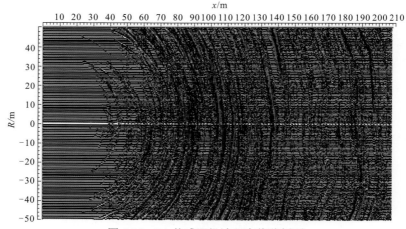

图 5.26 R1 传感器纵波深度偏移剖面

R 指范围

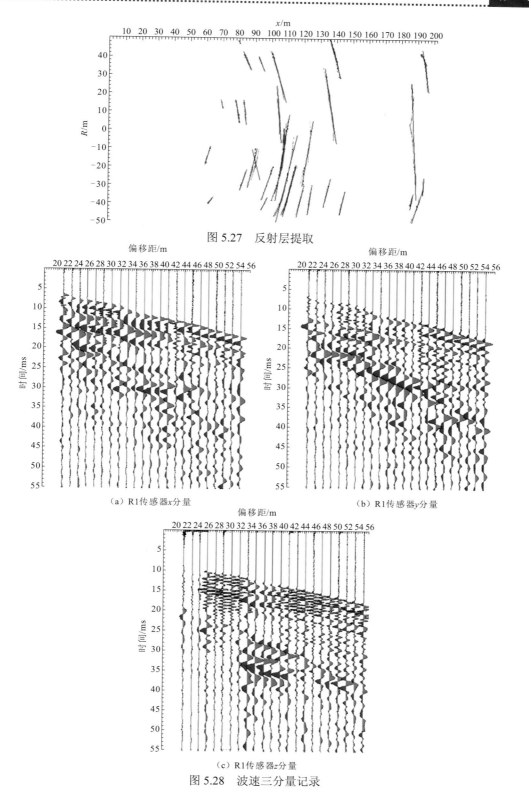

图 5.27 反射层提取

（a）R1传感器x分量 （b）R1传感器y分量

（c）R1传感器z分量

图 5.28 波速三分量记录

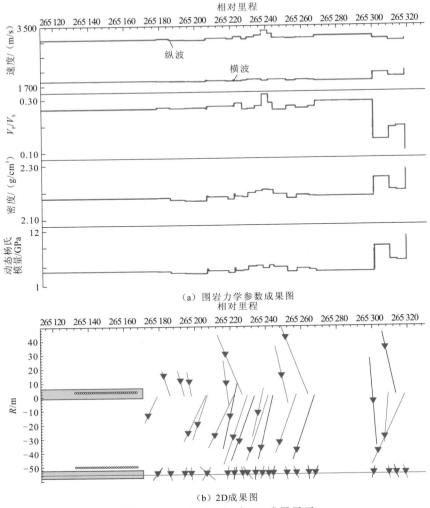

（a）围岩力学参数成果图

（b）2D成果图

图 5.29　R1 传感器纵波 2D 成果显示

## 6. TSP 法现场数据采集

### 1）观测系统设计

在接收孔位置里程到隧道掌子面位置里程范围内，设计 24 个炮孔。2 个接收器同时进行接收。观测系统设计详见表 5.1。

表 5.1　观测系统设计表

| 项目 | 接收（检波）器钻孔 | 炮孔 |
| --- | --- | --- |
| 数量 | 2 个，隧道左、右边墙各 1 个 | 24 个，位于隧道右边墙 |
| 直径 | $\phi42\sim45$ mm 钻头钻孔 | $\phi32\sim38$ mm 钻头钻孔 |
| 深度 | 2 m | 1.5 m |
| 位置 | 距离掌子面 68 m | 第 1 个炮孔离同侧检波器 20 m，炮孔距为 1.5 m |

观测系统示意图见图 5.30。

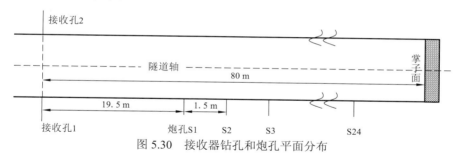

图 5.30　接收器钻孔和炮孔平面分布

**2）采集参数设置**

数据采集时，对 $x$、$y$、$z$ 三分量同时接收，采样间隔为 62.5 μs，记录长度为 904.188 ms（采样数为 14436）。激发地震波时，采用无爆炸延时的瞬发雷管和防水乳化炸药，药量为 100 g 左右。

实际激发 24 炮，记录地震数据 24 炮。

7. TSP 法数据处理

采集的数据采用配套的 TSPwin 专用软件进行处理。首先正确输入隧道及炮点和接收点的几何参数，剔除质量差的记录道，质量合格的记录道才用于数据处理和解释。处理长度为 203 m（从接收点起算），预报长度为 135 m（从掌子面起算）。

处理流程包括 11 个主要步骤，即数据设置→带通滤波→初至拾取→拾取处理→炮能量均衡→$Q$ 估计→反射波提取→纵、横波分离→速度分析→深度偏移→提取反射层。

处理的最终成果包括纵波、SH 波、SV 波的时间剖面、深度偏移剖面、提取的反射层、岩石物理力学参数，各反射层能量大小等，以及反射层在探测范围内的 2D 成果图。

## 5.1.7　TSP 法在蒙华铁路的典型预报案例

### 1. 方山 1 号隧道案例

案例：方山 1 号隧道在 DK910+437～DK910+386 段围岩较破碎，局部溶蚀或溶槽较发育。

探测结果如图 5.31 和图 5.32 所示，图 5.31 为接收器采集的原始地震记录，图 5.32（a）和（b）分别为围岩力学参数成果图和 2D 成果图。

由图 5.32（a）围岩力学参数成果图可知，预报里程段 DK910+437～DK910+386 段隧道围岩纵波波速降低；由图 5.32（b）2D 成果图可知，预报里程段 DK910+437～DK910+386 段反射结构面发育。综合推断该范围内围岩多较破碎，局部较完整，局部溶蚀或溶槽较发育。

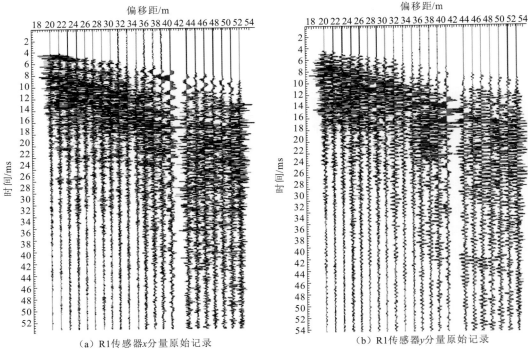

（a）R1传感器x分量原始记录

（b）R1传感器y分量原始记录

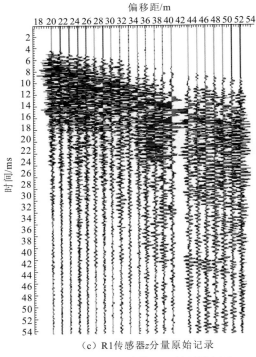

（c）R1传感器z分量原始记录

图5.31　方山1号隧道TSP法原始记录

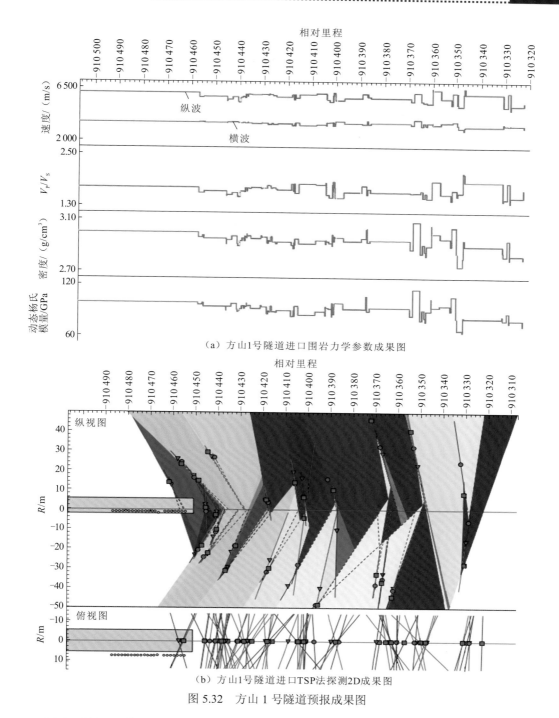

（a）方山1号隧道进口围岩力学参数成果图

（b）方山1号隧道进口TSP法探测2D成果图

图 5.32　方山 1 号隧道预报成果图

　　实际开挖揭示情况：DK910+437～DK910+386 段，开挖揭示有溶蚀发育（图 5.33），
与预报结果较为一致。

图 5.33　方山 1 号隧道开挖揭示的局部溶蚀发育情况

## 2. 红土岭隧道案例

案例 1：红土岭隧道在 DK912+049～DK912+058 段发现溶蚀或溶槽发育。

探测结果如图 5.34 和图 5.35 所示，图 5.34 为接收器采集的原始地震记录，图 5.35（a）和（b）分别为围岩力学参数成果图和 2D 成果图。

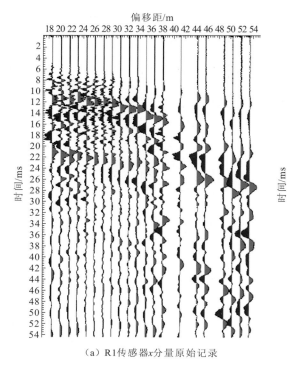

（a）R1传感器x分量原始记录

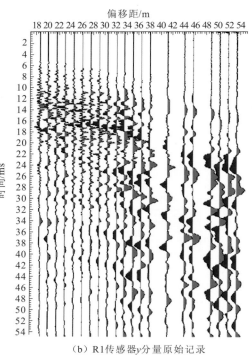

（b）R1传感器y分量原始记录

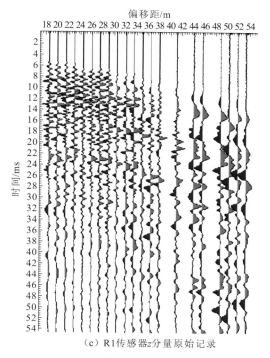

（c）R1传感器z分量原始记录

图 5.34　红土岭隧道 TSP 法原始记录（案例 1）

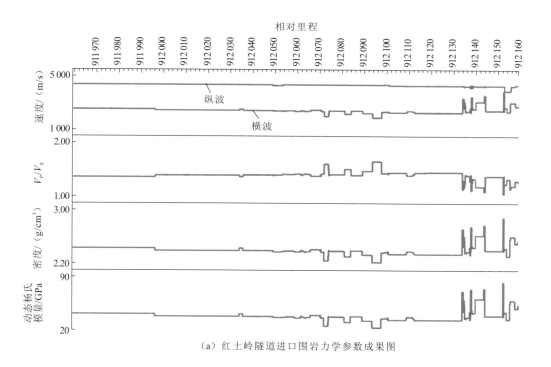

（a）红土岭隧道进口围岩力学参数成果图

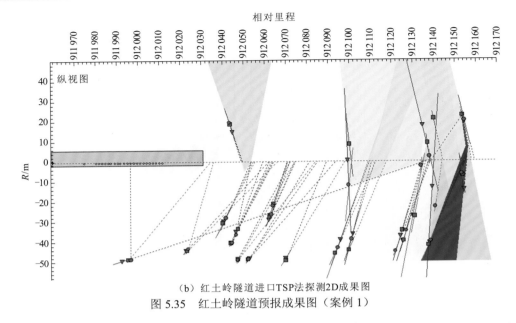

（b）红土岭隧道进口TSP法探测2D成果图

图 5.35　红土岭隧道预报成果图（案例 1）

由图 5.35（a）围岩力学参数成果图可知，预报里程段 DK912+049～DK912+066 段隧道围岩纵波波速降低；由图 5.35（b）2D 成果图可知，预报里程段 DK912+049～DK912+066 段反射结构面发育。综合推断该范围内围岩较破碎—较完整，溶蚀或溶槽发育。

实际开挖揭示情况：DK912+049～DK912+058 段，开挖揭示有溶槽发育（图 5.36），与预报结果较为一致。

图 5.36　红土岭隧道开挖揭示的溶槽发育情况

案例 2：红土岭隧道在 DK913+514～DK913+530 段发现小溶洞。

探测结果如图 5.37 和图 5.38 所示，图 5.37 为接收器采集的原始地震记录，图 5.38（a）和（b）分别为围岩力学参数成果图和 2D 成果图。

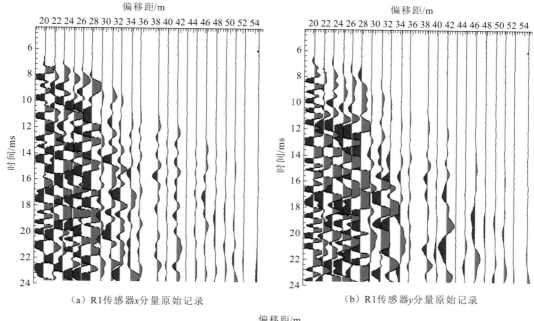

（a）R1传感器x分量原始记录　　　　　　（b）R1传感器y分量原始记录

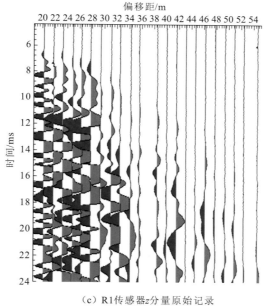

（c）R1传感器z分量原始记录

图5.37　红土岭隧道TSP法原始记录（案例2）

　　由图5.38（a）围岩力学参数成果图可知，DK913+514～DK913+554段纵波波速为4 264 m/s，纵、横波速度比为1.73，结合地勘资料，推断该范围内岩性为白云岩，弱风化，围岩较破碎，可能发育小溶洞。

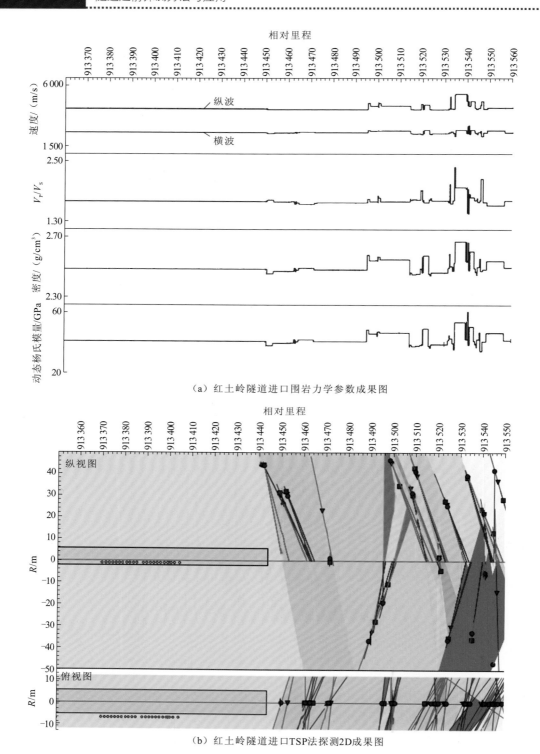

（a）红土岭隧道进口围岩力学参数成果图

（b）红土岭隧道进口TSP法探测2D成果图

图 5.38　红土岭隧道预报成果图（案例 2）

实际开挖揭示情况：DK913+514～DK913+530 段，开挖揭示有小溶洞发育（图 5.39），与预报结果较一致。

图 5.39　红土岭隧道开挖揭示的小溶洞发育情况

## 5.1.8　综合预报案例

对于浅埋隧道，TSP 法预报可能受地表反射信息影响，从而导致对地质情况及围岩级别的误判，本案例结合直流电法对毛坪隧道的地质情况及围岩级别进行综合分析，对开挖前方发育的裂隙密集带给出了合理的围岩级别，为隧道施工提供了安全、可靠的指导意见。

### 1. 直流电法原理

直流电法勘探原理如下[1]。设地表水平，且为各向同性半空间介质，在底面上任意两点用供电电极 $A$、$B$ 供电，测量电极 $M$、$N$ 间电位差。$A$、$B$ 电极在 $M$ 点和 $N$ 点产生的电位分别为

$$U_M = \frac{I\rho}{2\pi}\left(\frac{1}{AM} - \frac{1}{BM}\right) \tag{5.1}$$

$$U_N = \frac{I\rho}{2\pi}\left(\frac{1}{AN} - \frac{1}{BN}\right) \tag{5.2}$$

于是，$M$、$N$ 间电位差为

$$\Delta U_{MN} = U_M - U_N = \frac{I\rho}{2\pi}\left(\frac{1}{AM} - \frac{1}{BM}\right) - \frac{I\rho}{2\pi}\left(\frac{1}{AN} - \frac{1}{BN}\right) \tag{5.3}$$

式中: $I$ 为电流; $\rho$ 为电阻率。

通过计算、整理可得均匀大地视电阻率的计算公式:

$$\rho_s = \frac{j_{MN}}{j_0} \rho_{MN} \tag{5.4}$$

式中: $j_{MN}$ 为测量电极 $M$、$N$ 之间的电流密度; $\rho_{MN}$ 为测量电极 $M$、$N$ 之间的视电阻率; $j_0$ 为均匀介质的电流密度。

隧道超前探测多采用点电源三极装置,供电电极 $A$ 相对于无穷远电极 $B$ 可以看作点电源,均匀介质中它所形成的电场可以近似看作一个球。根据电场球壳原理,任意等半径球面上的电位是相等的,两个等位面上的点 $M$、$N$ 之间形成电位差 $\Delta U_{MN}$,利用发射电流可计算出 $MN$ 球环上的视电阻率,如图 5.40 所示。

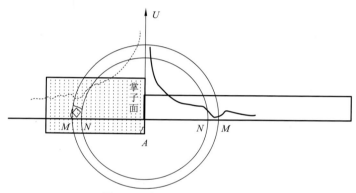

图 5.40　超前勘探原理示意图

直流电的测试方式如图 5.41 所示,无穷远电极 $B$ 固定在掌子面 3～5 倍探测长度处,固定供电电极 $A$、$B$,移动测量电极 $M$、$N$,在隧道掘进附近以一定间距布置供电电极 A1、A2、A3,各供电电极间距为 4 m,测量电极 $M$、$N$ 在隧道内按箭头所示的方向以一定的间隔(4 m)移动,每移动一次测量电极 $M$、$N$,测量一次 A1、A2、A3 所对应的视电阻率。依次移动 $M$、$N$ 电极直到测量完所有的测点。

图 5.41　直流电测试示意图

## 2. 典型案例

毛坪隧道勘察和地面地质调查资料: 毛坪隧道洞身穿越区的地层主要为白云质大理岩,夹黑云钙质斜长片岩、云母石英片岩,局部夹白云石英片岩。隧道全长 183.96 m。

毛坪隧道掌子面地质素描: 掌子面岩性为白云大理岩,灰色—灰白色,弱风化。节理裂隙发育（3～4组，3～4条/m），裂隙以张开型为主，部分微张开，部分裂隙充填岩屑或泥质，裂隙胶结程度较差，围岩较破碎。掌子面较潮湿，锤击围岩声音不清脆，较易击碎，为较软岩，局部为硬岩。综合判定其为 IV 级围岩。掌子面地质素描见图5.42。

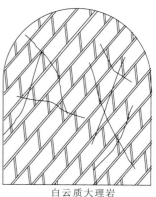

白云质大理岩
图5.42　掌子面地质素描

**1）TSP 法测试结果**

如图5.43和图5.44所示，YDK783+597～YDK783+649段波速较低，推断围岩较破碎，YDK783+627～YDK783+649段在图5.44上显示结构面并不是非常发育。YDK783+649～YDK783+661段波速升高，推断围岩较完整。YDK783+661～YDK783+668段波速降低，推断围岩较破碎。具体 TSP 法围岩分级情况，见表5.2。由表5.2发现，YDK783+627～YDK783+649段建议围岩级别为 III 级，这是基于左洞的实际开挖情况判定的，左洞在 DK783+627～DK783+649段围岩较完整，且右洞在 YDK783+668 处与左洞汇合（左、右洞合并为一个隧道），在 YDK783+627～YDK783+649 段隧道左、右洞的净间距为 15～20 m，根据地质形成演化的渐变性，推断 YDK783+627～YDK783+649 段波速降低是由浅埋隧道在 TSP 法测试过程中激发的地震波接收到来自地表的反射信息造成的，因此建议为 III 级围岩。YDK783+661～YDK783+668 段也是基于同样的原因来断定围岩级别的。

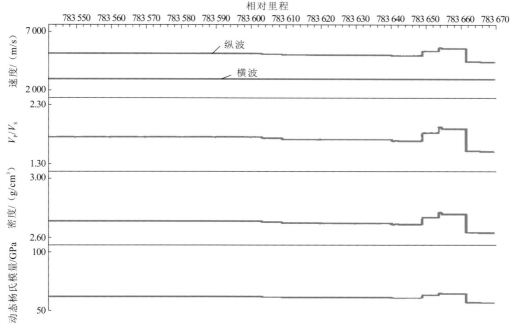

图5.43　2D 岩石力学参数曲线

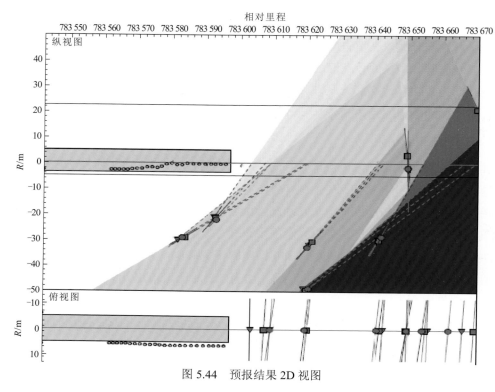

图 5.44 预报结果 2D 视图

表 5.2 地质情况及围岩分级表

| 里程 | 地质情况 | | 围岩级别 | | |
| --- | --- | --- | --- | --- | --- |
| | TSP 法 | 直流电法 | TSP 法 | 直流电法 | 实际级别 |
| YDK783+602.5～YDK783+627 | 围岩较破碎 | 围岩较破碎，相对富水 | IV 级 | IV 级 | IV 级 |
| YDK783+627～YDK783+649 | 围岩较破碎 | 围岩较破碎 | III 级 | IV 级 | IV 级 |
| YDK783+649～YDK783+661 | 围岩较完整 | 围岩较完整 | III 级 | III 级 | III 级 |
| YDK783+661～YDK783+668 | 围岩较破碎 | 围岩较完整 | III 级 | III 级 | III 级 |

**2）直流电法测试结果**

直流电法的预报结果（图 5.45）显示：YDK783+597～YDK783+627 段电阻率较低，推断围岩较破碎，相对富水，且 YDK783+615～YDK783+627 段电阻率异常较明显，裂隙水相对发育。YDK783+627～YDK783+649 段电阻率较高，但电阻率等值线密集，且电阻率变化梯度较大，推断该段可能为构造带，裂隙发育相对密集，围岩较破碎。YDK783+649～YDK783+668 段电阻率较高，推断围岩较完整。

**3）综合预报结果分析**

YDK783+627～YDK783+649 段裂隙发育，实际开挖情况为裂隙发育相对密集，岩体较破碎，掌子面较干燥，局部潮湿，按 IV 级围岩施工（设计围岩级别为 III 级）。图 5.46 为 YDK783+630 处的隧道掌子面地质情况。

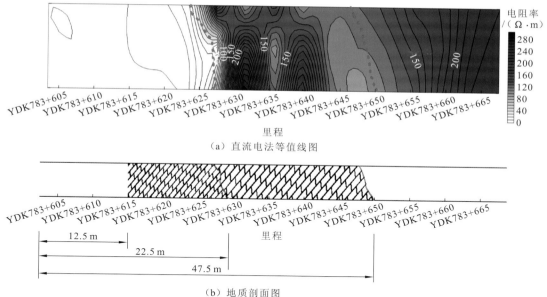

（a）直流电法等值线图

（b）地质剖面图

图 5.45　直流电法预报结果等值线图及地质剖面图

图 5.46　围岩裂隙发育带

　　对比 TSP 法与直流电法预报结果发现，此次 TSP 法预报的围岩级别与实际开挖存在较大差异，造成这种现象的原因：一方面是浅埋隧道对 TSP 法结果的准确性产生影响；另一方面是对先验信息过于依赖，忽略了 TSP 法测试结果本身的特征，从而对 TSP 法曲线的解释造成误判。本次直流电法结果在裂隙密集带表现出电阻率等值线密集、变化率大的特征，根据此特征对围岩级别给出了合理判定，并与实际开挖结果基本吻合。利用直流电法对围岩级别进行修正，确保预报的准确性和施工安全。

# 5.2 梅汕铁路超前地质预报工程应用实例

## 5.2.1 工程概况

梅汕铁路共有 34 座山岭隧道（含潮汕机场隧道地下工程），总长度为 45 149.08 m，具体隧道长度分布见表 5.3。

**表 5.3 梅汕铁路山岭隧道长度分布表**

| 按长度划分 | 座数/座 | 总长度/m |
|---|---|---|
| $L \leqslant 0.5$ km | 20 | 5 797.43 |
| 0.5 km$< L \leqslant 1$ km | 6 | 4 525.34 |
| 1 km$< L \leqslant 2$ km | 3 | 3 968.00 |
| 2 km$< L \leqslant 3$ km | 1 | 2 197.00 |
| 3 km$< L \leqslant 4$ km | 2 | 6 125.31 |
| 4 km$< L \leqslant 5$ km | 0 | 0.00 |
| 5 km$< L \leqslant 10$ km | 1 | 8 129.00 |
| 10 km$< L \leqslant 15$ km | 1 | 14 407.00 |
| 总计 | 34 | 45 149.08 |

## 5.2.2 工程地质条件

### 1. 地层岩性

沿线地层主要为前泥盆系、泥盆系、石炭系、三叠系、侏罗系、白垩系及第四系地层，其间伴有燕山晚期多期次岩浆岩侵入。区内主要岩性为前泥盆系片状砂岩、千枚岩，侏罗系凝灰岩、流纹斑岩、凝灰熔岩、凝灰质砂岩及燕山晚期花岗岩。

前泥盆系集中分布在梅州市南口镇、水车镇、畲江镇一带，岩性主要为片状砂岩、千枚岩等。

泥盆系集中分布在梅州市南口镇，岩性主要为粉砂岩、砂岩等。

石炭系集中分布在梅州市南口镇，岩性主要为白云质灰岩。

侏罗系凝灰岩、流纹斑岩、凝灰熔岩、凝灰质砂岩集中分布在梅州市畲江镇、建桥镇、北斗镇、丰良镇、汤坑镇等地，在全线分布较为广泛。

侵入岩集中分布在梅州市南口镇、汤坑镇、汤南镇及揭阳市玉湖镇、新亨镇、埔田镇、曲溪镇、云路镇、炮台镇等地，表现为多期次的侵入，主要为花岗岩。

### 1）白垩系

白垩系主要分布在梅州市南口镇一带。

上白垩统灯塔群：为一套紫红色砾岩、砂砾岩、粉砂岩、凝灰质砂砾岩夹紫红色英安质熔结凝灰岩及凝灰岩，碎屑物的分选性差，磨圆度一般。

**2）侏罗系**

侏罗系在梅州市畲江镇、建桥镇、北斗镇、丰良镇、汤坑镇等地大范围出露。

（1）上侏罗统。

兜岭群：上亚群为一套陆相酸性、中酸性火山岩，为浅灰色、肉红色、灰白色凝灰质流纹斑岩和流纹质熔结凝灰岩，深灰色英安质凝灰熔岩和熔结凝灰岩及灰色、紫灰色熔结凝灰岩；下亚群为深灰绿色、灰黑色、紫红色安山质角砾凝灰岩及安山质凝灰岩，深灰绿色、灰黑色安山玢岩及灰白色、紫红色流纹斑岩。

（2）中侏罗统。

漳平群：上亚群为一套紫红色、黄白色砂质石英砂岩与紫红色泥质粉砂岩、粉砂质页岩、凝灰质粉砂岩互层，局部夹紫红色砂砾岩、砾岩；下亚群上部为紫红色、黄绿色凝灰质粉砂岩、凝灰质细砂岩与灰白色、黄绿色长石石英砂岩、粉砂岩互层，下部为紫红色、杂色凝灰质粉砂岩、凝灰质粉砂质泥岩、凝灰质砂岩夹流纹质、英安质火山碎屑岩、层凝灰岩及灰白色长石石英砂岩、紫红色粉砂岩。

（3）下侏罗统。

金鸡群：上亚群为一套灰绿色、浅灰色、灰黑色石英砂岩、长石石英砂岩、粉砂岩、泥质页岩互层；中亚群为一套灰绿色、浅灰色石英砂岩与灰黑色、浅灰色粉砂岩、粉砂质页岩互层；下亚群为一套灰白色、深灰色—灰绿色厚层状石英砂岩、砾岩夹浅灰色、灰黑色粉砂岩、粉砂质页岩及泥质粉砂岩。

**3）三叠系**

三叠系仅在揭阳市云路镇少量出露。

上三叠统上段：为中—细粒长石石英砂岩与粉砂岩、泥质粉砂岩互层，夹碳质泥岩和粉砂质泥岩。

**4）泥盆系**

中—上泥盆统：下段以砾岩、砂岩为主，上段以砂岩夹页岩为主。

**5）前泥盆系**

前泥盆系集中分布在梅州市南口镇、水车镇、畲江镇一带。上部以灰绿色变质石英砂岩、变质长石石英砂岩、千枚状粉砂岩夹灰绿色绢云母千枚岩为主；中部为浅灰绿色变质砂岩、变质粉砂岩、变质长石石英砂岩与灰绿色、棕灰色绢云母千枚岩、千枚状粉砂岩互层；下部为灰绿色、黄绿色绢云母千枚岩夹薄层浅灰绿色变质石英砂岩。

**6）侵入岩**

（1）燕山晚期第五次侵入细粒花岗岩：灰白色、肉红色，细粒花岗结构，块状构造，主要矿物为石英、长石及云母等。

（2）燕山晚期第三次侵入黑云母花岗岩：绛红色、肉红色，细粒花岗结构，块状构造，主要矿物为钾长石、斜长石、石英、黑云母等。

（3）燕山晚期二次侵入二长花岗岩：浅灰色—肉红色，中细粒花岗结构，矿物成分由斜长石、钾长石、石英、黑云母、角闪石组成。

## 2. 地质构造

线路地处东南沿海华夏系、新华夏系构造带和东西向复杂构造带的交接地段，区内主要发育山字形构造、华夏系构造及新华夏系构造，以北东向构造为主体，与区域北西向构造互为配套，控制全区。与线路有关的构造如下。

### 1）梅县—蕉岭山字形构造

梅县—蕉岭山字形构造在梅汕铁路项目范围的主要展布为梅县前弧，弧内构造带可分为内、外两带，外带由前泥盆系组成，内带由晚古生代及中生代地层组成，形成了一个复式向斜构造，其中对线路有影响的构造主要为溪背背斜、田心断裂。

溪背背斜：背斜轴部为中—上泥盆统，翼部由石炭系、二叠系组成，轴向呈北西 310° 方向展布，出露延伸 6 km，宽约 6 km，北西端闭合翘起，南东端被红色盆地所覆盖，翼部岩层产状为 20°～50°，一般为 30°，呈较开阔复式背斜构造，线位从其南侧附近主要以路基、桥梁的形式通过。

田心断裂：呈近东西走向展布，延伸约 8 km，东段被华夏系北东向断裂所截，断裂带为宽约 6 m 的压碎岩石，挤压面为糜棱岩化薄壳，石英岩脉沿次级裂隙贯入，两侧岩性片理化和牵引小褶皱，为压性断裂，断裂面产状为 15°∠50°，于 DK5+400 附近与线路隐伏斜交，被白垩系地层所覆盖，该处线路以桥梁的形式通过。

### 2）华夏系构造

华夏系构造由一系列北东向褶皱群、断裂带、动力变质带、与之伴生的北西向褶皱带和张扭性断裂群组成，其中对线路有影响的构造主要为茶亭凹向斜及白宫—羊石脑断裂。

茶亭凹向斜：位于茶亭镇、松口镇一带，为华夏系构造和山字形构造复合斜接地段，向斜核部为中侏罗统上亚群，翼部由中侏罗统上亚群和下侏罗统组成，两翼被冲断层所切割，北西翼部局部岩层倒转，轴线呈北东 45° 方向 S 弯曲状展布，延展 70 km，宽 5～15 km，南段为燕山期花岗岩顺层贯入，北段被压性断裂所局限，翼部岩层产状为 30°～80°，西翼岩层倒转并强烈片理化，线位从其西端西侧附近主要以桥梁、路基的形式通过。

白宫—羊石脑断裂：呈北东 40°～50° 方向展布，倾向北西 320°，倾角为 30°～50°，断层破碎带宽 1～5 m 不等，断裂面上见数厘米宽糜棱岩，于 DK36+000 附近与线路大角度相交，该处线路以路基的形式通过。

### 3）新华夏系构造

区内新华夏系构造最为发育，由三条走向为北东 30°～50°、大致平行的压扭性构造带和与其近乎垂直的北西 320° 的张性兼扭性的断裂组成的多字形构造控制全区，其中西带汤坑—五经富构造带中对线路有影响的构造主要为桐子洋复向斜、米子石断裂、鸡心山断裂、丰良—横岗断裂、九子屋断裂及汤坑—五经富断裂。

桐子洋复向斜：位于桐子洋、走马岗一带，复向斜以桐子洋—走马岗为中心轴线，呈北东 45°～60° 方向展布，长达 25 km，宽约 25 km，核部为上侏罗统中酸性火山岩，翼部为侏罗系酸性火山岩；复向斜北西翼岩层产状为 145°～175°∠35°，复向斜东南翼岩层产状为 310°～350°∠40°～65°；复向斜被北东向、东西向和北西向断裂所切割，支离破碎，呈断块展露，线路以隧道的形式穿越该复向斜。

米子石断裂：位于丰良镇米子石一带，断裂呈北东 40°～60° 方向展布，延伸长约 15 km，倾向北西，倾角为 50°～70°，上侏罗统火成岩中片理发育，绿泥石化明显，沿裂隙有花岗斑岩脉侵入，该断裂明显地切割东西向断裂，于 DK43+150 附近与线路大角度相交，该处线路以隧道的形式通过。

鸡心山断裂：位于嶂下、鸡心山一带，呈北东 50° 方向展布，倾向北西 320°，倾角为 70°，断裂通过上侏罗统上段中酸性火山岩和下段酸性火山岩，断裂面呈舒缓波状，构造透镜体发育，糜棱岩条带宽 5～20 cm 不等，岩石中片理、劈理、节理发育，于 DK51+350 附近与线路大角度相交，该处线路以隧道的形式通过。

丰良—横岗断裂：位于桐子洋复向斜南东翼，自北西向南西分布于龙岗墟、丰良镇及横岗一带，由一组左行斜列式断裂组成，呈北东 30°～35° 方向展布，破碎带宽约 40 m，沿上侏罗统火成岩与花岗岩接触带发育，沿走向、倾向均呈舒缓波状延伸，断裂向南东 120° 方向倾斜，倾角为 52°～80°，断裂西侧的英安斑岩强烈压碎，局部糜棱岩化，东侧的花岗岩普遍绿泥石化，于 DK56+550 附近与线路大角度相交，该处线路以隧道的形式通过。

九子屋断裂：断裂呈北东 40° 方向展布，延伸长 25 km，出露宽 15～25 m，倾向南东 130°，倾角为 60°，断裂通过上侏罗统火山岩，岩石中劈理、片理发育，主裂面呈舒缓波状，沿断裂面有石英脉侵入，于 DK62+250 附近与线路相交，该处线路以路基的形式通过。

汤坑—五经富断裂：位于汤坑镇、五经富镇一带，断裂呈北东 20°～40° 方向展布，延伸长 55 km，宽一百米到几千米不等，斜切燕山晚期各次花岗岩，断裂东侧见压碎及糜棱岩化花岗岩，西侧见强烈片理化、绿泥石化压碎流纹斑岩，主裂面呈舒缓波状，其上见糜棱岩、铁质和硅质薄壳层，于 DK64+350 附近与线路相交，该处线路以桥梁的形式通过。

### 5.2.3 丰顺隧道典型预报案例

拟建丰顺隧道进口位于梅州市丰顺县建桥镇，出口位于梅州市丰顺县汤坑镇虎局村。隧道里程为 DK47+765～DK62+153，全长 14 388 m，最大埋深约 830.5 m。隧址区山高林密，草木茂盛，自然坡度为 25°～40°，隧址区内韩山主峰海拔 1 050.9 m。隧址区冲沟多呈 V 字形，沟底狭窄，多顺直。隧道中部国道 G206 附近谷地较开阔，多辟为农田。隧道进口和中部有国道 G206 通过，隧道出口有东联领乡道 Y107 通过，交通条件尚可。隧道穿越 16 个断层，是梅汕铁路隧道超前地质预报的重难点，为施工 I 级风险隧道。

1. 典型断层破碎带案例

案例 1：丰顺隧道进口 DK47+900～DK47+939 段经开挖验证为断层破碎带及其延伸区域。

探测结果如图 5.47 和图 5.48 所示，图 5.47 为接收器采集的原始地震记录，图 5.48（a）和（b）分别为围岩力学参数成果图和 2D 成果图。

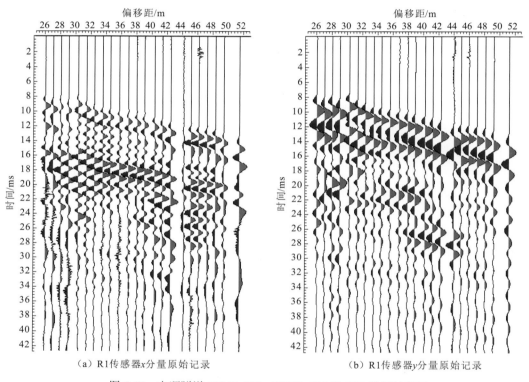

（a）R1 传感器 $x$ 分量原始记录　　　　　　　　（b）R1 传感器 $y$ 分量原始记录

图 5.47　丰顺隧道 DK47+890～DK48+020 段 TSP 法原始记录

由图 5.48（a）围岩力学参数成果图可知，预报里程段 DK47+900～DK47+939 段隧道围岩纵波波速较低，为 4490 m/s，结合地勘资料，综合推断该范围内岩体破碎，岩体较软，裂隙水较发育，断层及其破碎影响带发育。

实际开挖揭示情况：DK47+900～DK47+939 段，为断层破碎带发育区域，碳质砂岩发育，岩体变软（图 5.49），与预报结果一致。

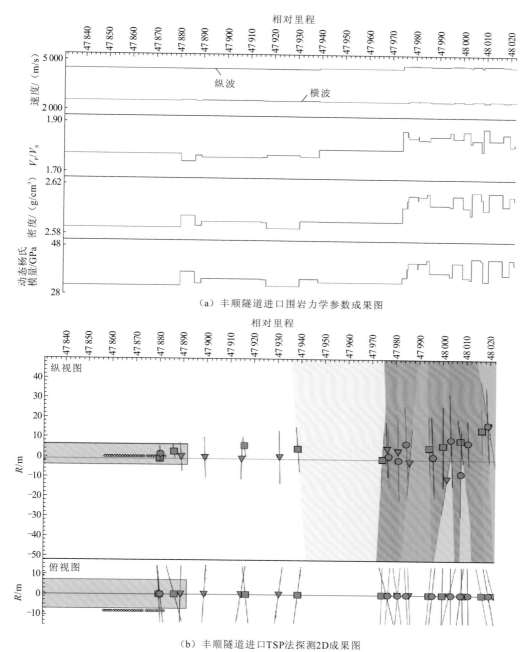

（a）丰顺隧道进口围岩力学参数成果图

（b）丰顺隧道进口TSP法探测2D成果图

图 5.48　丰顺隧道 DK47+890～DK48+020 段预报成果图

案例 2：丰顺隧道出口 DK61+295～DK61+280 段经开挖验证掌子面出现断层破碎带引起的塌方事件。

探测结果如图 5.50 和图 5.51 所示，图 5.50 为接收器采集的原始地震记录，图 5.51（a）和（b）分别为围岩力学参数成果图和 2D 成果图。

图 5.49　丰顺隧道进口断层破碎带发育图

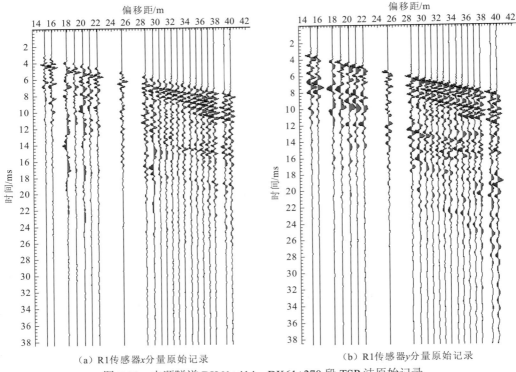

（a）R1传感器x分量原始记录　　　　　　　（b）R1传感器y分量原始记录

图 5.50　丰顺隧道 DK61+414～DK61+270 段 TSP 法原始记录

　　由图 5.51（a）围岩力学参数成果图可知，预报里程段 DK61+294～DK61+286 段隧道围岩纵波波速明显降低；由 2D 成果图图 5.51（b）可知，预报里程段 DK61+294～DK61+286 段节理裂隙发育。结合地勘资料，综合推断段内节理裂隙发育，岩体相对破碎，可能为断层破碎带及其影响区域。

　　实际开挖揭示情况：DK61+295～DK61+280 段，为断层破碎带发育区域（图 5.52），与预报结果基本一致。

　　案例3：丰顺隧道马鞍山（3 号）斜井正洞大里程 DK58+812～DK58+820 段为岩体破碎带发育区域。

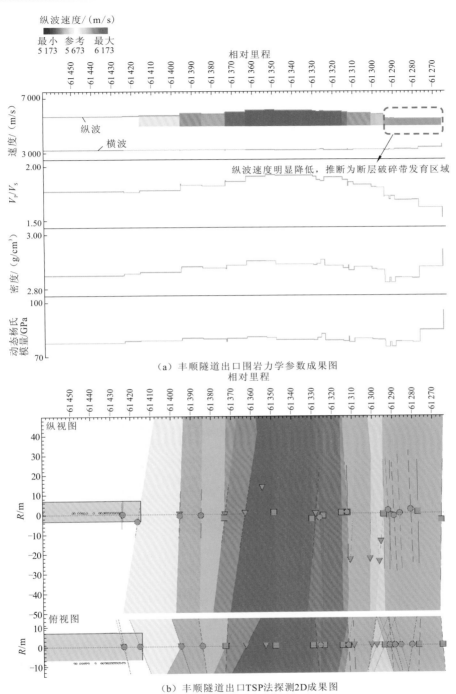

（a）丰顺隧道出口围岩力学参数成果图

（b）丰顺隧道出口TSP法探测2D成果图

图 5.51　丰顺隧道 DK61+414～DK61+270 段预报成果图

　　探测结果如图 5.53 所示，在掌子面前方 10～18 m（DK58+812～DK58+820）范围内，电磁波能量较强，频率较低，同相轴连续性较差，推断该范围内岩体结构面较发育，岩体较破碎，局部较完整，裂隙水发育。

图 5.52 丰顺隧道出口掌子面塌方图

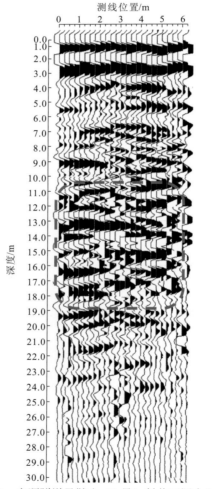

图 5.53 丰顺隧道马鞍山（3 号）斜井正洞大里程
掌子面（DK58+802）地质雷达成果剖面图

如图 5.54 所示，实际开挖揭示情况为，DK58+812～DK58+820 段为岩体破碎带发育区域，与地质雷达预报解译结果一致。

图 5.54　丰顺隧道马鞍山（3 号）斜井正洞大里程掌子面岩体破碎带发育图

案例 4：丰顺隧道坝仔（1 号）斜井正洞小里程 DK50+584～DK50+581 段为断层破碎带发育区域，岩体相对破碎。

探测结果如图 5.55 所示，在掌子面前方 6～9 m（DK50+584～DK50+581）范围内，发育三条呈弧形弯曲的同相轴，且其内部多次波较发育，推断该范围内可能为断层破碎带及其影响带，岩体相对破碎。

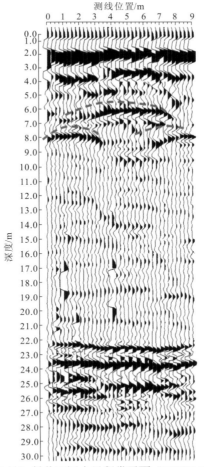

图 5.55　丰顺隧道坝仔（1 号）斜井正洞小里程掌子面（DK50+590）地质雷达成果剖面图

如图 5.56 所示，实际开挖揭示情况为，DK50+584～DK50+581 段为断层破碎带及其影响带，岩体相对破碎，与地质雷达预报解译结果一致。

图 5.56　丰顺隧道坝仔（1 号）斜井正洞小里程掌子面断层破碎带发育图

## 2. 典型岩体相对破碎（或变软）案例

案例：丰顺隧道坝仔（1 号）斜井正洞大里程 DK51+200～DK51+220 段出现岩体变软，节理裂隙发育，裂隙水较发育情况。

探测结果如图 5.57 和图 5.58 所示，图 5.57 为接收器采集的原始地震记录，图 5.58（a）和（b）分别为围岩力学参数成果图和 2D 成果图。

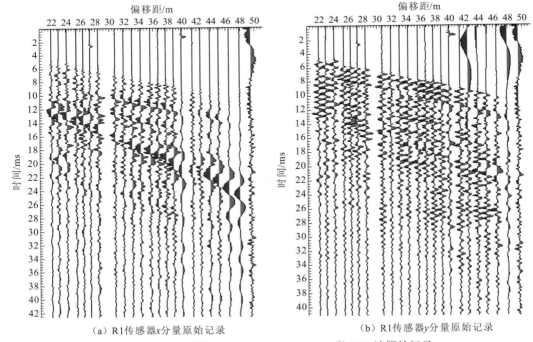

（a）R1 传感器 x 分量原始记录　　　　　（b）R1 传感器 y 分量原始记录

图 5.57　丰顺隧道 DK51+186～DK51+310 段 TSP 法原始记录

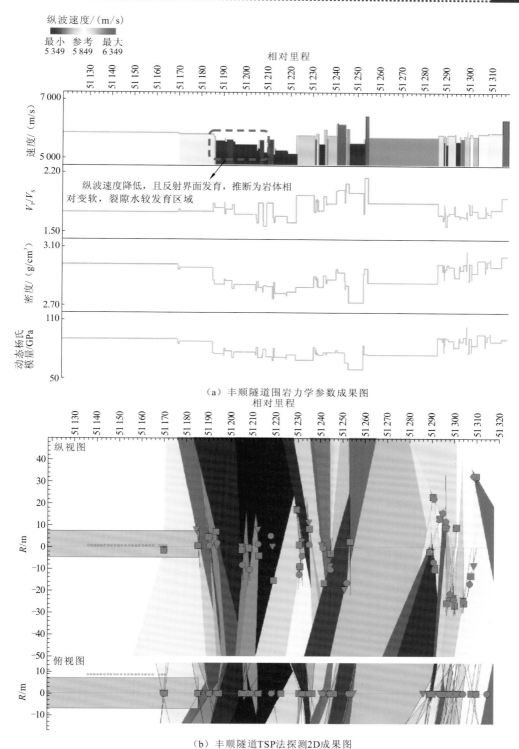

（a）丰顺隧道围岩力学参数成果图

（b）丰顺隧道TSP法探测2D成果图

图 5.58　丰顺隧道 DK51+186～DK51+310 段预报成果图

由图 5.58（a）围岩力学参数成果图可知，预报里程段 DK51+186～DK51+222 段隧道围岩纵波波速降低；由图 5.58（b）2D 成果图可知，DK51+200～DK51+220 段节理裂隙发育，综合推断该范围内节理裂隙发育，为软硬互层发育，裂隙水较发育。

实际开挖揭示情况：DK51+200～DK51+220 段，发现岩体变软，节理裂隙发育，裂隙水较发育（图 5.59），与预报结果一致。

图 5.59　丰顺隧道坝仔（1 号）斜井正洞大里程节理裂隙发育，岩体变软，裂隙水较发育图

### 3. 典型岩体裂隙水发育案例

案例 1：丰顺隧道马鞍山（3 号）斜井于 X3DK0+100 位置拱顶软硬互层发育，岩体较破碎，裂隙水发育。

探测结果如图 5.60 和图 5.61 所示，图 5.60 为接收器采集的原始地震记录，图 5.61（a）和（b）分别为围岩力学参数成果图和 2D 成果图。

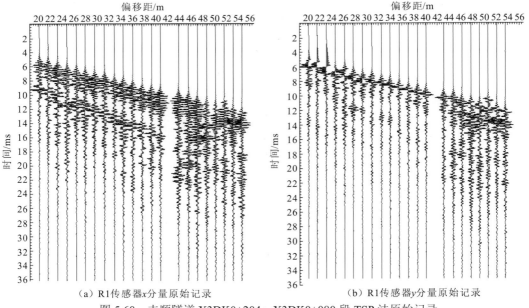

（a）R1 传感器 x 分量原始记录　　　　　　（b）R1 传感器 y 分量原始记录

图 5.60　丰顺隧道 X3DK0+204～X3DK0+080 段 TSP 法原始记录

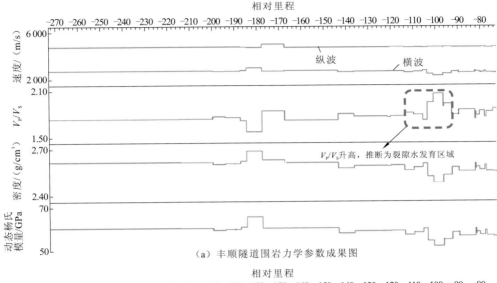

（a）丰顺隧道围岩力学参数成果图

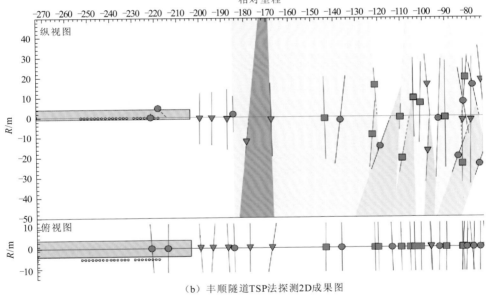

（b）丰顺隧道TSP法探测2D成果图

图 5.61　丰顺隧道 X3DK0+204～X3DK0+080 段预报成果图

　　由图 5.61（a）围岩力学参数成果图可知，预报里程段 X3DK0+106～X3DK0+094 段内横波速度降低，纵、横波速比 $V_P/V_S$ 升高，综合推断该范围内软硬互层发育，裂隙水发育。

　　实际开挖揭示情况：X3DK0+100 位置拱顶软硬互层发育，岩体较破碎，裂隙水发育（图 5.62），与预报结果一致。

图 5.62　丰顺隧道马鞍山（3 号）斜井拱顶软硬互层发育，岩体较破碎，裂隙水发育图

案例 2：丰顺隧道马鞍山（3 号）斜井正洞大里程 DK58+940～DK58+950 段拱顶至拱腰位置裂隙水发育。

探测结果如图 5.63 和图 5.64 所示，图 5.63 为接收器采集的原始地震记录，图 5.64（a）和（b）分别为围岩力学参数成果图和 2D 成果图。

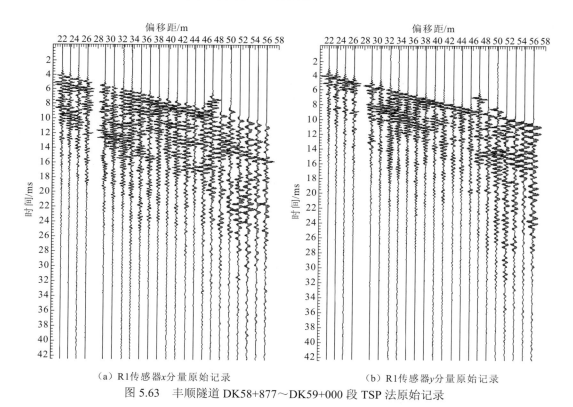

（a）R1传感器x分量原始记录　　　　　　　　　（b）R1传感器y分量原始记录

图 5.63　丰顺隧道 DK58+877～DK59+000 段 TSP 法原始记录

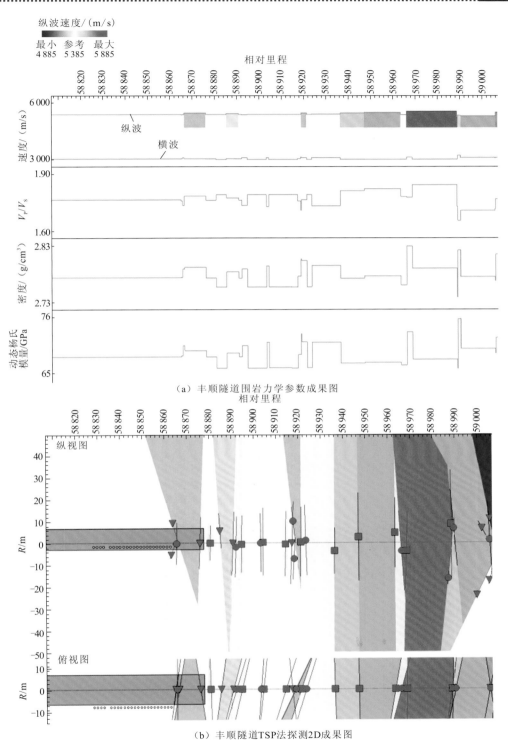

（a）丰顺隧道围岩力学参数成果图

（b）丰顺隧道TSP法探测2D成果图

图 5.64    丰顺隧道 DK58+877～DK59+000 段预报成果图

由图 5.64（a）围岩力学参数成果图可知，预报里程段 DK58+936～DK58+963 段横波速度降低，纵、横波速比 $V_P/V_S$ 升高，综合推断该范围内裂隙水发育。

实际开挖揭示情况：DK58+940～DK58+950 段拱顶至拱腰位置裂隙水发育（图 5.65），与预报结果较一致。

图 5.65　丰顺隧道马鞍山（3 号）斜井正洞大里程拱顶至拱腰位置裂隙水发育图

案例 3：丰顺隧道 4 号斜井 X4DK0+949～X4DK0+929 段掌子面出现裂隙水渗出的情况。

探测结果如图 5.66 和图 5.67 所示，图 5.66 为接收器采集的原始地震记录，图 5.67（a）和（b）分别为围岩力学参数成果图和 2D 成果图。

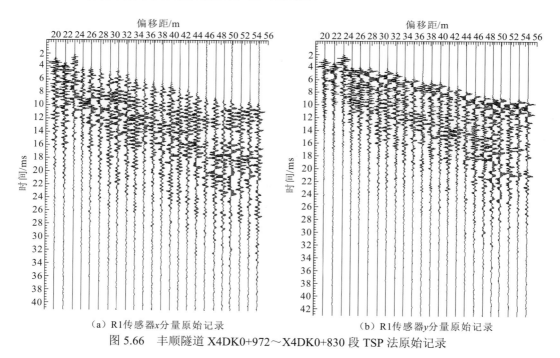

（a）R1传感器*x*分量原始记录　　　　　　　（b）R1传感器*y*分量原始记录

图 5.66　丰顺隧道 X4DK0+972～X4DK0+830 段 TSP 法原始记录

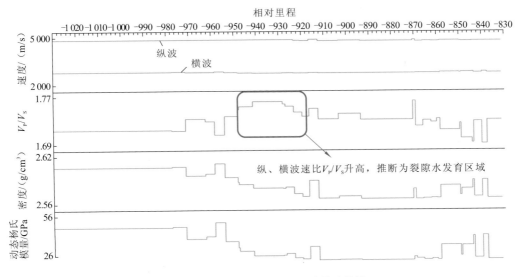

（a）丰顺隧道围岩力学参数成果图

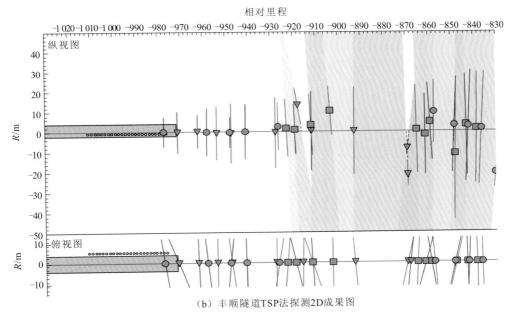

（b）丰顺隧道TSP法探测2D成果图

图 5.67 丰顺隧道 X4DK0+972～X4DK0+830 段预报成果图

由图 5.67（a）围岩力学参数成果图可知，预报里程段 X4DK0+949～X4DK0+929 段横波速度降低，纵、横波速比 $V_P/V_S$ 升高，综合推断该范围内裂隙水发育。

实际开挖揭示情况：X4DK0+949～X4DK0+929 段掌子面出现裂隙水渗出的情况（图 5.68），与预报结果一致。

图 5.68　丰顺隧道 4 号斜井掌子面裂隙水渗出图

案例 4：丰顺隧道坝仔（1 号）斜井正洞大里程 DK51+780～DK51+810 段掌子面出现裂隙水渗出的情况。

探测结果如图 5.69 和图 5.70 所示，图 5.69 为接收器采集的原始地震记录，图 5.70（a）和（b）分别为围岩力学参数成果图和 2D 成果图。

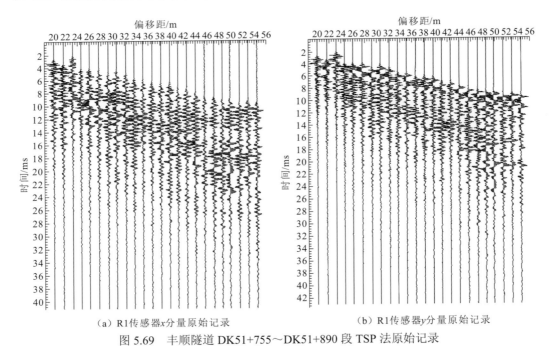

（a）R1 传感器 x 分量原始记录　　　　　　　（b）R1 传感器 y 分量原始记录

图 5.69　丰顺隧道 DK51+755～DK51+890 段 TSP 法原始记录

由图 5.70（a）围岩力学参数成果图可知，预报里程段 DK51+780～DK51+810 段横波速度降低，纵、横波速比 $V_P/V_S$ 升高，综合推断该范围内裂隙水发育。

实际开挖揭示情况：DK51+780～DK51+810 段经开挖验证掌子面出现裂隙水渗出的情况（图 5.71），与预报结果一致。

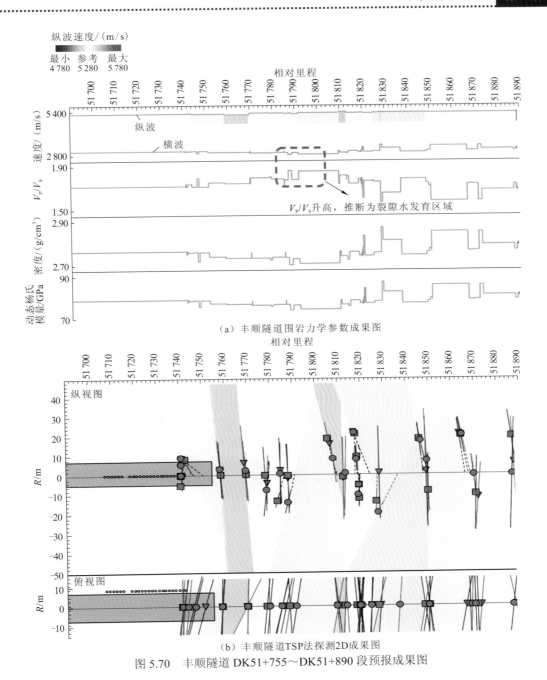

（a）丰顺隧道围岩力学参数成果图

（b）丰顺隧道TSP法探测2D成果图

图 5.70　丰顺隧道 DK51+755～DK51+890 段预报成果图

　　案例 5：丰顺隧道坝仔（1 号）斜井正洞小里程 DK50+927～DK50+923 段掌子面右部裂隙水较发育。

　　探测结果如图 5.72 所示，在掌子面前方 13～17 m（DK50+927.5～DK50+923.5）、测线方向从左至右 2～6.8 m 范围内，电磁波能量强，频率变低，视波长较长，同相轴连续性较好，推断该范围内岩体结构面较发育，岩体较完整，局部较破碎，裂隙水发育。

图 5.71　丰顺隧道坝仔（1 号）斜井正洞大里程掌子面裂隙水渗出图

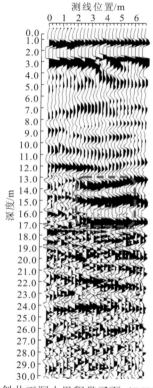

图 5.72　丰顺隧道坝仔（1 号）斜井正洞小里程掌子面（DK50+940.5）地质雷达成果剖面图

如图 5.73 所示，实际开挖揭示情况为，DK50+927～DK50+923 段掌子面右部裂隙水较发育，与地质雷达预报解译结果较一致。

4. 典型节理裂隙发育案例

案例 1：丰顺隧道甲溪（2 号）斜井 X2DK0+768～X2DK0+765 段经开挖验证掌子面右部节理裂隙较发育，岩体较破碎，裂隙水较发育。

图 5.73　丰顺隧道坝仔（1 号）斜井正洞小里程掌子面右部裂隙水发育图

　　探测结果如图 5.74 所示，在掌子面前方 11～14 m（X2DK0+768.4～X2DK0+765.4）范围内，同相轴连续性较差，波形较杂乱，推断该范围内岩体较破碎，裂隙水较发育。

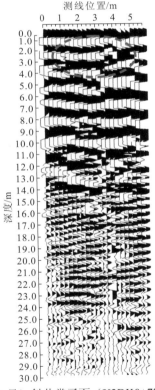

图 5.74　丰顺隧道甲溪（2 号）斜井掌子面（X2DK0+779.4）地质雷达成果剖面图

　　如图 5.75 所示，实际开挖揭示情况为，X2DK0+768～X2DK0+765 段经开挖验证掌子面右部节理裂隙较发育，岩体较破碎，裂隙水较发育，与地质雷达预报解译结果较一致。

　　案例 2：丰顺隧道甲溪（2 号）斜井正洞大里程 DK56+045～DK56+052 段掌子面发育斜向延伸的岩体结构面，节理裂隙较发育，围岩较破碎，裂隙水较发育。

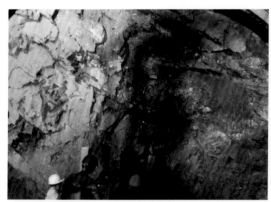

图 5.75 丰顺隧道甲溪（2 号）斜井掌子面节理裂隙发育图

探测结果如图 5.76 所示，在掌子面前方 9～16 m（DK56+045.5～DK56+052.5）范围内，电磁波能量较强，同相轴呈 V 字形发育，推断该范围内斜向延伸的结构面较发育，岩体较完整，局部较破碎，裂隙水较发育。

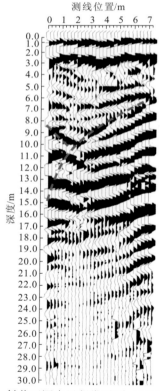

图 5.76 丰顺隧道甲溪（2 号）斜井正洞大里程掌子面（DK56+036.5）地质雷达成果剖面图

如图 5.77 所示，实际开挖揭示情况为，DK56+045～DK56+052 段掌子面发育斜向延伸的岩体结构面，节理裂隙较发育，围岩较破碎，裂隙水较发育，与地质雷达预报解译结果较一致。

图 5.77　丰顺隧道甲溪（2 号）斜井正洞大里程掌子面 V 字形岩体结构面发育图

案例 3：丰顺隧道甲溪（2 号）斜井正洞小里程 DK56+029～DK55+013 段发育与掌子面斜交的结构面，岩体较完整，局部较破碎，裂隙水较发育。

探测结果如图 5.78 所示，在掌子面前方 0～16 m（DK56+029.5～DK55+013.5）范围内，电磁波能量较强，斜向延伸的同相轴发育，同相轴连续性较好，推断该范围内发育与掌子面斜交的结构面，岩体较完整，局部较破碎，裂隙水较发育。

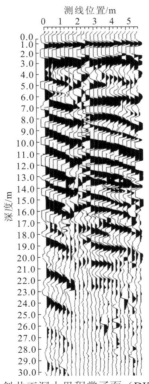

图 5.78　丰顺隧道甲溪（2 号）斜井正洞小里程掌子面（DK56+029.5）地质雷达成果剖面图

如图 5.79 所示，实际开挖揭示情况为，DK56+029～DK55+013 段发育与掌子面斜交的结构面，岩体较完整，局部较破碎，裂隙水较发育，与地质雷达预报解译结果较一致。

图 5.79    丰顺隧道甲溪（2 号）斜井正洞小里程掌子面倾斜结构面发育图

案例 4：丰顺隧道马鞍山（3 号）斜井正洞小里程 DK58+768～DK58+758 段与掌子面斜交的岩体结构面较发育，岩体相对变差。

探测结果如图 5.80 所示，在掌子面前方 20～30 m（DK58+768～DK58+758）范围内，电磁波能量变弱或无能量反射，发育两条斜向延伸的同相轴，推断该范围与掌子面斜交的岩体结构面较发育，岩体相对变差。

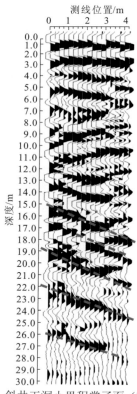

图 5.80    丰顺隧道马鞍山（3 号）斜井正洞小里程掌子面（DK58+788）地质雷达成果剖面图

如图 5.81 所示，实际开挖揭示情况为，DK58+768～DK58+758 段与掌子面斜交的岩体结构面较发育，岩体相对变差，与地质雷达预报解译结果一致。

图 5.81 丰顺隧道马鞍山（3 号）斜井正洞小里程掌子面倾斜结构面发育图

案例 5：丰顺隧道坝仔（1 号）斜井正洞大里程 DK50+992～DK51+007 段掌子面右部为节理裂隙带发育区域，岩体较破碎。

探测结果如图 5.82 所示，在掌子面前方 4～19 m（DK50+992～DK51+007）、测线方向从左至右 2 m 位置，同相轴发生明显错断，且其附近波形较杂乱，推断该范围内可能为节理裂隙带发育区域（图 5.82 中红色虚线），岩体较破碎。

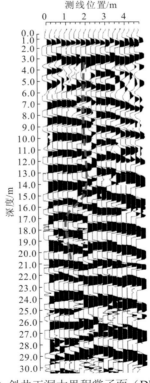

图 5.82 丰顺隧道坝仔（1 号）斜井正洞大里程掌子面（DK50+988）地质雷达成果剖面图

如图 5.83 所示，实际开挖揭示情况为，DK50+992～DK51+007 段掌子面右部为节理裂隙带发育区域，岩体较破碎，与地质雷达预报解译结果一致。

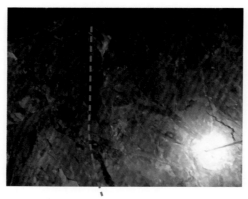

图 5.83  丰顺隧道坝仔（1 号）斜井正洞大里程掌子面节理裂隙带发育图

案例 6：丰顺隧道坝仔（1 号）斜井正洞大里程 DK52+387～DK52+399 段节理裂隙发育，围岩较破碎，局部较完整，裂隙水较发育。

探测结果如图 5.84 所示，在掌子面前方 12～24 m（DK52+387～DK52+399）范围内，电磁波能量较强，同相轴连续性较差，推断该范围内节理裂隙发育，围岩较破碎，局部较完整，裂隙水较发育。

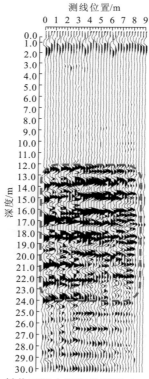

图 5.84  丰顺隧道坝仔（1 号）斜井正洞大里程掌子面（DK52+375）地质雷达成果剖面图

如图 5.85 所示，实际开挖揭示情况为，DK52+387～DK52+399 段节理裂隙发育，围岩较破碎，局部较完整，裂隙水较发育，与地质雷达预报解译结果一致。

图 5.85　丰顺隧道坝仔（1 号）斜井正洞大里程掌子面节理裂隙发育图

## 5.2.4　其他标段典型预报案例

### 1. 典型断层破碎带案例

案例：云山隧道进口 DK38+930 位置发现断层破碎带，局部为全—强风化黏土层，岩体变软。

探测结果如图 5.86 和图 5.87 所示，图 5.86 为接收器采集的原始地震记录，图 5.87（a）和（b）分别为围岩力学参数成果图和 2D 成果图。

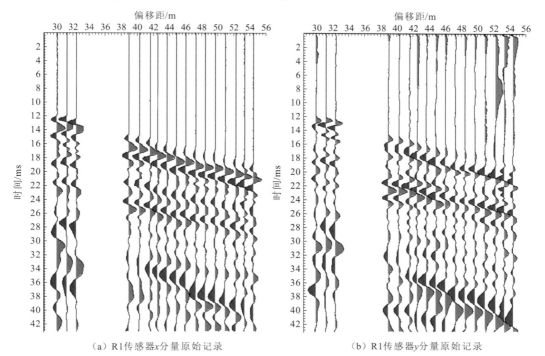

（a）R1传感器x分量原始记录　　　　　　　　（b）R1传感器y分量原始记录

图 5.86　云山隧道 TSP 法原始记录

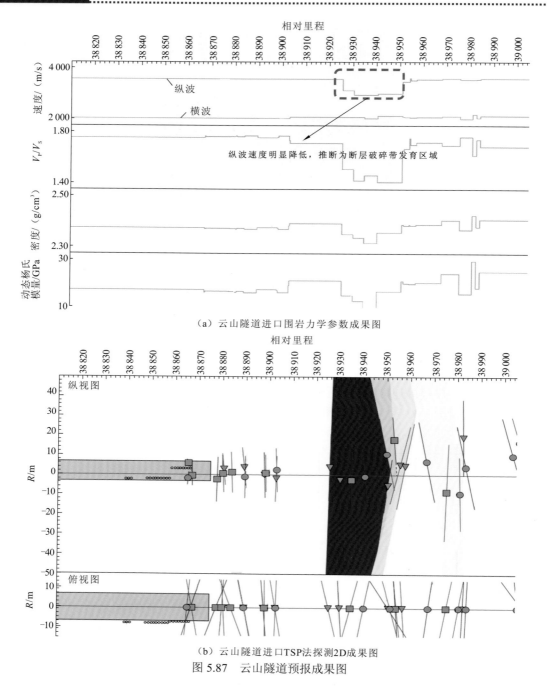

（a）云山隧道进口围岩力学参数成果图

（b）云山隧道进口TSP法探测2D成果图

图 5.87  云山隧道预报成果图

由图 5.87（a）围岩力学参数成果图可知，预报里程段 DK38+926～DK38+951 段隧道围岩纵波波速明显降低，为 2 950 m/s，结合地勘资料，综合推断该范围内岩体变软，可能为软弱夹层或断层破碎带发育，岩体破碎。

实际开挖揭示情况：DK38+930 位置发现断层破碎带，局部为全—强风化黏土层，岩体变软（图 5.88），与预报结果较一致。

图 5.88　云山隧道进口断层破碎带发育图

## 2. 典型岩体相对破碎（或变软）案例

案例：上叶田隧道出口 DK38+255～DK38+106 段岩体较破碎，局部破碎，原设计围岩级别为 III 级，预报围岩级别为 IV 级，成功预报并划分围岩级别。

探测结果如图 5.89 和图 5.90 所示，图 5.89 为接收器采集的原始地震记录，图 5.90（a）和（b）分别为围岩力学参数成果图和 2D 成果图。

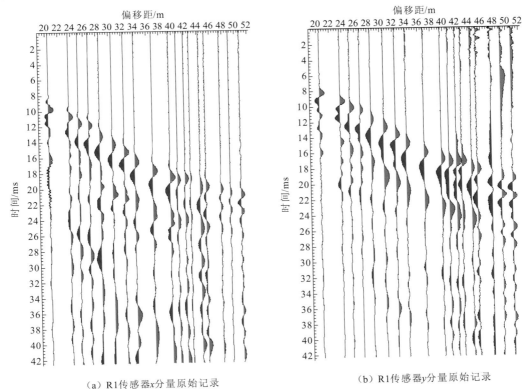

（a）R1传感器x分量原始记录　　　　　　（b）R1传感器y分量原始记录

图 5.89　上叶田隧道 TSP 法原始记录

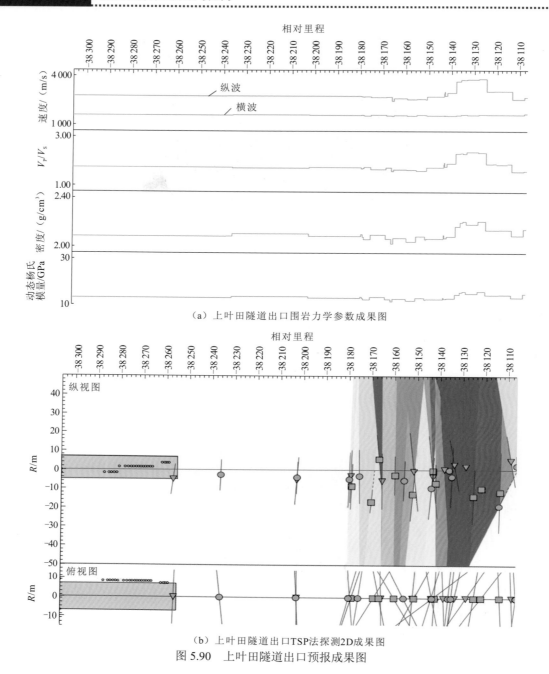

（a）上叶田隧道出口围岩力学参数成果图

（b）上叶田隧道出口TSP法探测2D成果图

图 5.90　上叶田隧道出口预报成果图

由图 5.90（a）围岩力学参数成果图可知，预报里程段 DK38+255～DK38+106 段围岩纵波波速变化范围为 2 573～3 843 m/s，推断该范围内岩体较破碎，局部破碎。

实际开挖揭示情况：DK38+255～DK38+106 段岩体较破碎，局部破碎（图 5.91），与预报结果一致。原地勘设计资料围岩级别为 Ⅲ 级，预报围岩级别为 Ⅳ 级，成功预报围岩完整性，并划分围岩级别。

图 5.91　上叶田隧道出口 DK38+117 掌子面图片

### 3. 典型岩体裂隙水发育案例

案例：预报出云山隧道斗溪（1 号）斜井裂隙水发育区域。

探测结果如图 5.92 和图 5.93 所示，图 5.92 为接收器采集的原始地震记录，图 5.93（a）和（b）分别为围岩力学参数成果图和 2D 成果图。

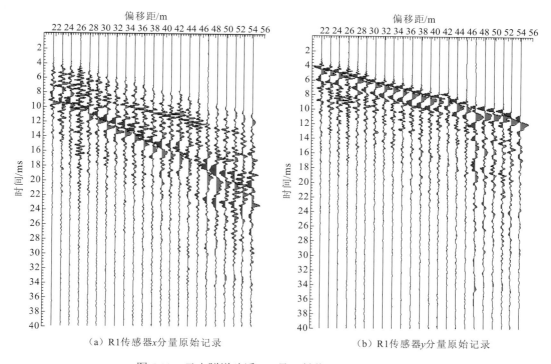

（a）R1传感器x分量原始记录　　　　　　　　（b）R1传感器y分量原始记录

图 5.92　云山隧道斗溪（1 号）斜井 TSP 法原始记录

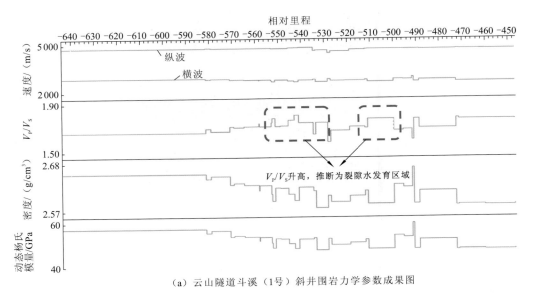

（a）云山隧道斗溪（1号）斜井围岩力学参数成果图

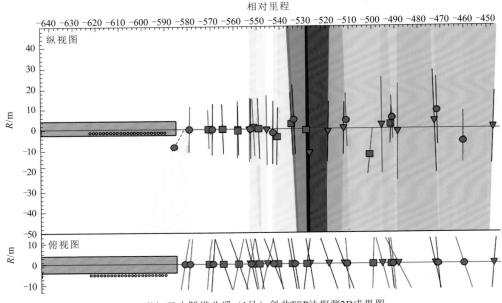

（b）云山隧道斗溪（1号）斜井TSP法探测2D成果图

图 5.93　云山隧道斗溪（1 号）斜井预报成果图

　　由图 5.93（a）围岩力学参数成果图可知，红色虚线区域纵、横波速比 $V_\mathrm{P}/V_\mathrm{S}$ 升高，推断该预报段裂隙水较发育（发育）区域共 7 处，分别为 X1DK0+582～X1DK0+579、X1DK0+571～X1DK0+553、X1DK0+553～X1DK0+551、X1DK0+545～X1DK0+541、X1DK0+534～X1DK0+528、X1DK0+511～X1DK0+500 和 X1DK0+473～X1DK0+448。

　　实际开挖揭示情况：X1DK0+570～X1DK0+555 段岩体裂隙水发育（图 5.94），与预报结果较一致。

图 5.94　云山隧道斗溪（1 号）斜井裂隙水发育图

#### 4. 典型突水、突泥案例

案例 1：上叶田隧道进口于 DK36+509 位置发生突泥事件。

探测结果如图 5.95 和图 5.96 所示，图 5.95 为接收器采集的原始地震记录，图 5.96（a）和（b）分别为围岩力学参数成果图和 2D 成果图。

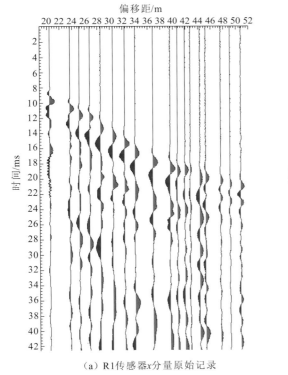

（a）R1传感器 x 分量原始记录

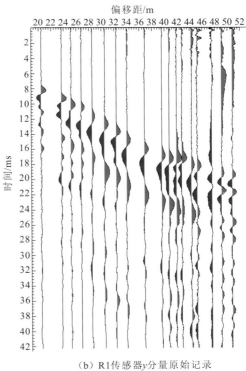

（b）R1传感器 y 分量原始记录

图 5.95　上叶田隧道进口 TSP 法原始记录

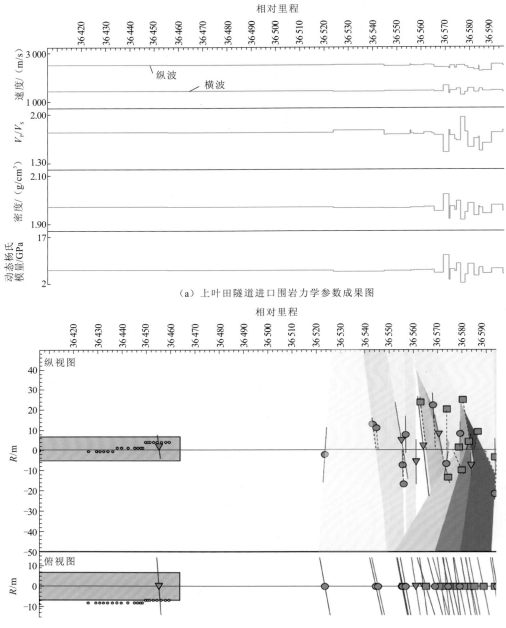

（a）上叶田隧道进口围岩力学参数成果图

（b）上叶田隧道进口TSP法探测2D成果图

图 5.96　上叶田隧道进口预报成果图

　　由围岩力学参数成果图图 5.96（a）和 2D 成果图图 5.96（b）可知，隧道预报段围岩纵波波速变化范围为 2 460～2 620 m/s。结合地勘资料，在 DK36+515～DK36+505 段，地表为浅埋段冲沟区域，埋深为 10 m 左右，从而推断 DK36+464～DK36+524 段岩体整体性状较差，岩体破碎。注意防止浅埋地段的冒顶和突水、突泥。

实际开挖揭示情况：DK36+509 位置发生突泥事件（图 5.97），与预报结果较一致。

图 5.97　上叶田隧道进口突泥图

案例 2：埔田隧道于 DK96+084 位置发生突泥事件。

探测结果如图 5.98 所示，在掌子面前方 20～26 m（DK96+086～DK96+080）、测线方向从左至右 0～4 m 范围内，同相轴弯曲，呈透镜状，频率变低，推断该范围内可能为软弱夹层或软弱流体发育。建议加强该范围内的安全防护措施，防止发生突泥、坍塌等安全事故。

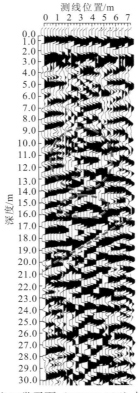

图 5.98　埔田隧道出口掌子面（DK96+106）地质雷达成果剖面图

如图 5.99 所示，实际开挖揭示情况为，埔田隧道于 DK96+084 位置发生突泥事件，与地质雷达预报解译结果较一致。

图 5.99　埔田隧道突泥图

### 5. 典型冒顶塌方案例

案例：友谊厅隧道进口 DK10+735 位置隧顶发生沉降。

探测结果如图 5.100 所示，在掌子面前方 0～17 m（DK10+710～DK10+727）范围内，电磁波能量强弱相间，视波长较短，同相轴不连续，推断该范围内岩体整体性状较差，局部可能有小碎石块或含水体发育。在掌子面前方 17～30 m（DK10+727～DK10+740）范围内，电磁波能量较弱，推断该范围内岩体整体性状较差，多为松散体发育。

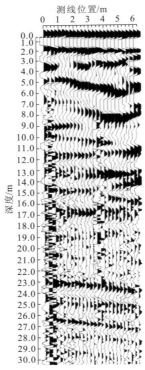

图 5.100　友谊厅隧道进口掌子面（DK10+710）地质雷达成果剖面图

掌子面地质素描情况：以粉质黏土为主，红褐色，全风化；岩体整体性状较差，岩体软；锤击声哑，锤击无回弹，有凹痕，易击碎，为软岩。

结合地勘资料、掌子面地质素描和地质雷达探测结果，推断DK10+727～DK10+740段内岩体整体性状较差，多为松散体发育。在施工过程中加强安全防护措施，针对潜在不良地质体（松散体或含水体）加强安全防护措施和排防水工作，防止突水、突泥、坍塌、冒顶（浅埋段）等危险事故发生，确保施工安全。

如图5.101所示，实际开挖揭示情况为，友谊厅隧道于DK10+735位置隧顶发生沉降，与地质雷达预报解译结果较一致。

图 5.101    友谊厅隧道隧顶沉降图

## 6. 典型孤石发育案例

案例1：埔田隧道出口DK96+038位置揭露孤石体。

探测结果如图5.102所示，在掌子面前方2～6 m（DK96+058.2～DK96+054.2）、测线方向从左至右1～4 m范围内，同相轴弯曲，呈弧形，推断该范围内可能为孤石体发育。在掌子面前方6～12 m（DK96+054.2～DK96+048.2）、测线方向从左至右1～4 m范围内，同相轴发生明显错断，推断该范围内可能发育斜向延伸的断裂裂隙（图5.102中红色虚线），岩体破碎。在掌子面前方16～18 m（DK96+044.2～DK96+042.2）、20～21 m（DK96+040.2～DK96+039.2）、22～23 m（DK96+038.2～DK96+037.2），测线方向从左至右1～4 m范围内，同相轴弯曲，呈弧形，推断该范围内可能为孤石体或硬夹层发育。

如图5.103所示，实际开挖揭示情况为，埔田隧道于DK96+038位置揭露孤石体，与地质雷达预报解译结果较一致。

测线位置/m

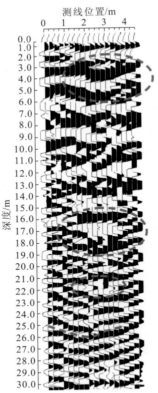

图 5.102　埔田隧道出口掌子面（DK96+060.2）地质雷达成果剖面图

图 5.103　埔田隧道出口孤石体发育图

案例 2：大岭隧道出口 DK82+130～DK82+126 段孤石体发育。

探测结果如图 5.104 所示，在掌子面前方 0～8 m（DK82+132～DK82+124）、测线方向从左至右 1～3.4 m 范围内，同相轴弯曲，呈弧形，同相轴连续性较差，推断该范围内岩体整体性状较差，岩体较软，为孤石体发育区域。

如图 5.105 所示，实际开挖揭示情况为，DK82+130～DK82+126 段孤石体发育，与地质雷达预报解译结果较一致。

测线位置/m

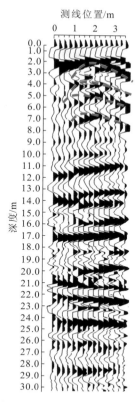

图 5.104　大岭隧道出口掌子面（DK82+132）地质雷达成果剖面图

图 5.105　大岭隧道出口孤石体发育图

案例 3：玉林隧道进口 DK97+034～DK97+040 段孤石体发育。

探测结果如图 5.106 所示，在掌子面前方 4～10 m（DK97+034～DK97+040）范围内，发育三条呈弧形弯曲的同相轴（图 5.106 中红色虚线），且其内部多次波发育，推断该范围内可能为孤石体发育，岩体局部被切割成较大的块体。

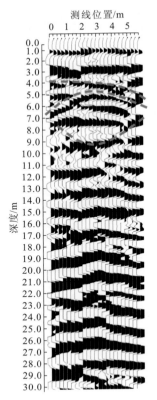

图 5.106　玉林隧道进口掌子面（DK97+030）地质雷达成果剖面图

如图 5.107 所示，实际开挖揭示情况为，DK97+034～DK97+040 段孤石体发育，与地质雷达预报解译结果一致。

图 5.107　玉林隧道进口孤石体发育图

## 5.3　滇中引水大理二段超前地质预报工程应用实例

### 5.3.1　工程概况

滇中引水工程是从金沙江上游石鼓河段取水，以解决滇中产业新区水资源短缺问题的特大型跨流域引（调）水工程。工程多年平均引水量为 $3.403\times10^9$ m³，渠首流量为 135 m³/s，末端流量为 20 m³/s。受水区包括丽江市、大理白族自治州、楚雄彝族自治州、昆明市、玉溪市、红河哈尼族彝族自治州六个州（市）的 35 个市（县、区），面积为 $3.69\times10^4$ km²。输水总干渠全长 664.236 km。全线可划分为大理 I 段、大理 II 段、楚雄段、昆明段、玉溪段及红河段 6 段。

大理 I 段为石鼓—长育村段，长 114.992 km；大理 II 段为长育村—万家段，长 104.071 km；楚雄段为万家—罗茨段，长 142.816 km；昆明段为罗茨—新庄段，长 116.758 km；玉溪段为新庄—曲江段，长 77.069 km；红河段为曲江—新坡背段，长 108.530 km。

大理 II 段推荐线路总长 104.071 km，由大小 17 座建筑物组成，有隧洞、暗涵、渡槽、倒虹吸四种形式。其中，隧洞 7 条，全长 94.826 km，占本段线路全长的 91.12%；渡槽 2 座，全长 0.368 km，占本段线路全长的 0.35%；暗涵 5 条，全长 3.710 km，占本段线路全长的 3.56%；倒虹吸 3 座，全长 5.167 km，占本段线路全长的 4.96%。

### 5.3.2　地形地貌

线路区位于云贵高原与横断山脉交接带，地势总体西高东低、北高南低，主要山脉及水系祥云以西呈北西向展布、以东呈近南北向展布。线路区地形最高点位于九顶山，海拔 3 117.9 m，切割强烈，相对高差可达 1 300 m；最低点位于祥云县城南西大白桥沟谷，海拔 1 895 m。

长育村—万家段沿线地形地貌大体上可划分为：洱海东岸溶蚀侵蚀中山区；祥云盆地构造侵蚀中山—高山区；祥云-徐情构造侵蚀低山区；徐情-板登山构造侵蚀中低山区。

本段输水线路沿线出露古生界至新生界地层，岩性以沉积岩、岩浆岩为主，无变质岩出露。地层岩性分布大致以程海—宾川断裂带为界：以西为古生界地层及多期侵入岩体，以硬质岩居多；以东为滇中红层地区，以软至中硬岩为主。

选定线路总长 104.071 km，全线地表穿越第四系 7.811 km，约占 7.51%；沉积岩61.760 km，约占 59.34%；碳酸盐岩 13.290 km，约占 12.77%；岩浆岩 34.500 km，约占 33.15%。

全线隧洞共穿越硬质岩类约 47.762 km，占本段隧洞总长的 50.37%；穿越软质岩类（含构造岩）约 47.064 km，占本段隧洞总长的 49.63%。其中，隧洞穿越碳酸盐岩14.642 km，占 14.07%。

大理 II 段隧洞共 7 条，总长 94.826 km，其中穿越滇中红层地区的隧洞有 6 条（狮子山隧洞为后段），全长 44.239 km，占本段隧洞总长的 46.65%。滇中红层地区隧洞穿越的硬质岩洞段长度为 16.272 km，占滇中红层地区隧洞全长的 36.78%；穿越的软质岩洞段长度为 27.967 km，占滇中红层地区隧洞全长的 63.22%。

### 5.3.3　地质条件

本段输水线路位于青藏断块东南部川滇菱形地块构造部位，在长期的地质历史时期中，经历了多期强烈构造运动，变形强烈，形成了极为复杂的构造格局。

大地构造跨越扬子准地台（I）之丽江台缘褶皱带（$I_1$）和康滇地轴（$I_2$，称川滇台背斜），两者以程海—宾川断裂（F16）为界，划分为东、西两个二级构造单元区：程海—宾川断裂以西（丽江台缘褶皱带 $I_1$）位于澜沧江与金沙江分水岭地带，属鹤庆—洱源台褶束三级构造单元，为北西向三角形构造断块区，属挖色帚状构造带，有红河断裂北段东支、挖色—宾居街断裂、三营—相国寺山断裂、程海—宾川断裂等多条活动性断裂分布，以北西向主干断裂构造发育及多期岩浆岩侵入为主要特征，以古生界硬质岩居多；而程海—宾川断裂以东（康滇地轴 $I_2$）位于金沙江与红河水系分水岭地带，属滇中台陷三级构造单元，为滇中复式向斜褶皱区西缘，以多个近南北向区域性复式褶皱发育及滇中红层沉积为主要特征，断裂稀疏发育，以软质岩为主。

### 5.3.4　TSP 法在滇中引水的典型预报案例

#### 1. 狮子山隧洞进口案例

狮子山隧洞进口勘察和地面地质调查资料：该段隧洞长 451 m，埋深 33～103 m，地层岩性为镶嵌状—次块状玄武质火山角砾岩，其中 DLII25+936～DLII26+107 段处于弱风化上带。岩体完整性差，岩体节理裂隙多微张—半闭合，裂隙延伸长度为 4～8 m，隙面起伏粗糙，多岩屑充填；局部剪切破碎带发育；岩层流面走向与洞线交角为 40°～60°，倾向 45° 左右；地下水位处于洞身附近，高出底板 8～25 m，岩体弱透水。

案例 1：狮子山隧洞进口在 DLII26+067 处岩体破碎，出现垮塌现象。

探测结果图 5.108（a）和（b）分别为围岩力学参数成果图和 2D 成果图。

由图 5.108（a）围岩力学参数成果图可知，DLII26+066～DLII26+070 段纵、横波速度下降，纵、横波速比上升，推断软夹层或裂隙水较发育，建议加强支护工作；由图 5.108（b）2D 成果图可知，预报里程段在 DLII26+066 位置反射结构面发育。综合推断该范围内围岩破碎，节理裂隙发育。

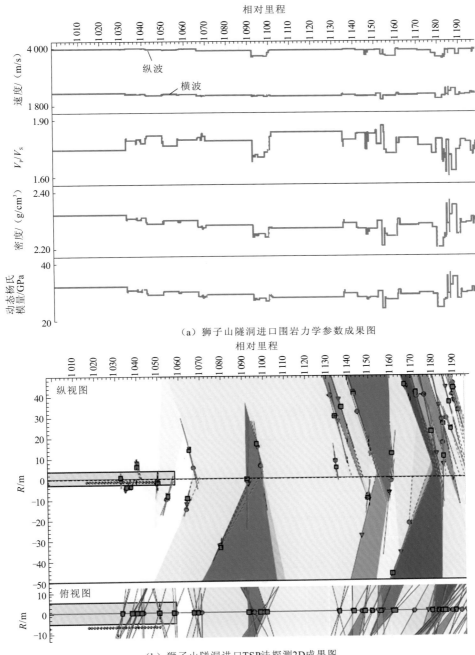

（a）狮子山隧洞进口围岩力学参数成果图

（b）狮子山隧洞进口TSP法探测2D成果图

图 5.108　狮子山隧洞进口预报成果图（案例 1）

　　实际开挖揭示情况：在 DLII26+067 处，开挖揭示掌子面垮塌（图 5.109），与预报结果较为一致。

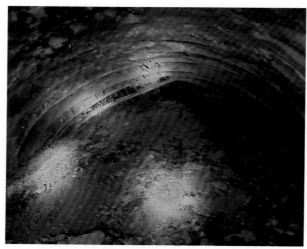

图 5.109　狮子山隧洞进口 DLII26+067 处开挖揭示情况

案例 2：狮子山隧洞进口在 DLII26+750 处出现股状流水。

探测结果图 5.110（a）和（b）分别为围岩力学参数成果图和 2D 成果图。

由图 5.110（a）围岩力学参数成果图可知，DLII26+738～DLII26+760 段为软硬互层，裂隙水较发育，围岩稳定性较差；由图 5.110（b）2D 成果图可知，预报里程段在 DLII26+750 位置反射结构面发育。综合推断该范围内节理裂隙较发育。

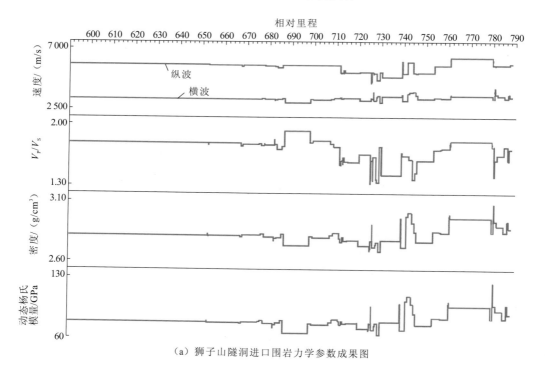

（a）狮子山隧洞进口围岩力学参数成果图

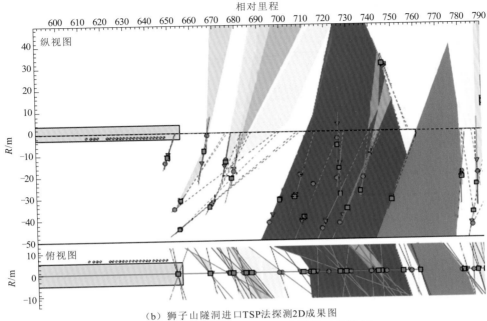

（b）狮子山隧洞进口TSP法探测2D成果图

图 5.110　狮子山隧洞进口预报成果图（案例 2）

　　实际开挖揭示情况：在 DLII26+750 处，开挖出现股状流水（图 5.111），与预报结果较为一致。

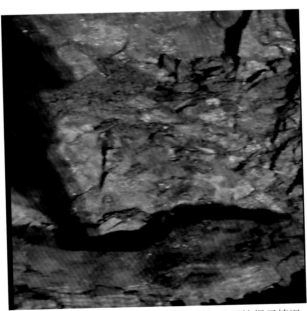

图 5.111　狮子山隧洞进口 DLII26+750 处开挖揭示情况

　　案例 3：狮子山隧洞进口在 DLII27+308 处岩性变为泥灰岩，遇水软化。

　　探测结果图 5.112（a）和（b）分别为围岩力学参数成果图和 2D 成果图。

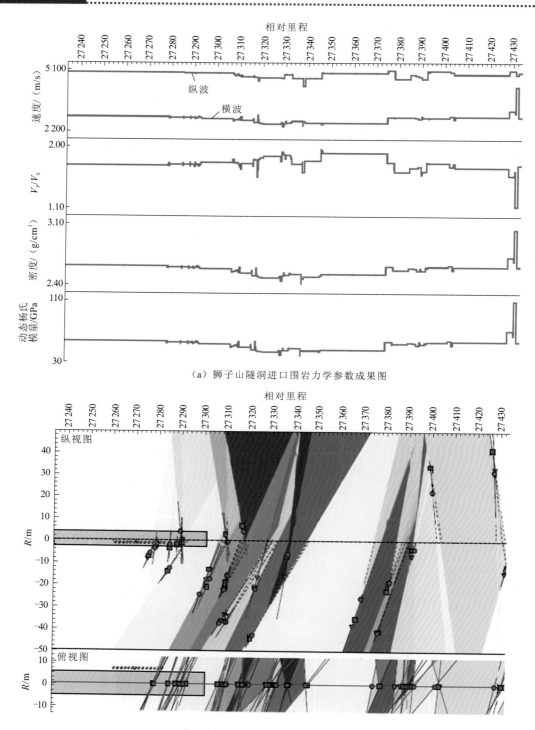

（a）狮子山隧洞进口围岩力学参数成果图

（b）狮子山隧洞进口TSP法探测2D成果图

图 5.112　狮子山隧洞进口预报成果图（案例 3）

由图 5.112（a）围岩力学参数成果图可知，DLII27+306～DLII27+332 段纵、横波速度下降，推断岩体变软或裂隙水发育，建议加强支护或排水工作；由图 5.112（b）2D成果图可知，预报里程段 DLII27+306～DLII27+332 段反射结构面发育。综合推断该范围内节理裂隙较发育。

实际开挖揭示情况：在 DLII27+308 处，开挖出现泥灰岩（图 5.113），与预报结果较为一致。

图 5.113　狮子山隧洞进口 DLII27+308 处
开挖揭示情况

### 2. 海东隧洞出口案例

海东隧洞出口勘察和地面地质调查资料：海东隧洞尾端穿越弱风化玄武岩，隧洞埋深 70～240 m，其中凝灰质夹层可能发生轻微—中等挤压变形，钙质页岩段埋深超过 310 m 时，隧洞围岩可能发生轻微挤压变形。

案例：海东隧洞出口在 DLII24+017 位置附近岩性突变为碳质页岩，导致塌方。

探测结果图 5.114（a）和（b）分别为围岩力学参数成果图和 2D 成果图。

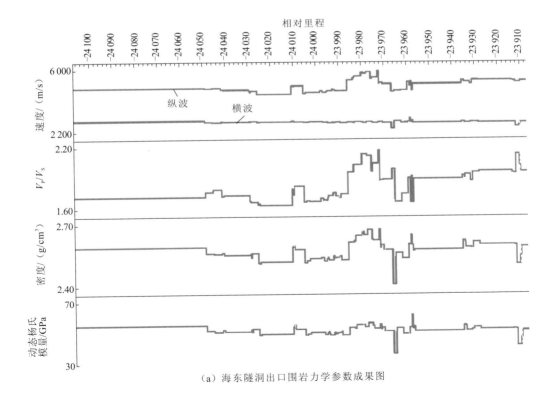

（a）海东隧洞出口围岩力学参数成果图

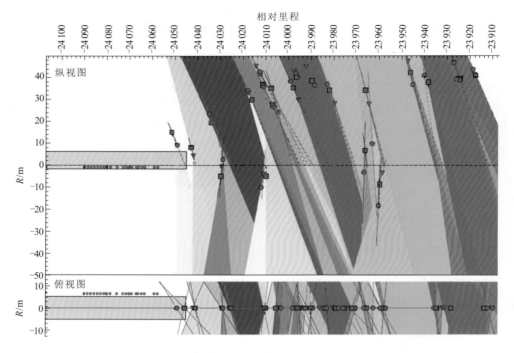

（b）海东隧洞出口TSP法探测2D成果图

图 5.114　海东隧洞出口预报成果图

由图 5.114（a）围岩力学参数成果图可知，DLII24+024～DLII24+010 段纵波速度下降，推断岩体变软，建议加强支护工作；由图 5.114（b）2D 成果图可知，预报里程段DLII24+024～DLII24+010 段负反射。综合推断该范围内软夹层发育。

实际开挖揭示情况：在 DLII24+017 位置附近，开挖出现碳质页岩，导致塌方（图 5.115），与预报结果较为一致。

图 5.115　海东隧洞出口 DLII24+017 处开挖揭示情况

## 5.3.5    地质雷达法在滇中引水的典型预报案例

### 1. 海东隧洞 5 号支洞下游案例

海东隧洞 5 号支洞下游勘察和地面地质调查资料：该段穿越本单元岩溶地层以灰岩为主，地层岩溶发育强烈，存在涌突水的危险。

案例：海东隧洞 5 号支洞下游在 DLII19+660～DLII19+665 段破碎带发育。

探测结果图 5.116 为地质雷达成果剖面图。

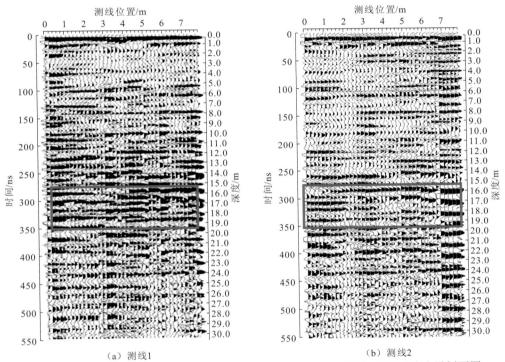

（a）测线1                      （b）测线2

图 5.116    海东隧洞 5 号支洞下游（DLII19+654～DLII19+684 段）地质雷达成果剖面图

由图 5.116 地质雷达成果剖面图可知，DLII19+654～DLII19+665 段掌子面左、右两侧可能溶蚀发育，稳定性较差，建议加强支护。

实际开挖揭示情况：在 DLII19+660～DLII19+665 段，开挖揭示掌子面破碎带（图 5.117），与预报结果较为一致。

### 2. 海东隧洞 4 号支洞案例

海东隧洞 4 号支洞勘察和地面地质调查资料：隧洞围岩类别 $III_1$ 类占 20%，$III_2$ 类占 60%，IV 类占 10%，V 类占 10%，围岩主要为弱风化玄武岩，岩体强度较高，完整性较好，局部洞段受剪切破碎发育及凝灰岩条带发育影响，稳定性差，存在掉块、塌方风险。凝灰岩条带洞段岩体为特殊不良地质体，易产生涌水突泥变形，长约 27 m。

图 5.117　海东隧洞 5 号支洞下游（DLII19+660～DLII19+665 段）开挖揭示情况

案例 1：海东隧洞 4 号支洞在 0+132～0+134 段地下水发育。

探测结果图 5.118 为地质雷达成果剖面图。

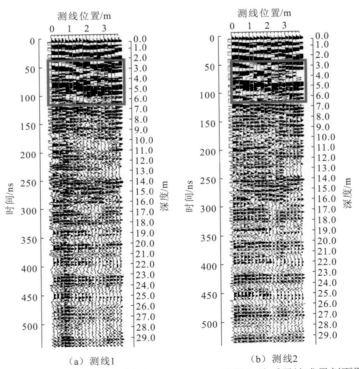

（a）测线1　　　　　　　　　　（b）测线2

图 5.118　海东隧洞 4 号支洞（0+129～0+159 段）地质雷达成果剖面图

由图 5.118 地质雷达成果剖面图可知，0+132～0+134 段发育地下水，建议加强排水工作。

实际开挖揭示情况：在 0+132～0+134 段，开挖揭示地下水发育（图 5.119），与预报结果较为一致。

图 5.119 海东隧洞 4 号支洞（0+132～0+134 段）开挖揭示情况

案例 2：海东隧洞 4 号支洞在 0+388 处泥质含量增加。

探测结果图 5.120 为地质雷达成果剖面图。

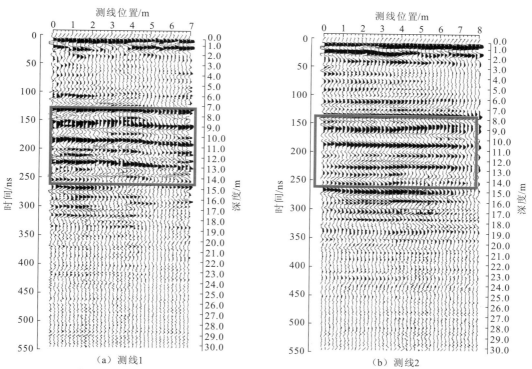

（a）测线 1                    （b）测线 2

图 5.120 海东隧洞 4 号支洞（0+381～0+411 段）地质雷达成果剖面图

由图 5.120 地质雷达成果剖面图可知，0+388～0+394 段岩体泥质含量增加或裂隙水发育，建议加强排水及支护工作。

实际开挖揭示情况：在 0+388 处开挖揭示泥质含量增加（图 5.121），与预报结果较为一致。

图 5.121　海东隧洞 4 号支洞（0+388）开挖揭示情况

### 3. 磨盘山隧洞出口案例

磨盘山隧洞出口勘察和地面地质调查资料：进出口段埋深较浅，岩体风化深，洞身多处于强—弱风化岩体中；中间段埋深较大，洞身基本处于微新岩体内。洞埋深一般为 30～300 m，最大埋深 370 m。隧洞穿越的基岩主要为泥页岩夹煤、粉砂岩、含长石石英砂岩，安山玄武质凝灰岩，灰岩，夹构造岩。岩质总体以软岩为主，中硬岩次之。岩体以薄—中厚状结构为主，块状结构次之，夹碎裂或散体结构，多为完整性差—较完整，局部为破碎—极破碎。

案例：磨盘山隧洞出口在 DLII74+575～DLII74+569 段泥质含量增加，导致垮塌。

探测结果图 5.122 为地质雷达成果剖面图。

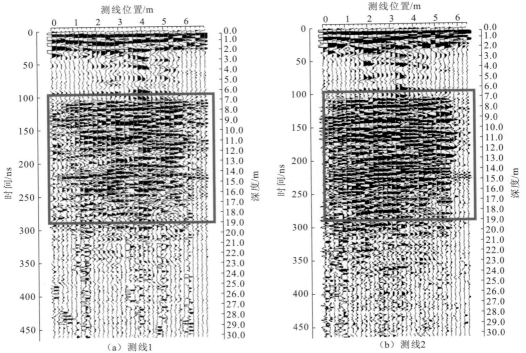

（a）测线1　　　　　　　　　　　（b）测线2

图 5.122　磨盘山隧洞出口（DLII74+582.8～DLII74+552.8 段）地质雷达成果剖面图

由图 5.122 地质雷达成果剖面图可知,DLII74+575~DLII74+569 段岩体破碎,干燥,稳定性差,局部发育泥质夹层。

实际开挖揭示情况:在 DLII74+575~DLII74+569 段泥质含量增加,导致垮塌(图 5.123),与预报结果较为一致。

图 5.123 磨盘山隧洞出口(DLII74+575~DLII74+569 段)开挖揭示情况

# 5.4 其他工程 TSP 法应用实例

某高速公路地质情况复杂,发育大量的溶洞、软夹层及破碎带等不良地质体,为确保隧道施工人员安全,主要采用 TSP 法预报隧道前方不良地质体。下面以 GY 隧道、HBL 隧道和 XP 隧道三个隧道为例,分析 TSP 法预报结果。

## 5.4.1 典型岩溶预报案例

GY 隧道左洞起讫桩号为 ZK108+078、ZK111+078,长 3 000 m,最大埋深约 200 m;右洞起讫桩号为 YK108+067、YK111+100,长 3 033 m,最大埋深约 207 m。隧址区贯穿的岩性主要为砂岩、石灰岩和页岩。进口端分布的地层岩性为砂岩,岩层产状为 121°∠26°,附近露头风化强烈,节理裂隙密集、紊乱。出口端分布的地层岩性为页岩,岩层产状为 134°∠10°,主要发育两组节理裂隙(J1 为 264°∠75°,J2 为 184°∠82°)。

案例 1:GY 隧道进口左洞。

TSP 法预报里程为 ZK109+041~ZK109+172,岩性为石灰岩。隧道围岩纵波波速变化范围为 5 000~6 000 m/s,纵、横波速比变化范围为 1.55~1.84,密度变化范围为 2.73~2.83 g/cm³,动态杨氏模量变化范围为 70~85 GPa。图 5.124 和图 5.125 为预报成果图。

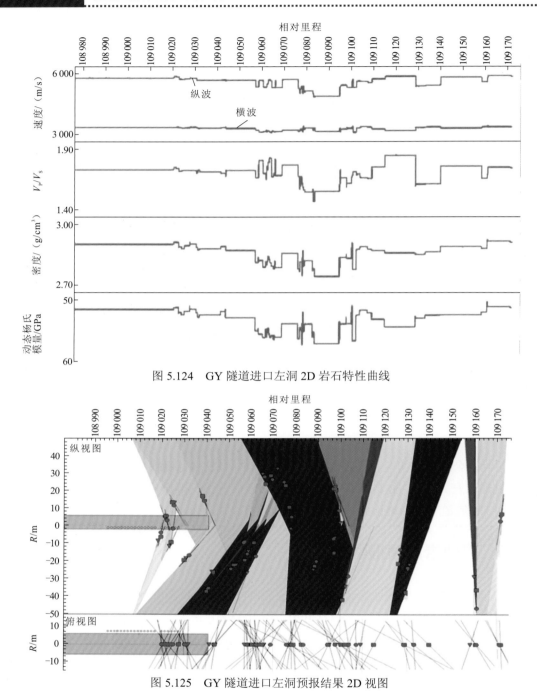

图 5.124　GY 隧道进口左洞 2D 岩石特性曲线

图 5.125　GY 隧道进口左洞预报结果 2D 视图

　　不良地质体预报：ZK109+057～ZK109+069 段纵波波速跳跃变化，横波波速降低，纵、横波速比起伏变化，推断为软硬夹层发育。ZK109+083～ZK109+094 段纵波和横波波速降低，纵、横波速比降低，推断为软弱体或破碎带发育。ZK109+100～ZK109+102 段纵波和横波波速降低，纵、横波速比增大，推断为软弱体或流体发育。ZK109+129～

ZK109+140 段纵波波速较低，横波波速增大，推断节理裂隙或孔隙发育，围岩较破碎。

实际开挖情况：ZK109+058 位置发现溶洞（图 5.126），溶洞较小，且局部发育夹泥层。ZK109+102 处发现溶洞（图 5.127），洞内无泥质或流体充填。ZK109+083～ZK109+094 段和 ZK109+129～ZK109+140 段无不良地质体发育，围岩整体较完整，局部较破碎。

图 5.126　溶洞出露照片 1

图 5.127　溶洞出露照片 2

案例 2：GY 隧道进口右洞。

TSP 法预报里程为 YK109+068～YK109+190，岩性为石灰岩。隧道围岩纵波波速变化范围为 5 600～6 800 m/s，纵、横波速比变化范围为 1.54～1.9，密度变化范围为 2.84～2.92 g/cm³，动态杨氏模量变化范围为 82～114 GPa。图 5.128 和图 5.129 为预报成果图。

不良地质体预报：YK109+096～YK109+098 段、YK109+103～YK109+107 段和 YK109+125～YK109+130 段纵、横波波速降低，纵、横波速比降低，推断上述位置为软弱体或破碎带发育。

实际开挖情况：YK109+128 处发现溶洞（图 5.130），在隧道两侧发育溶洞，溶洞内泥质充填，掌子面中间岩体较完整。YK109+152 位置发现溶洞，溶洞发育在掌子面右侧拱顶附近，溶洞出露不大，但溶洞内有大量泥质涌出。YK109+096～YK109+098 段和 YK109+103～YK109+107 段围岩较完整—较破碎。

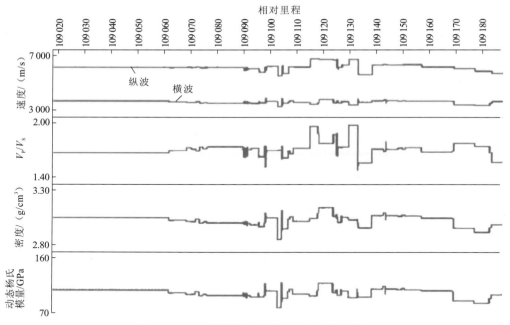

图 5.128　GY 隧道进口右洞 2D 岩石特性曲线

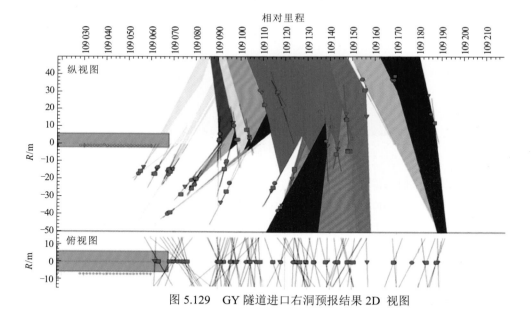

图 5.129　GY 隧道进口右洞预报结果 2D 视图

案例 3：GY 隧道出口右洞。

TSP 法预报里程为 YK110+464～YK110+325，岩性为石灰岩。隧道围岩纵波波速变化范围为 3 800～5 300 m/s，纵、横波速比变化范围为 1.43～1.99，密度变化范围为 2.53～2.71g/cm³，动态杨氏模量变化范围为 39～60 GPa。图 5.131 和图 5.132 为预报成果图。

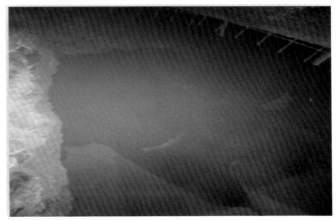

图 5.130 泥质充填溶洞照片

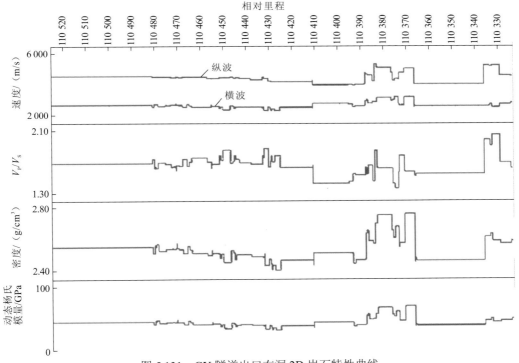

图 5.131 GY 隧道出口右洞 2D 岩石特性曲线

不良地质体预报：YK110+458～YK110+426 段纵、横波波速跳跃变化，推断为软硬夹层发育。YK110+368～YK110+338 段纵波和横波波速降低，纵、横波速比降低，推断为软弱体或破碎带发育。

实际开挖情况：YK110+458～YK110+426 段发育多处小溶洞或泥夹层。YK110+365～YK110+338 段为溶洞发育，溶洞主要发育在右侧和拱顶上方，溶洞内充填少量泥质，并含大岩块，掌子面围岩整体较完整—较破碎（图 5.133）。

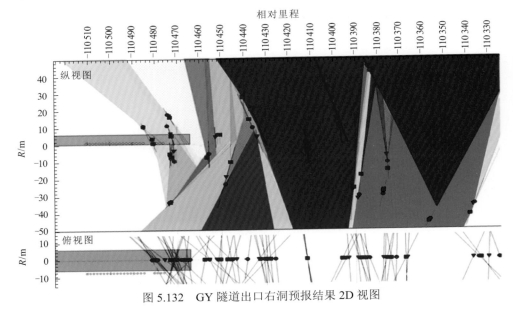

图 5.132　GY 隧道出口右洞预报结果 2D 视图

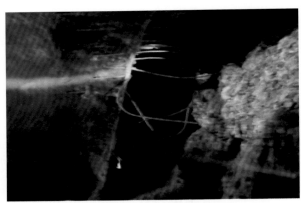

图 5.133　侧壁溶洞出露照片

## 5.4.2　典型塌方预报案例

　　HBL 隧道左洞起讫桩号为 ZK125+480、ZK127+500，长 2 020 m；岩性主要为碳质页岩、灰岩、砂质页岩及砂岩。断层位于 HBL 隧道东侧，沿北东方向展布，该断层为一张扭性断层，断面呈舒缓波状，组成物质为破碎砂岩、页岩、灰岩等，贯穿于整个工作区，在工作区的长度约为 10 km，总体上岩体较完整，胶结程度一般。

　　隧址区岩层总体呈单斜状产出，隧道进口端岩层产状平缓，为 330°∠20°，出口端岩层产状较陡，为 295°∠45°。隧址区进、出口端地表均主要发育两组（裂隙）节理，节理裂隙不利于隧道围岩稳定。

　　HBL 隧道出口左洞：TSP 法预报里程为 ZK127+197～ZK127+064，岩性为砂质页岩和石灰岩。隧道围岩纵波波速变化范围为 4100～4900 m/s，纵、横波速比变化范围为 1.53～1.84，密度变化范围为 2.58～2.72 g/cm³，动态杨氏模量变化范围为 43～66 GPa。图 5.134 和图 5.135 为预报成果图。

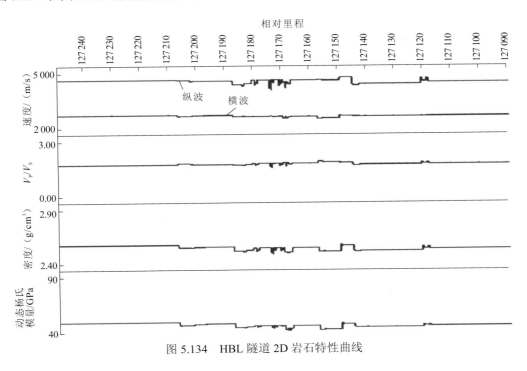

图 5.134　HBL 隧道 2D 岩石特性曲线

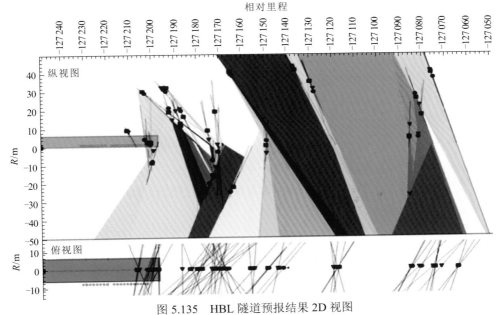

图 5.135　HBL 隧道预报结果 2D 视图

不良地质体预报：ZK127+187～ZK127+179 段和 ZK127+174～ZK127+167 段纵、横波波速降低，纵、横波速比降低，且波速跳跃变化，推断围岩较破碎—破碎；ZK127+157～ZK127+149 段纵、横波波速降低，纵、横波速比增大，破碎松散体或软弱流体发育。

实际开挖情况：ZK127+153 处发现夹泥层和松散碎屑发育，由于夹泥层和松散体为岩块间胶结物，无胶结性，爆破开挖时隧道发生塌方，掉块最大尺寸为 2 m×2 m，厚度为 30～40 cm（图 5.136）。ZK127+187～ZK127+179 段和 ZK127+174～ZK127+167 段，节理裂隙发育，围岩较破碎—破碎。

图 5.136　隧道坍塌照片

### 5.4.3　典型冒顶预报案例

XP 隧道左洞起讫桩号为 ZK137+120、ZK137+787，长 667 m，最大埋深 65 m。进口端分布的地层岩性为砂岩，岩层产状为 136°∠84°，节理发育，岩体破碎；出口端分布的地层岩性为石灰岩，岩层产状为 136°∠84°。地表主要发育两组（裂隙）节理，节理裂隙不利于隧道围岩稳定。

XP 隧道出口左洞：TSP 法预报里程为 ZK137+304～ZK137+170，岩性为灰岩和砂岩。隧道围岩纵波波速变化范围为 3 400～4 590 m/s，纵、横波速比变化范围为 1.18～1.78，密度变化范围为 2.57～2.67 g/cm³，动态杨氏模量变化范围为 43～57 GPa。图 5.137 和图 5.138 为预报成果图。

不良地质体预报：ZK137+237～ZK137+220 段纵、横波速跳跃变化，推断为软硬夹层发育。ZK137+220～ZK137+212 段、ZK137+209～ZK137+205 段、ZK137+197～ZK137+194 段纵波和横波波速降低，纵、横波速比无变化，推断破碎带或局部软夹层发育。ZK137+187～ZK137+185 段纵波和横波波速降低，纵、横波速比明显增大，推断软弱体发育。

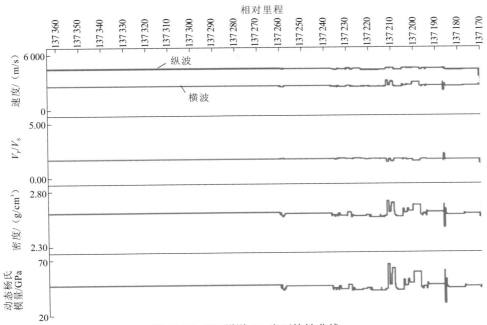

图 5.137　XP 隧道 2D 岩石特性曲线

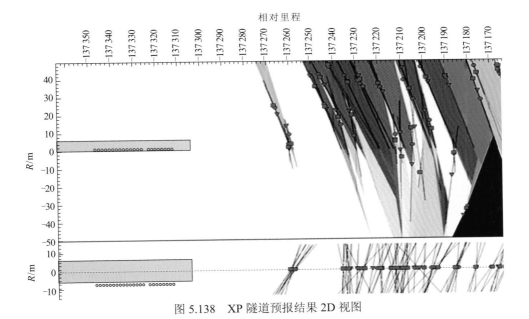

图 5.138　XP 隧道预报结果 2D 视图

实际开挖情况：ZK137+185 处软夹层发育，主要为黏土岩，且隧道埋深浅，围岩无支撑力，因此隧道发生冒顶（图 5.139）。ZK137+237～ZK137+220 段节理裂隙发育，围岩破碎。ZK137+220～ZK137+212 段、ZK137+209～ZK137+205 段、ZK137+197～ZK137+194 段夹泥层较发育。

图 5.139　隧道冒顶照片

# 5.5　其他工程地质雷达法应用实例

## 5.5.1　典型岩溶预报案例

岩溶地貌在中国分布广泛，许多在建隧道都要穿过岩溶区。在隧道掘进过程中，隧道开挖改变了岩溶区的水文地质条件，在特殊的地质构造条件下，可能造成重大涌水、突泥事故，给隧道施工带来重大损失。在隧道施工中，岩溶地质灾害的种类有岩溶突水、突泥、塌方、隧道变形、地表塌陷。

以 GS 隧道勘察和地面地质调查为例，GS 隧道起止桩号为 K0+000、K1+421.144。岩性为灰色、深灰色中厚—厚层生物碎屑灰岩，弱风化，新鲜岩体，岩层缓倾右岸偏上游，倾角为 6°～10°。其中，预报洞段 K0+130～K0+210 段为微风化岩体，裂隙与层面组合在顶拱易形成不稳定块体，局部稳定性差，为 III 类围岩。

探测结果如图 5.140 所示，在深度 2～6 m（K0+136～K0+140）、水平位置 0～6 m处，有一条斜向延伸的能量较强的电磁波反射条带；在深度 3.5～5 m（K0+137.5～K0+139）、水平位置 0～4 m处，有三条弯曲、呈弧形的电磁波反射条带，并且弧形内有多次细小波形发育。结合地勘资料，推断该范围内为溶洞发育，溶腔内可能有泥质充填或孤石体发育。

第 4 道数据的频谱图，如图 5.141 所示，其频谱特征表现为振幅能量主要集中在 3个频率上，频率较低，其值固定在 200～300 MHz 内。

实际开挖揭示，在 K0+136～K0+141 段，掌子面从左至右 0～6 m 范围内，溶洞发育，且溶洞内有泥质、孤石夹杂其中（图 5.142），与预报结果较为一致。

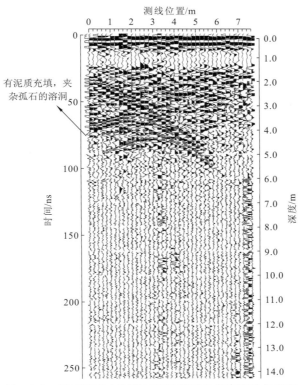

图 5.140　掌子面前方有充填泥质的溶洞发育雷达剖面图

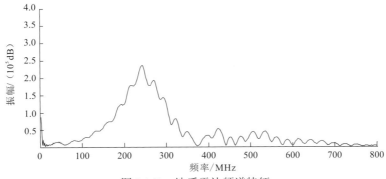

图 5.141　地质雷达频谱特征

图 5.142　开挖揭示的充填泥质、夹杂孤石的溶洞

## 5.5.2  典型断层裂隙水预报案例

断层是隧道开挖施工期间灾害发生的主要因素之一。由于断层地段岩体破碎松散、自稳能量差,破碎带裂隙可能为地下水聚集、流通通道。在隧道开挖后的地质环境中,以上这些地质因素会很快发生变化,引发隧道施工地质灾害。

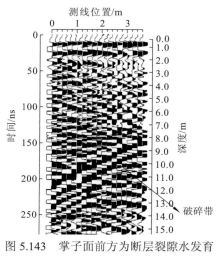

图 5.143  掌子面前方为断层裂隙水发育
的雷达剖面图

以 LQP 隧道勘察和地面地质调查为例,LQP 隧道坡表为第四系残坡积粉质黏土夹碎砾石,坡脚沟谷内分布洪坡积块石土,潮湿。下伏云母石英片岩,局部夹黑云斜长片麻岩,灰黑色、黄褐色夹灰褐色,全—强风化,岩体破碎;其下为弱风化,为硬质岩,局部夹云母片岩,岩质较软。岩层主要片理产状为 198°∠61°,节理发育,岩体多较破碎,局部节理密集发育地段岩体破碎。

探测结果如图 5.143 所示,在深度 8~13 m(H3DK0+233~H3DK0+228)、水平位置 0~3.6 m 处,有 2 条宽度大概为 0.5 m 的斜向发育的同相轴,频率变低,同相轴可连续追踪,周围波形较杂乱。结合隧道工程地质资料,推断该区域范围内可能发育与掌子面走向斜交的断层裂隙水区域,该范围内岩体较破碎,裂隙水较发育。

实际开挖揭示出,H3DK0+233~H3DK0+228 段发育与隧道走向斜交的小断层破碎区域,并且有裂隙水渗出(图 5.144),与预报结果较为相符。

图 5.144  开挖揭示的断层裂隙水发育区域

## 5.5.3 隧道浅埋段中软弱夹层预报案例

在隧道浅埋段，由于岩石风化作用强烈，表现为强—全风化，通常表层覆盖物为粉质黏土，粉质黏土为软弱岩体，表现出抗压强度小、遇水膨胀、易风化等特点，隧道施工开挖过程中，掘进到浅埋段，地表有农田，掌子面前方围岩有断裂通道，遇到雨水天气经过地表渗水，黏土物质通过雨水冲刷，会发生突泥等危险事故，它对隧道施工影响大。

以 SYT 隧道勘察和地面地质调查为例，SYT 隧道表层为粉质黏土，褐黄色，硬塑，厚 0.5~1 m。下伏基岩为砂岩，全风化，紫红色，呈砂土状，厚 5~20 m，其下为强风化，岩体破碎，呈块状—碎块状，厚 3~20 m，再下为弱风化，DK36+980~DK37+010 段为节理密集带，施工时应注意采取支挡、顶板加固措施。

探测结果如图 5.145 所示。

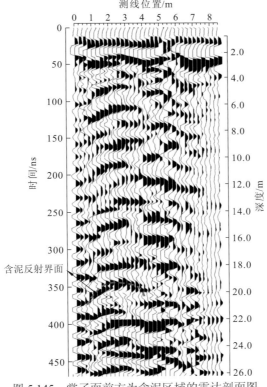

图 5.145 掌子面前方为含泥区域的雷达剖面图

在深度 19~21 m（DK36+509~DK36+511）、水平位置 1~4 m 处，有 1 条宽度大概为 3 m 的同相轴，同相轴弯曲，呈弧形，频率变低，振幅较大。结合隧道工程地质勘查资料，该区域岩性为砂岩，且从掌子面前方 15 m（DK36+505）开始进入浅埋段，最浅埋深为 3 m，地表为农田。推断该区域范围内可能为含泥或含水发育区域，图 5.145 中红色虚线为含泥区域顶界面，由于软弱岩体对电磁波能量的吸收作用较强，含泥区域的底界面不明显。图 5.145 中，其余的"正常信号"同相轴连续性差，波形杂乱，没有推断的含泥顶界面的同相轴弯曲弧度大，振幅没有含泥区域强，且未进入浅埋段，资料解释划归为岩体破碎区域，与实际开挖揭示结果一致。

实际开挖揭示情况：DK36+509～DK36+511 段掌子面左边墙拱腰至拱顶处发生突泥事故（图 5.146），与预报结果完全一致。

图 5.146　开挖揭示的隧道浅埋段的突泥情况

# 参 考 文 献

[1] 李代军. 高密度直流电法在岩溶隧道中的应用[J]. 科技创新导报, 2012(17): 113-114.